新世纪高等院校精品教材·数学类

常微分方程

（第五版）

蔡燧林　编

ZHEJIANG UNIVERSITY PRESS
浙江大学出版社

内 容 提 要

　　本书系第五版,可供高等院校工科类、经济管理类以及大部分理科(例如力学、信息与科学计算专业)作为常微分方程教材或供准备参与数学建模竞赛、考研的学生参考.全书共分五章:初等积分法,线性微分方程,线性微分方程组,稳定性与定性理论初步,差分与差分方程.各章配有习题并附答案,个别习题还有提示,书末有三个附录:常微分方程组初值问题解的存在唯一性定理,常系数线性方程的算子解法与考研真题及考研模拟题选录,可供读者选用.

图书在版编目（CIP）数据

　　常微分方程 / 蔡燧林编. --5 版. —杭州：浙江大学出版社，2023.8（2024.8 重印）
　　ISBN 978-7-308-24115-1

　　Ⅰ.①常… Ⅱ.①蔡… Ⅲ.①常微分方程 Ⅳ.①O175.1

　　中国国家版本馆 CIP 数据核字（2023）第 154440 号

常微分方程（第五版）

蔡燧林　编

责任编辑	傅百荣
责任校对	梁　兵
封面设计	杭州隆盛图文制作有限公司
出版发行	浙江大学出版社
	（杭州市天目山路 148 号　邮政编码 310007）
	（网址：http://www.zjupress.com）
排　　版	杭州隆盛图文制作有限公司
印　　刷	杭州高腾印务有限公司
开　　本	850mm×1168mm　1/32
印　　张	10.75
字　　数	270 千
版 印 次	2023 年 8 月第 5 版　2024 年 8 月第 2 次印刷
书　　号	ISBN 978-7-308-24115-1
定　　价	34.00 元

第五版修改说明

根据二十大精神与课程思政要求,高校要为全面建设社会主义现代化国家提供基础性、战略性的教育和人才支撑。本教材作为工科类非数学专业通用教材,依据教学大纲和教学实际而编写,秉持非专业学生够用、适用、实用之要求进行了修订,为新时代的人才培养提供助益。

在第四版的基础上,本版主要增添或改动了以下四点内容:

1. 早年本书作者在《数学学报》上发表了"常系数线性微分方程组的李雅普诺夫函数的公式"论文,对于一般 n 情形,公式的表述及其证明相当复杂,不便于工科大学生的使用与了解. 利用本书再版的机会,作者给出了此公式当 $n=3$ 时情形的表述及证明,便于大学生的阅读. 有兴趣的读者,可以借此去理解一般 n 时的此公式. 此公式对于学习控制论方向的读者是有用的.

2. 对于一阶非齐次线性微分方程的通解公式,除了已用变限形式表示外,还特别指出,在何种情形下一定要用此公式才能讨论. 在本版中作者还将它推广到二阶非齐次线性微分方程的通解的情形.

3. 数学名词"初始条件"根据统一规定,改为"初值条件"; P.168 的霍尔维茨定理中诸行列式的写法,改成一般的写法,但实质未变. 请读者注意.

4. 在本版附录三中,增删了一些考研真题与模拟题,以便与时俱进.

蔡燧林

浙江大学数学科学学院

2023 年 7 月

第二版前言

　　本书第一版已印刷发行6万余册,深受使用的教师和学生欢迎.在第一版的基础上,征求了部分任课教师的意见,修改成第二版.浙江大学将"常微分方程"作为一门基础课,单独设课至今已有20年,在提高学生的常微分方程水平,加强微积分训练,增强与其他数学课的横向联系方面,均起到了良好的作用.修改后的本书,可作为工科类、经济管理类以及大部分理科(例如力学、信息与科学计算专业)的常微分方程教材,也可供准备参与数学建模竞赛的学生参考.

　　修改后的全书共分五章:第1章初等积分法,介绍了5种一阶方程及3种可降阶的二阶方程的解法,其中贯穿了求解一阶方程的两个基本方法——变量变换法与积分因子法.为了使读者一开始就对常微分方程的全貌有所了解,第1章还介绍了常微分方程的基本概念、基本思想以及一阶和n阶常微分方程初值问题解的存在和唯一性定理(证明放在附录中).本章在第二版删去了不是普遍都需要的奇解与包络.第2章线性微分方程,详细论述了n阶线性微分方程的通解结构理论,以使读者有一个清晰的了解.对于具体求解,则着重于二阶常系数线性齐次与某些特殊自由项的非齐次方程.本章用极少的篇幅介绍了将变系数线性方程经变量变换转化为常系数或降阶,力求突出思想而淡化技巧.本章还简单介绍了常数变易法.本章在第一版中推导了n阶常系数线性齐次方程的通解公式,而在本版中删去了推导,只保留了结论及方法.教育部考试中心颁布的考研数学大纲,从2009年开始,撤销了数学(四),让原应考数学(四)的考生(主要是经济类)改考数学(三),并且明确提出了常微分方程在经济上的应用. 如此一来,强化并扩大了经济类、管理类学生对常微分方程与差分方程的要求. 有鉴于此,本书第二版增添了常微分方程在经济中的应用(放在第 1 章),并且增设第 5 章,介绍了差分及一阶、二阶常系数线性差分方程及其解法以及在经济上的应用,以扩大本书的使用面. 以上三章是本书的基本部分,涵盖了硕士研究生入学数学统考中常微分方程与差分方程的要求.

第 3 章线性微分方程组,在布局上几乎与第 2 章平行,给出了常系数齐次线性方程组的通解定理及其证明,并介绍了它的循环列解法. 本章用了向量与矩阵的记号,但只要求读者知道它们的意义、简单运算以及线性代数方程组基础解系的知识,并不涉及线性代数其他更多的内容. 本章第二版与第一版一致,未作改动. 第 4 章稳定性与定性理论初步,简单介绍了稳定性概念及一次近似理论. 关于在相平面上奇点邻域内轨线的性态分析,本版作了彻底的改写,删去了第一版中过细的推导,突出了典型类型. 无论是在专业课中还是在数学建模中,掌握典型类型就可以了. 本章还删去了摄动法整节. 全书篇幅第二版基本与第一版持平.

全书各章配有习题并附有答案,题量比第一版有所减少. 书末有两个附录:初值问题解的存在唯一性定理,算子解法,可供读者参考或教学中选用.

本书承浙江大学出版社出版,作者对此表示衷心的感谢!

对书中不足和错误之处,恳切地希望读者批评指正.

编　者

于浙江大学理学院数学系

2008 年 9 月

目　　录

第 1 章　　初等积分法

§1　　基本概念

在研究自然现象和工程技术问题时,常需要找出所研究的变量 x 和 y 之间形如 $F(x,y)=0$ 的关系.有时找不到这种直接的关系式,可以根据具体问题所具有的客观规律,建立起这些变量和它们的导数或微分之间的关系,从而得到包含有未知函数的导数或微分的方程.于是建立并研究这些方程,就成为寻找变量之间的函数关系的一个重要方面.

一般,在一个(组)方程中,如果未知量是一个(组)函数,而且该方程中含有此未知函数的导数,则称这种方程为**微分方程(组)**.微分方程是微积分的进一步发展.为更好地阐述有关微分方程的一些基本概念,我们先看几个例子.

例 1　设温度为 T_0 的物体放置在温度为 $\tau(\tau < T_0)$ 的空气中.实验表明,物体温度对时间 t 的变化率与当时物体和空气的温度之差成正比,比例常数 $k(>0)$ 依赖于所给物质(该物体和空气)的性质,可由实验确定.若空气的温度保持不变,求从实验开始时算起,在时刻 t 物体的温度.

解　设时刻 t 时物体的温度为 T,则有

$$\frac{\mathrm{d}T}{\mathrm{d}t} = -k(T-\tau). \tag{1.1}$$

因为当温差 $(T-\tau)$ 为正时,物体的温度 T 随时间 t 的增加而减小,故系数 k 前添负号.

显然方程(1.1)就是一个微分方程.

由题意,未知函数 T 除了要满足微分方程(1.1)外,还要满足条件:

$$T\mid_{t=0} = T_0. \tag{1.2}$$

现在我们要由微分方程(1.1)求出未知函数 T. 为此,改写(1.1)为

$$\frac{\mathrm{d}T}{T-\tau} = -k\mathrm{d}t.$$

两边积分得

$$\ln(T-\tau) = -kt + c_1,$$

这里 c_1 是任意常数. 于是得到

$$T-\tau = \mathrm{e}^{-kt+c_1} = \mathrm{e}^{c_1}\mathrm{e}^{-kt},$$

命 $\mathrm{e}^{c_1} = c$,这里 c 是一个新的任意常数,则有

$$T = \tau + c\mathrm{e}^{-kt}. \tag{1.3}$$

由(1.2),当 $t=0$ 时 $T=T_0$,代入(1.3)得 $c=T_0-\tau$. 这样,(1.3)中的任意常数 c 就被确定了,于是时刻 t 时物体的温度

$$T = \tau + (T_0-\tau)\mathrm{e}^{-kt}. \tag{1.4}$$

这就是所求物体的温度 T 与时间 t 的函数关系. 它满足微分方程(1.1)及条件(1.2).

(1.4)表示的是初始温度为 T_0 的某一物体的温度 T 随时间 t 变化的规律.(1.3)中含有任意常数 c,因而刻画的是在各种不同初始温度下,某一物体温度 T 随时间 t 变化的共同规律.

例2 在离地面高度为 s_0 处,以初速 v_0 垂直上抛一物体.设坐标原点 O 取在地面上;Os 轴向上为正向(如图1-1).若不计空气阻力,求物体的运动规律.

解 设在时刻 t,物体位于坐标 s 处. 由于物体在运动过程中,只受重力 $F=-mg$ 的作用,其中负号是因为引力方向与选定的坐标轴正向相反. 因此根据牛顿第二定律 $ma=F$(其中 a 为运动的

加速度，$a = \dfrac{\mathrm{d}^2 s}{\mathrm{d}t^2}$），有

$$m\,\frac{\mathrm{d}^2 s}{\mathrm{d}t^2} = -mg,$$

即

$$\frac{\mathrm{d}^2 s}{\mathrm{d}t^2} = -g. \qquad (1.5)$$

方程(1.5)也是一个微分方程. s 除了要满足微分方程(1.5)外，还要满足条件：

$$s\big|_{t=0} = s_0, \quad \frac{\mathrm{d}s}{\mathrm{d}t}\bigg|_{t=0} = v_0. \qquad (1.6)$$

将(1.5)化为

$$\frac{\mathrm{d}}{\mathrm{d}t}\left(\frac{\mathrm{d}s}{\mathrm{d}t}\right) = -g,$$

积分两次，得

$$\frac{\mathrm{d}s}{\mathrm{d}t} = -gt + c_1, \qquad (1.7)$$

$$s = -\frac{1}{2}gt^2 + c_1 t + c_2, \qquad (1.8)$$

其中 c_1, c_2 是两个任意常数.

把条件(1.6)用于(1.8)，得

$$c_2 = s_0, \quad c_1 = v_0.$$

于是

$$s = -\frac{1}{2}gt^2 + v_0 t + s_0. \qquad (1.9)$$

这就是所求的运动规律.它满足微分方程(1.5)及条件(1.6).

(1.9)表示的是初始位置为 s_0，初始速度为 v_0 的垂直上抛物体的运动规律.(1.8)含有两个任意常数 c_1 和 c_2，刻画的是在各种不同初始位置和初始速度下，垂直上抛物体运动的共同规律.

下面介绍微分方程的一些基本概念.

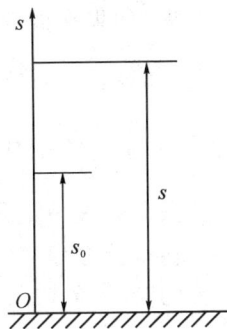

图 1-1

如果在微分方程里出现的未知函数是单个自变量的函数,我们称这一类微分方程为**常微分方程**.例如(1.1)和(1.5)都是常微分方程.如果在微分方程里所出现的未知函数是两个或两个以上自变量的函数,则称该类方程为**偏微分方程**.如 $\frac{\partial^2 u}{\partial x^2} + \frac{\partial^2 u}{\partial y^2} + \frac{\partial^2 u}{\partial z^2} = 0, \frac{\partial u}{\partial t} = a^2 \frac{\partial^2 u}{\partial x^2}$ 都是偏微分方程.本书仅研究常微分方程.以下简称常微分方程为微分方程或方程.

在微分方程中出现的未知函数的导数的最高阶数,称为微分方程的**阶**.例如(1.1)是一阶微分方程,(1.5)是二阶微分方程,又如 $\frac{d^2 y}{d x^2} = \frac{1}{a} \sqrt{1 + \left(\frac{dy}{dx} \right)^2}$ 也是二阶微分方程.

一阶微分方程的一般形式是

$$F\left(x, y, \frac{dy}{dx} \right) = 0, \tag{1.10}$$

其中 F 是 x, y 和 $\frac{dy}{dx}$ 的已知函数,且一定要含有 $\frac{dy}{dx}$.x 是自变量,y 是未知函数.

已经解出导数的一阶微分方程的一般形式是

$$\frac{dy}{dx} = f(x, y), \tag{1.11}$$

其中 $f(x, y)$ 是 x 和 y 的已知函数.

设函数 $y = \varphi(x)$ 在某区间 $a < x < b$ 内连续并有连续的一阶导数,并且在该区间内恒有 $F(x, \varphi(x), \varphi'(x)) \equiv 0$(或 $\varphi'(x) \equiv f(x, \varphi(x))$),则称 $y = \varphi(x)$ 是(1.10)(或(1.11))的一个**解**,区间 $a < x < b$ 是解 $y = \varphi(x)$ 的定义区间.

如果从关系式 $\Phi(x, y) = 0$ 所能确定的函数 $y = \varphi(x)$ 是(1.10)(或(1.11))的解,则称 $\Phi(x, y) = 0$ 是(1.10)(或(1.11))的一个**积分**.求得了微分方程的一个积分,就认为求得了它的一个解. 所以一般非数学专业的教科书上不区分解与积分的差别. 方程的解或积分在 (x,y) 平面上的图形称为该方程的**积分曲线**.

在直角坐标系中,我们可以给微分方程以如下的几何解释:对于给定的微分方程 (1.11),其中 $f(x,y)$ 是 (x,y) 平面上某区域 G 内定义的函数,对 G 内的每一点 (x,y),作斜率为 $f(x,y)$ 的小直线段,则说在 G 内确定了一个**方向场**. 给定一个形如 (1.11) 的微分方程,就相当于在相应的区域内给定一个方向场. 微分方程 (1.11) 的积分曲线是这样的曲线,在它上面的每一点 (x,y) 处的切线斜率都等于 $f(x,y)$,即在每一点都与方向场的方向相切.

确定了一个微分方程之后,主要的问题是求该方程的解. 这里包含两个问题:一是是否存在解;二是如何具体求出解. 只有存在解,才有可能去求解的精确表达式或近似表达式.

现在我们来讲第一个问题. 首先要指出,由于一个微分方程的解可以有很多,因此为了要确定其中某一个特定的解,还需要附加一定的条件. 这种附加条件与方程 (1.11) 同样重要. 关于方程 (1.11) 的解的存在性,有下述定理.

定理 1.1 考虑微分方程

$$\frac{\mathrm{d}y}{\mathrm{d}x} = f(x,y) \tag{1.11}$$

及条件

$$y\,|_{x=x_0} = y_0. \tag{1.12}$$

设 $f(x,y)$ 在区域

$$D: \quad |x-x_0| \leqslant a, \quad |y-y_0| \leqslant b$$

内连续,且有连续的偏导数 $f'_y(x,y)$,则在区间

$$|x-x_0| \leqslant h$$

内存在唯一的 $y = \varphi(x)$ 满足方程 (1.11) 及条件 (1.12). 其中

$$h = \min(a, b/M), \quad M = \max_{(x,y)\in D} |f(x,y)|.$$

(证明见附录)

定理 1.1 中,条件 $y \mid_{x=x_0} = y_0$ 称为一阶方程的**初值条件**. 求方程 (1.11) 满足初值条件 (1.12) 的解称为**初值问题**. 定理 1.1 称为一阶方程初值问题解的存在唯一性定理. 方程 (1.11) 满足初值条件 (1.12) 的解称为**特解**. 由上面的例 1 可见,满足微分方程 (1.1) 的解可以含有一个任意常数. 一般,如果含有一个任意常数 c 的函数 $y = \varphi(x, c)$ 满足

$$\frac{\mathrm{d}\varphi(x, c)}{\mathrm{d}x} \equiv f(x, \varphi(x, c)),$$

并且对于区域 G 内的任意一点 (x_0, y_0),总存在相应的 c 值,使 $\varphi(x_0, c) = y_0$,则称 $y = \varphi(x, c)$ 是方程 (1.11) 在区域 G 内的**通解**. 如例 1 中,条件 (1.2) 是初值条件,(1.4) 是微分方程 (1.1) 满足初值条件的 (1.2) 特解,(1.3) 是 (1.1) 的通解. 与积分的定义类似,可以定义通积分.

通常,讲通解时,对于非数学专业的教材来说,不提区域 G 是哪一个.

下面我们来看 n 阶微分方程的情况.

n 阶微分方程的一般形式是

$$F(x, y, y', \cdots, y^{(n)}) = 0, \tag{1.13}$$

其中 F 是 $x, y, y', \cdots, y^{(n)}$ 的已知函数,且一定要含有 $y^{(n)}$. x 是自变量,y 是未知函数.

已经解出未知函数的最高阶导数的 n 阶方程的一般形式是

$$\frac{\mathrm{d}^n y}{\mathrm{d}x^n} = f(x, y, y', \cdots, y^{(n-1)}). \tag{1.14}$$

其中 f 是 $x, y, y', \cdots, y^{(n-1)}$ 的已知函数.

设函数 $y = \varphi(x)$ 在某区间 $a < x < b$ 内连续并有直至 n 阶的连续导数,而且在该区间内恒有 $F(x, \varphi(x), \varphi'(x), \cdots, \varphi^{(n)}(x)) \equiv 0$(或 $\varphi^{(n)}(x) \equiv f(x, \varphi(x), \cdots, \varphi^{(n-1)}(x))$),则称 $y = \varphi(x)$ 是 (1.13)(或 (1.14)) 在区间 $a < x < b$ 内的一个**解**. 类似地可以定义

(1.13)(或(1.14))的积分和积分曲线.

  n 阶方程的**初值条件**是

$$y\mid_{x=x_0} = y_0, y'\mid_{x=x_0} = y'_0, \cdots, y^{(n-1)}\mid_{x=x_0} = y_0^{(n-1)},$$

$$(1.15)$$

其中 $y_0, y'_0, \cdots, y_0^{(n-1)}$ 和 x_0 是 $n+1$ 个给定的数. 求方程(1.14)满足初值条件(1.15)的解称为 n 阶方程的**初值问题**.

定理 1.2 设函数 $f(x, y, y', \cdots, y^{(n-1)})$ 在区域

$$D: \mid x - x_0 \mid \leqslant a, \mid y^{(i)} - y_0^{(i)} \mid \leqslant b \ (i = 0, 1, \cdots, n-1)$$

$$(1.16)$$

内连续(这里及以后 $y^{(0)} \equiv y$),并且分别对 $y, y', \cdots, y^{(n-1)}$ 有连续偏导数,则在区间 $\mid x - x_0 \mid \leqslant h$ 内存在唯一的 $y = \varphi(x)$ 满足初值问题

$$\begin{cases} \dfrac{\mathrm{d}^n y}{\mathrm{d}x^n} = f(x, y, y', \cdots, y^{(n-1)}), & (1.14) \\ y^{(i)}\mid_{x=x_0} = y_0^{(i)} \quad (i = 0, 1, \cdots, n-1). & (1.15) \end{cases}$$

其中

$$h = \min\left(a, \frac{b}{M}\right),$$

$$M = \max_{(x, y, y', \cdots, y^{(n-1)}) \in D} \mid f(x, y, y', \cdots, y^{(n-1)}) \mid.$$

(证明见附录)

  方程(1.14)满足条件(1.15)的解称为**特解**. 由例 2 可见,满足 2 阶方程的解可以含有两个任意常数. 一般,如果含有 n 个任意常数 $c_1, \cdots, c_n$ 的函数 $y = \varphi(x, c_1, \cdots, c_n)$ 满足

$$\varphi^{(n)}(x, c_1, \cdots, c_n) \equiv f(x, \varphi(x, c_1, \cdots, c_n), \cdots,$$

$$\varphi^{(n-1)}(x, c_1, \cdots, c_n)),$$

并且对于 $n+1$ 维区域 G 内的任意一点 $(x_0, y_0, y'_0, \cdots, y_0^{(n-1)})$,总存在相应的 $c_1, \cdots, c_n$ 值,使

$$\varphi^{(i)}(x_0, c_1, \cdots, c_n) = y_0^{(i)} \quad (i = 0, 1, \cdots, n-1),$$

则称 $y = \varphi(x, c_1, \cdots, c_n)$ 是方程(1.14)在区域 G 内的**通解**. 如例 2 中，条件(1.6)是初值条件，(1.9)是微分方程(1.5)满足初值条件(1.6)的特解，(1.8)是(1.5)的通解. 类似地可以定义通积分.

定理 1.1 和定理 1.2 的意义是很重要的. 因为只有解存在，才有可能去寻求它的精确表达式或近似表达式. 也只有在一定的条件下解才唯一，才有可能去求出确定的解.

从微分方程作为解决实际问题的工具这一要求来说，我们研究微分方程的主要步骤是：

（1）根据实际问题，建立起反映变量间内在联系的微分方程并列出初值条件（一般称此步骤为建立数学模型）；

（2）求出满足微分方程并适合初值条件的解或研究解的性质；

（3）再结合实际问题，研究解的实际意义.

本书侧重于按照微分方程的类型特点介绍几种常见的微分方程及其解法；第 1 章 §6 与第 2 章 §2 和 §3 分别介绍一些有代表性的建模例子及建模方法；第 4 章介绍讨论解的性质的某些定性方法. 这里后两部分内容是数学建模竞赛中必需的一些基本知识点.

§2   可分离变量方程·齐次方程

一、可分离变量方程

我们首先讨论已解出导数的一阶微分方程(1.11)的一种特殊形式

$$\frac{\mathrm{d}y}{\mathrm{d}x} = \varphi(x)\psi(y) \tag{1.17}$$

的方程，其特点是，方程右边是一个 x 的函数与一个 y 的函数的乘积. 我们称这类方程为**可分离变量的微分方程**. 以下讨论这类方程的两种解法(变限定积分和不定积分),并设 $\varphi(x)$ 和 $\psi(y)$ 都是连续函数.

(1) 设 $\psi(y) \neq 0$, 我们改写方程(1.17), 使等号一边仅含 y 的函数和 y 的微分 $\mathrm{d}y$, 另一边仅含 x 的函数和 x 的微分 $\mathrm{d}x$, 即

$$\frac{\mathrm{d}y}{\psi(y)} = \varphi(x)\mathrm{d}x. \tag{1.18}$$

设 $y = y(x)$ 是方程(1.17)满足初值条件 $y\,|_{x=x_0} = y_0$ 的解, 则

$$\frac{\mathrm{d}(y(x))}{\psi(y(x))} \equiv \varphi(x)\mathrm{d}x. \tag{1.18}'$$

两边从 x_0 到 x 积分, 得

$$\int_{x_0}^{x} \frac{\mathrm{d}(y(\zeta))}{\psi(y(\zeta))} \equiv \int_{x_0}^{x} \varphi(\zeta)\mathrm{d}\zeta. \tag{1.19}$$

对左式作变量变换, 命 $\eta = y(\zeta)$. 则当 $\zeta = x_0$ 时, $\eta = y(x_0) = y_0$, $\zeta = x$ 时, $\eta = y(x)$, 于是有

$$\int_{y_0}^{y(x)} \frac{\mathrm{d}\eta}{\psi(\eta)} \equiv \int_{x_0}^{x} \varphi(\zeta)\mathrm{d}\zeta. \tag{1.20}$$

即 $y = y(x)$ 满足方程

$$\int_{y_0}^{y} \frac{\mathrm{d}\eta}{\psi(\eta)} = \int_{x_0}^{x} \varphi(\zeta)\mathrm{d}\zeta. \tag{1.21}$$

反之, 设 $y = y(x)$ 是方程(1.21)满足 $y\,|_{x=x_0} = y_0$ 所确定的隐函数, 则(1.20)成立. 将(1.20)两边对 x 求导数, 得

$$\frac{1}{\psi(y(x))} \frac{\mathrm{d}y(x)}{\mathrm{d}x} = \varphi(x),$$

故知 $y = y(x)$ 是方程(1.17)的解.

于是, 当 $\psi(y) \neq 0$ 时, 可分离变量方程(1.17)的求解步骤是: 先将变量 x 和 y(以及 $\mathrm{d}x$ 和 $\mathrm{d}y$)分离于等号两边, 得

$$\frac{\mathrm{d}y}{\psi(y)} = \varphi(x)\mathrm{d}x,$$

然后将两边分别对 x 和 y 积分, 得

$$\int_{y_0}^{y} \frac{\mathrm{d}y}{\psi(y)} = \int_{x_0}^{x} \varphi(x)\mathrm{d}x.$$

显然它就是方程(1.17)的满足 $y\mid_{x=x_0} = y_0$ 的积分.

也可用不定积分法求方程(1.17)的通解如下:将(1.18)两边分别对 y, x 积分,得

$$\int \frac{\mathrm{d}y}{\psi(y)} = \int \varphi(x)\mathrm{d}x + c, \tag{1.22}$$

它便是方程(1.17)的通积分,其中 $\int \frac{\mathrm{d}y}{\psi(y)}$ 和 $\int \varphi(x)\mathrm{d}x$ 分别是两个确定的原函数,c 是任意常数. 以后,在本书中,凡用不定积分表示的都是指任意一个但为确定的原函数.

(2)设有 y^* 使 $\psi(y^*) = 0$,则易知 $y = y^*$ 也是(1.17)的一个解. 在求(1.17)的解时,不要忘了这种解. 这个解,有时可认为包含在(1.22)中,有时并不包含在(1.22)中. 一般要单独去做.

例 1　求解方程 $\dfrac{\mathrm{d}y}{\mathrm{d}x} = \dfrac{y(1-x)}{x}$ 的通解.

解　此为可分离变量方程. 设 $y \neq 0$,分离变量并两边积分,有

$$\int \frac{\mathrm{d}y}{y} = \int \frac{1-x}{x}\mathrm{d}x + c_1,$$

得　　　　$\ln|y| = \ln|x| - x + c_1.$

去掉对数记号,得

$$|y| = |x|\,\mathrm{e}^{-x+c_1}.$$

再去掉绝对值记号,并命 $c = \pm\,\mathrm{e}^{c_1}$,于是得到通解

$$y = cx\,\mathrm{e}^{-x}.$$

此外,$y = 0$ 也是原方程的一个解,它可以认为含于上述表达式中 $(c = 0)$.

注　本题为 2006 年考研(数学一、二)的一个试题,实考中,发现答卷中至少有下述 4 种典型错误,答成:

①$\ln y = \ln x - x + c$;   ②$y = e^c x e^{-x}$;

③$y = c e^{\ln x - x}$;   ④$y = e^{\ln x - x + c}$.

其中 ① 与 ④ 限制了 $y > 0$ 及 $x > 0$;② 限制了 x 与 y 同号;③ 限制了 $x > 0$. 这些错误都源于将积分 $\int \dfrac{1}{x} dx = \ln|x|$ 做成了 $\int \dfrac{dx}{x} = \ln x$, $\int \dfrac{1}{y} dy = \ln|y|$ 做成了 $\int \dfrac{1}{y} dy = \ln y$.

例 2   求方程 $\dfrac{dy}{dx} = 1 + x + y^2 + x y^2$ 满足 $y|_{x=-1} = 1$ 的特解.

解   将所给方程的右边因子分解,得

$$\frac{dy}{dx} = 1 + x + y^2(1 + x) = (1 + y^2)(1 + x).$$

分离变量得

$$\frac{dy}{1 + y^2} = (1 + x) dx,$$

两边积分得

$$\text{arc tan} y = \frac{1}{2}(1 + x)^2 + c.$$

命 $x = -1, y = 1$ 代入得 $\dfrac{\pi}{4} = c$. 从而得特解 $y = \tan\left(\dfrac{\pi}{4} + \dfrac{1}{2}(1 + x)^2 \right)$.

二、齐次方程

在 (1.11) 中,如果当 $x \neq 0$ 时右端的 $f(x, y) \equiv g\left(\dfrac{y}{x} \right)$,即

$$\frac{dy}{dx} = g\left(\frac{y}{x} \right), \tag{1.23}$$

则称 (1.23) 为**零齐次微分方程**,简称齐次方程.

下面讨论这类方程的解法,其求解方法的要点是,利用变量变换将 (1.23) 化为可分离变量的方程.

注意到 (1.23) 的形式,作变量变换

$$u = \frac{y}{x} , \tag{1.24}$$

即 $$y = ux , \tag{1.25}$$

于是

$$\frac{\mathrm{d}y}{\mathrm{d}x} = x \frac{\mathrm{d}u}{\mathrm{d}x} + u . \tag{1.26}$$

将(1.25)和(1.26)代入(1.23),则原方程变换为

$$x \frac{\mathrm{d}u}{\mathrm{d}x} + u = g(u) .$$

整理后得到

$$\frac{\mathrm{d}u}{\mathrm{d}x} = \frac{g(u) - u}{x} . \tag{1.27}$$

这是一个可分离变量的微分方程,以下设 $g(u)$ 是 u 的连续函数,

若 $g(u) - u \neq 0$,则对(1.27)分离变量并积分,即可得通积分

$$\int \frac{\mathrm{d}u}{g(u) - u} = \ln |cx| ,$$

其中 c 是任意常数,再把变量 $u = \frac{y}{x}$ 代回,即得到(1.23)的通积分.

若有 u_0 使 $g(u_0) - u_0 = 0$,则 $u = u_0$ 是(1.27)的一个解,故 $y = u_0 x$ 也是(1.23)的一个解.

若 $g(u) - u \equiv 0$,则(1.23)成为 $\frac{\mathrm{d}y}{\mathrm{d}x} = \frac{y}{x}$,它是一个可分离变量方程,按分离变量法得其通解 $y = cx$.

这种通过变量变换先改变方程的形状,再求解的方法,是解微分方程的一种常用方法,称为**变量变换法**,今后将多次运用,希望读者细心体会.

在解这一类方程之前,先要验算它是否为齐次方程.由定义可知,若当 $x \neq 0$ 时 $f(x, ux) \equiv g(u)$(即与 x 无关),则方程(1.11)为齐次方程.

例 3 求解方程 $\dfrac{\mathrm{d}y}{\mathrm{d}x} = \dfrac{xy}{x^2 + y^2}$.

解 记 $f(x,y) = \dfrac{xy}{x^2 + y^2}$,从而

$$f(x,ux) = \frac{x^2 u}{x^2 + x^2 u} = \frac{u}{1 + u^2},$$

它与 x 无关,故知方程是齐次方程. 令 $y = ux$,则原方程变换为

$$u + x\frac{\mathrm{d}u}{\mathrm{d}x} = \frac{u}{1 + u^2}.$$

化简并移项得

$$-\frac{1 + u^2}{u^3}\mathrm{d}u = \frac{\mathrm{d}x}{x}.$$

积分得

$$\frac{1}{2u^2} - \ln|u| = \ln|c_1 x|.$$

代回原变量即得通积分 $y = c\mathrm{e}^{\frac{x^2}{2y^2}}$,其中 $c = \pm\dfrac{1}{c_1}$ 是任意常数,此外,$u = 0$ 即 $y = 0$ 也是原方程的一个解,它可以被认为包含在 $y = c\mathrm{e}^{\frac{x^2}{2y^2}}$ 中(相当于 $c = 0$).

例 4 设 $y < 0$,求 $y\mathrm{d}x - (x - \sqrt{x^2 + y^2})\mathrm{d}y = 0$ 满足 $y\big|_{x=0} = -1$ 的特解.

分析 写成标准形状之后,立即可看出该微分方程是齐次方程,若写成

$$\frac{\mathrm{d}y}{\mathrm{d}x} = \frac{y}{x - \sqrt{x^2 + y^2}},$$

并命 $y = ux$,将会发现计算量较大,换一种思路,改写成

$$\frac{\mathrm{d}x}{\mathrm{d}y} = \frac{x - \sqrt{x^2 + y^2}}{y},$$

并命 $x = vy$,计算量也许会小一些.

解 命 $x = vy$,有

$$\frac{\mathrm{d}x}{\mathrm{d}y} = v + y\frac{\mathrm{d}v}{\mathrm{d}x},$$

于是得

$$v + y\frac{\mathrm{d}v}{\mathrm{d}y} = \frac{vy - \sqrt{v^2 y^2 + y^2}}{y} = \frac{vy - |y|\sqrt{1 + v^2}}{y},$$

由于 $y < 0$,故得

$$y\frac{\mathrm{d}v}{\mathrm{d}y} = \sqrt{1 + v^2}.$$

分离变量得

$$\frac{\mathrm{d}v}{\sqrt{1 + v^2}} = \frac{\mathrm{d}y}{y},$$

两边积分,并注意到 $y < 0$,得

$$\ln(v + \sqrt{1 + v^2}) = \ln(-y) + \ln c, (c > 0).$$

将 $v = \frac{x}{y}$ 代入再化简得通解

$$y = -\frac{1}{c}\sqrt{1 - 2cx}, (c > 0).$$

再由初值条件 $y|_{x=0} = -1$ 代入得 $c = 1$,从而得特解

$$y = -\sqrt{1 - 2x}.$$

§3 一阶线性微分方程·伯努利方程

一、一阶线性微分方程

我们称关于未知函数 y 及其导数 $\frac{\mathrm{d}y}{\mathrm{d}x}$ 是一次式的一阶微分方程为**一阶线性微分方程**,它的一般形式是

$$\frac{\mathrm{d}y}{\mathrm{d}x} + p(x)y = f(x). \tag{1.28}$$

其中 $p(x)$ 和 $f(x)$ 是区间 $a < x < b$ 内的已知连续函数,当 $f(x)$ $\equiv 0$ 时,方程

$$\frac{\mathrm{d}y}{\mathrm{d}x} + p(x)y = 0 \tag{1.29}$$

称为一阶**齐次线性方程**.当 $f(x) \not\equiv 0$ 时,称(1.28)为一阶**非齐次线性方程**.这里的"齐次"一词,与上节意义不同.

先考虑(1.29),这也是一个可分离变量的微分方程,将它写为

$$\frac{\mathrm{d}y}{\mathrm{d}x} = -p(x)y \quad 或 \quad \frac{\mathrm{d}y}{y} = -p(x)\mathrm{d}x.$$

两边积分,得

$$\ln|y| = \int p(x)\mathrm{d}x + \ln|c|.$$

解出 y,即得到齐次线性方程(1.29)的通解

$$y = c\mathrm{e}^{-\int p(x)\mathrm{d}x}, \tag{1.30}$$

这里 c 是任意常数.

对于非齐次线性方程(1.28),它的左边和对应的齐次线性方程(1.29)的左边完全一样,而其差异仅在于方程右边是 $f(x)$ 而不是 0.当 c 为常数时,(1.30)是(1.29)的解,它当然不会是(1.28)的解.要使形如(1.30)的 y 是(1.29)的解,c 当然不为常数.按照这一思路,我们设想(1.28)具有形式为

$$y = u\mathrm{e}^{-\int p(x)\mathrm{d}x} \tag{1.31}$$

的解,这里 $u = u(x)$ 是一个待定函数.上述设想是否行得通,就要看能否求出函数 $u = u(x)$,使(1.31)是(1.28)的解.为此,将(1.31)及其导数

$$\frac{\mathrm{d}y}{\mathrm{d}x} = \mathrm{e}^{-\int p(x)\mathrm{d}x}\frac{\mathrm{d}u}{\mathrm{d}x} - u\mathrm{e}^{-\int p(x)\mathrm{d}x}p(x)$$

代入(1.28),得

$$\left[\mathrm{e}^{-\int p(x)\mathrm{d}x}\frac{\mathrm{d}u}{\mathrm{d}x} - u\mathrm{e}^{-\int p(x)\mathrm{d}x}p(x)\right] + p(x)u\mathrm{e}^{-\int p(x)\mathrm{d}x}$$

$$= f(x),$$

即
$$e^{-\int p(x)\mathrm{d}x} \frac{\mathrm{d}u}{\mathrm{d}x} = f(x).$$

显然这是可分离变量的微分方程,两边乘以 $e^{\int p(x)\mathrm{d}x}\mathrm{d}x$,它显然不等于 0,于是上式可改写为

$$\mathrm{d}u = f(x)e^{\int p(x)\mathrm{d}x}\mathrm{d}x.$$

从而有

$$u = \int f(x)e^{\int p(x)\mathrm{d}x}\,\mathrm{d}x + c. \tag{1.32}$$

这样,我们就找到了所求的函数 u,将(1.32)代回(1.31),得到

$$y = e^{-\int p(x)\mathrm{d}x}\Big[\int f(x)e^{\int p(x)\mathrm{d}x}\,\mathrm{d}x + c\Big]. \tag{1.33}$$

此即一阶非齐次线性微分方程(1.28)在区间 (a,b) 内的通解公式. 由上述推导可以看出,线性方程(1.28)的通解(1.33)包含了(1.28)的一切解. 易知,若 $x_0 \in (a,b)$,则由不定积分与变上限定积分的关系,方程(1.28)满足初值条件 $y\,|_{x=x_0} = y_0$ 的解可写成

$$y = e^{-\int_{x_0}^{x} p(\xi)\mathrm{d}\xi}\Big[\int_{x_0}^{x} f(\zeta)e^{\int_{x_0}^{\zeta} p(\xi)\mathrm{d}\xi}\,\mathrm{d}\zeta + y_0\Big]. \tag{1.34}$$

此解在区间 $a < x < b$ 内都适用.

提请注意的是,不是线性的微分方程它的通解并不一定包含了它的一切解. 例如方程 $y' = y^{\frac{2}{3}}$,由分离变量容易求得它的通解为 $y = \dfrac{1}{27}(x+c)^3$. 但解 $y = 0$ 并不包含在其中.

由公式(1.33)还可以看出,一阶非齐次线性方程的通解 y 可以写成两项之和:

$$y = e^{-\int p(x)\mathrm{d}x}\int f(x)e^{\int p(x)\mathrm{d}x}\,\mathrm{d}x + ce^{-\int p(x)\mathrm{d}x}.$$

前者相当于(1.33)中 $c = 0$ 的情形,因而它是非齐次方程(1.28)的一个解;后者是对应的齐次方程(1.29)的通解. 一般,我们可以

证明,如果 $Y(x)$ 是(1.28)对应的齐次方程(1.29)的通解,$y^*(x)$ 是(1.28)的任意一个解,则 $y = Y(x) + y^*(x)$ 是(1.28)的通解(证明见下一章).

上面所用的方法,即将对应的齐次方程通解中的任意常数 c 换成待定函数 $u(x)$,以求得非齐次方程的解的方法,称为**变动任意常数法**.它也是解微分方程的一种方法,在第 2 章与第 3 章中还要提到.

例 1 解方程 $\dfrac{\mathrm{d}y}{\mathrm{d}x} - y\cot x = 2x\sin x,\ y\big|_{x=\frac{\pi}{2}} = 0$.

解   **方法一**   用常数变易法. 为此,先解对应的齐次线性方程

$$\frac{\mathrm{d}y}{\mathrm{d}x} - y\cot x = 0.$$

分离变量得 $\dfrac{\mathrm{d}y}{y} = \dfrac{\cos x}{\sin x}\mathrm{d}x.$

两边积分得 $\ln|y| = \ln|\sin x| + \ln|c|.$

由此得 $y = c\sin x,$

变易常数 c,令 $y = u\sin x$, 此时

$$\frac{\mathrm{d}y}{\mathrm{d}x} = \sin x\,\frac{\mathrm{d}u}{\mathrm{d}x} + u\cos x.$$

代入原方程,得

$$\left(\sin x\,\frac{\mathrm{d}u}{\mathrm{d}x} + u\cos x\right) - u\sin x\cot x = 2x\sin x.$$

于是 $\dfrac{\mathrm{d}u}{\mathrm{d}x} = 2x,$

从而解得 $u = x^2 + c.$

代回 $y = u\sin x$ 中,即得到原方程的通解:

$$y = (x^2 + c)\sin x.$$

再代入初值条件 $y\big|_{x=\frac{\pi}{2}} = 0$, 得 $c = -\pi^2/4$. 于是得所求的

解 $y = (x^2 - \dfrac{\pi^2}{4})\sin x$.

方法二　套一阶线性微分方程初值问题解的公式(1.34),有

$$y = \mathrm{e}^{\int_{\frac{\pi}{2}}^{x} \cot\xi \mathrm{d}\xi} \left[\int_{\frac{\pi}{2}}^{x} 2\zeta\sin\zeta \cdot \mathrm{e}^{-\int_{\frac{\pi}{2}}^{\zeta} \cot\xi \mathrm{d}\xi} \mathrm{d}\zeta + 0 \right]$$

$$= |\sin x| \left[\int_{\frac{\pi}{2}}^{x} \frac{2\zeta\sin\zeta}{|\sin\zeta|} \mathrm{d}\zeta \right].$$

因为原给方程中有系数 $\cot x$,所以 $x \neq n\pi (n = 0, \pm 1, \cdots)$,初值条件为 $y|_{x=\frac{\pi}{2}} = 0$,因此解的存在区间应包含 $x = \dfrac{\pi}{2}$ 但 $x \neq n\pi$ 的某一个区间,所以 $0 < x < \pi$. 从而

$$|\sin\zeta| = \sin\zeta, |\sin x| = \sin x.$$

于是特解

$$y = \sin x \cdot \int_{\frac{\pi}{2}}^{x} 2\zeta \mathrm{d}\zeta = \sin x \cdot \left(x^2 - \frac{\pi}{4}^2 \right) = \left(x^2 - \frac{\pi^2}{4} \right)\sin x.$$

例 2　求方程 $2x \dfrac{\mathrm{d}y}{\mathrm{d}x} - y = -x$ 的解.

解　**方法一**　这是一阶线性方程,按公式求解之.

$$y = \mathrm{e}^{\int \frac{1}{2x} \mathrm{d}x} \left[-\frac{1}{2} \int \mathrm{e}^{-\int \frac{1}{2x} \mathrm{d}x} \mathrm{d}x + c \right]$$

$$= \mathrm{e}^{\frac{1}{2}\ln|x|} \left[-\frac{1}{2} \int \mathrm{e}^{-\frac{1}{2}\ln|x|} \mathrm{d}x + c \right]$$

$$= \sqrt{|x|} \left[-\frac{1}{2} \int \frac{1}{\sqrt{|x|}} \mathrm{d}x + c \right]$$

当 $x > 0$ 时,$y = \sqrt{x} \left[-\dfrac{1}{2} \displaystyle\int \frac{1}{\sqrt{x}} \mathrm{d}x + c \right]$

$$= \sqrt{x}(-\sqrt{x} + c)$$

$$= -x + c\sqrt{x};$$

当 $x < 0$ 时,$y = \sqrt{-x} \left[-\dfrac{1}{2} \displaystyle\int \frac{1}{\sqrt{-x}} \mathrm{d}x + c \right]$

$$= \sqrt{-x}(\sqrt{-x} + c)$$
$$= -x + c\sqrt{-x};$$

合并之,得通解 $y = -x + c\sqrt{|x|}, x \neq 0$.

方法二 将本题化为

$$\frac{\mathrm{d}y}{\mathrm{d}x} = \frac{y - x}{2x}, (x \neq 0), \tag{1.35}$$

按齐次方程的解法解之. 命 $y = ux$,原方程化为

$$u + x\frac{\mathrm{d}u}{\mathrm{d}x} = \frac{1}{2}u - \frac{1}{2},$$

$$x\frac{\mathrm{d}u}{\mathrm{d}x} = -\frac{1}{2}(u + 1). \tag{1.36}$$

当 $u \neq -1$ 时,分离变量,积分得

$$\ln|u + 1| = -\frac{1}{2}\ln|x| + \ln c_1, (c_1 > 0).$$

去掉对数记号及 $|u + 1|$ 的绝对值记号,得

$$u + 1 = \pm c_1|x|^{-\frac{1}{2}}$$

再将 $u = \dfrac{y}{x}$ 代入,当 $x \neq 0$ 时,得

$$y = (\pm c_1|x|^{-\frac{1}{2}} - 1)x = -x \pm c_1\sqrt{|x|} \tag{1.37}$$

命 $c = \pm c_1$,于是得到(1.35)的通解

$$y = -x + c\sqrt{|x|}, (x \neq 0). \tag{1.38}$$

此外,易见 $u = -1$ 也是(1.36)的解,从而知 $y = -x$ 也是(1.35)的解,此解可以认为包含在(1.38)之中(相当于 $c = 0$).

例 3 设 $f(x)$ 在 $[0, +\infty)$ 上连续,且 $|f(x)| \leqslant K$,常数 $a > 0$. 试证明:初值问题

$$\begin{cases} \dfrac{\mathrm{d}y}{\mathrm{d}x} + ay = f(x), \\ y(0) = 0 \end{cases}$$

的解 $y(x)$ 在区间 $[0,+\infty)$ 上满足 $|y(x)| \leqslant \dfrac{K}{a}(1-\mathrm{e}^{-ax})$. (本题为 1996 年考研(数学三)的一个试题)

分析 凡是不知道 $f(x)$ 具体是什么,而要讨论解的性质,宜用变上限积分公式(1.34). 2018 年数学(一)考研的一个题要用此公式讨论,详见附录.

证 由一阶线性微分方程的解的公式(1.34),上述初值问题的解

$$y(x) = \mathrm{e}^{-\int_0^x a\,\mathrm{d}t}\left[\int_0^x f(t)\mathrm{e}^{\int_0^t a\,\mathrm{d}s}\,\mathrm{d}t + 0\right]$$

$$= \mathrm{e}^{-ax}\left[\int_0^x f(t)\mathrm{e}^{at}\,\mathrm{d}t\right],$$

$$|y(x)| \leqslant \mathrm{e}^{-ax}\int_0^x |f(t)|\,\mathrm{e}^{at}\,\mathrm{d}t$$

$$= \mathrm{e}^{-ax}\int_0^x K\mathrm{e}^{at}\,\mathrm{d}t$$

$$= \mathrm{e}^{-ax}\left[\frac{K}{a}(\mathrm{e}^{ax}-1)\right]$$

$$= \frac{K}{a}(1-\mathrm{e}^{-ax}).$$

例 4 设 $F(x) = f(x)g(x)$,其中函数 $f(x)$ 与 $g(x)$ 在 $(-\infty,+\infty)$ 内存在导数且满足条件

$$f'(x) = g(x), g'(x) = f(x) \text{ 及 } f(0) = 0, f(x)+g(x) = 2\mathrm{e}^x,$$

求 $F(x)$. (本题为 2003 年考研(数学三)的一个试题)

分析 由条件去推导出 $F(x)$ 应满足的微分方程然后求解.

解 $F'(x) = f'(x)g(x) + f(x)g'(x)$

$$= g^2(x) + f^2(x)$$

$$= (f(x)+g(x))^2 - 2f(x)g(x)$$

$$= 4\mathrm{e}^{2x} - 2F(x).$$

所以 $F(x)$ 满足

$$\begin{cases} F'(x) + 2F(x) = 4e^{2x} \\ F(0) = 0 \end{cases}$$

解上述关于 $F(x)$ 的初值问题,由通解公式(1.34)得

$$F(x) = e^{-2x}\left[\int_0^x 4e^{2\xi} \cdot e^{2\xi}d\xi + 0\right]$$
$$= e^{-2x}(e^{4x} - 1) = e^{2x} - e^{-2x}.$$

例5 设 $f(x)$ 为连续函数且满足

$$f(x) = e^x + \int_0^x f(t)dt,$$

求 $f(x)$.

分析 由于 $f(x)$ 连续,所以变上限积分 $\int_0^x f(t)dt$ 对变上限 x 可导,因此 $f(x) = e^x + \int_0^x f(t)dt$ 的右边可导.所以左边 $f(x)$ 亦可导.将所给的方程(此称积分方程)两边对 x 求导将此方程化成微分方程求解.

解 将所给方程两边对 x 求导,得

$$f'(x) = e^x + f(x),$$

即

$$f'(x) - f(x) = e^x.$$

又由原给方程知道 $f(0) = e^0 + \int_0^0 f(t)dt = 1$,这样,解原方程等价于求下述微分方程初值问题:

$$\begin{cases} f'(x) - f(x) = e^x, \\ f(0) = 1. \end{cases}$$

由初值问题的解的公式(1.34),得特解

$$f(x) = e^x\left[\int_0^x e^\xi \cdot e^{-\xi}d\xi + 1\right] = e^x\left[\int_0^x d\xi + 1\right]$$
$$= e^x(x+1).$$

注 积分方程的初值条件应该从所给方程中去挖掘之.

二、伯努利(Bernoulli) 方程

我们将形如

$$\frac{\mathrm{d}y}{\mathrm{d}x} + p(x)y = f(x)y^n, \quad n \neq 0,1 \tag{1.39}$$

的方程称为**伯努利方程**. 当 $n = 0$ 时,(1.39) 即为(1.28);当 $n = 1$ 时,移项合并知,(1.39) 是一个一阶齐次线性方程. 以下说明,当 $n \neq 0, n \neq 1$ 时(1.39) 也可以化为线性方程. 事实上,以 y^n 去除 (1.39)式的两边可得

$$y^{-n} \frac{\mathrm{d}y}{\mathrm{d}x} + p(x)y^{1-n} = f(x).$$

再作变量变换,引入未知函数 z,

$$z = y^{1-n},$$

则 $$\frac{\mathrm{d}z}{\mathrm{d}x} = (1-n)y^{-n} \frac{\mathrm{d}y}{\mathrm{d}x}.$$

于是(1.39) 化为

$$\frac{\mathrm{d}z}{\mathrm{d}x} + (1-n)p(x)z = (1-n)f(x).$$

这是一个关于未知函数 z 的一阶线性微分方程. 求出它的解后,再代回原变量,便得到伯努利方程(1.39) 的解.

注意,若 $n > 0$,则(1.39) 显然有解 $y = 0$. 在求解时,不要忘记这个解.

例 6 求方程 $\dfrac{\mathrm{d}y}{\mathrm{d}x} + \dfrac{y}{x} = a(\ln x)y^2$ 的解.

解 以 y^2 去除方程的两边,得

$$y^{-2} \frac{\mathrm{d}y}{\mathrm{d}x} + \frac{1}{x}y^{-1} = a\ln x.$$

令 $x = y^{-1}$,有 $\dfrac{\mathrm{d}z}{\mathrm{d}x} = -y^{-2} \dfrac{\mathrm{d}y}{\mathrm{d}x}$. 于是原方程化为线性方程

$$\frac{\mathrm{d}z}{\mathrm{d}x} - \frac{z}{x} = -a\ln x .$$

按照通解公式，得

$$z = x\left[\int (-a\ln x)\frac{1}{x}\mathrm{d}x + c\right]$$

$$= x\left[c - \frac{a}{2}(\ln x)^2\right].$$

于是得通解

$$y = \frac{1}{x\left[c - \dfrac{a}{2}(\ln x)^2\right]} ,$$

这里 c 是任意常数. 此外还有显而易见的解 $y = 0$. 这个解并不包括在上述表达式中. 可见此题的通解并不包含一切解.

例 7　求解方程 $(x^2 + y)\mathrm{d}y - 2xy\mathrm{d}x = 0$.

解　将 x 看作未知函数，y 作为自变量，此式可写成

$$\frac{\mathrm{d}x}{\mathrm{d}y} = \frac{x^2 + y}{2xy} = \frac{x}{2y} + \frac{1}{2x}.$$

这是以 x 作为未知函数的伯努利方程. 按伯努利方程的常规解法，以 $2x$ 通乘等式两边，再命 $z = x^2$，有

$$\frac{\mathrm{d}z}{\mathrm{d}y} = \frac{z}{y} + 1.$$

于是解得通积分

$$x^2 = z = \mathrm{e}^{\int \frac{1}{y}\mathrm{d}y}\left[\int \mathrm{e}^{-\int \frac{1}{y}\mathrm{d}y}\mathrm{d}y + c\right]$$

$$= y[\ln|y| + c],$$

此外，从原给方程可知，$y = 0$ 也是一个解.

例 7 的解法告诉我们，有时改变 x 与 y 的自变量与未知函数的地位，所给的方程可能会成为关于 x 的线性方程或伯努利方程，这样就能求解了.

§4 全微分方程

我们将一阶方程(1.11),改写为

$$f(x,y)\mathrm{d}x - \mathrm{d}y = 0,$$

或写成对称的形式

$$M(x,y)\mathrm{d}x + N(x,y)\mathrm{d}y = 0 , \qquad\qquad (1.40)$$

则当 $N(x,y) \neq 0$ 时,(1.40) 可以化为(1.11);当 $M(x,y) \neq 0$ 时,将 x 看作未知函数,y 看作自变量,(1.40) 也可以化为类似于 (1.11) 的形式. 于是当 $M(x,y)$ 和 $N(x,y)$ 在 (x,y) 平面上某区域 G 内不同时为零时,(1.11) 与 (1.40) 可以互化. 以后均设满足此条件.

如果(1.40)的左边恰好是某一个二元函数 $u(x,y)$ 的全微分,即

$$M(x,y)\mathrm{d}x + N(x,y)\mathrm{d}y = \mathrm{d}u(x,y),$$

则称(1.40)为**全微分方程**;$u(x,y)$ 称为它的一个**原函数**. 例如方程 $x\mathrm{d}x + y\mathrm{d}y = 0$ 的左边是 $(x^2 + y^2)/2$ 的全微分,所以 $x\mathrm{d}x + y\mathrm{d}y = 0$ 是一个全微分方程.

设(1.40)是一个全微分方程,$u(x,y)$ 是它的一个原函数,我们来论证全微分方程(1.40)的解法.

设 $y = y(x)$ 是全微分方程(1.40)的一个解,且 $y(x_0) = y_0$. 则

$$M(x,y(x))\mathrm{d}x + N(x,y(x))\mathrm{d}y(x) \equiv 0,$$

即 $\qquad \mathrm{d}u(x,y(x)) \equiv 0.$

于是

$$u(x,y(x)) \equiv c_0 = u(x_0,y_0).$$

即 $y = y(x)$ 是 $u(x,y) = u(x_0,y_0)$ 满足 $y(x_0) = y_0$ 所确定的隐函数. 反之,设 $y = y(x)$ 是 $u(x,y) = u(x_0,y_0)$ 满足 $y(x_0) = y_0$

所确定的隐函数,则有
$$u(x,y(x)) \equiv u(x_0, y_0).$$
求微分,得
$$\mathrm{d}u(x,y(x)) \equiv 0.$$
于是
$$M(x,y(x))\mathrm{d}x + N(x,y(x))\mathrm{d}y(x) \equiv 0.$$
故 $y = y(x)$ 是(1.40)的解.

由以上论证可知,如果已知(1.40)是一个全微分方程,$u(x,y)$ 是它的一个原函数,则
$$u(x,y) = u(x_0, y_0)$$
是(1.40)满足条件:当 $x = x_0$ 时 $y = y_0$ 的积分,其中 $(x_0, y_0) \in G$.并且
$$u(x,y) = c$$
是(1.40)的通积分,c 是任意常数.

现在我们自然要问:

(1)如何根据 $M(x,y)$ 和 $N(x,y)$ 去判别方程(1.40)为全微分方程;

(2)当(1.40)为全微分方程时,如何去求原函数 $u(x,y)$.

下面定理 1.3 回答(1);方法一、二、三回答(2).

定理 1.3 设函数 $M(x,y)$ 和 $N(x,y)$ 在单连通区域 G 内连续且有连续的一阶偏导数,则(1.40)为全微分方程的充要条件是
$$\frac{\partial M}{\partial y} \equiv \frac{\partial N}{\partial x}, (x,y) \in G. \tag{1.41}$$

证略 学过曲线积分的读者,可以在高等数学曲线积分与路径无关的内容中查到此定理的证明及关于单连通区域的概念.

下面介绍**求原函数 $u(x,y)$ 的方法**.

方法一 当满足充要条件(1.41)时,可以由下述与路径无关的曲线积分求得一个原函数:

$$u(x,y) = \int_{(x_0,y_0)}^{(x,y)} M(x,y)\mathrm{d}x + N(x,y)\mathrm{d}y, \qquad (1.42)$$

其中点 (x_0,y_0) 可以取 G 内任意一个定点.

如果 G 是边平行于坐标轴的矩形区域,则从点 (x_0,y_0) 到点 (x,y) 可取边平行于坐标轴的折线(见图 1-2) $\overline{AD} \bigcup \overline{DB}$ 或 $\overline{AC} \bigcup \overline{CB}$.其计算公式分别为 (1.43) 与 (1.44).

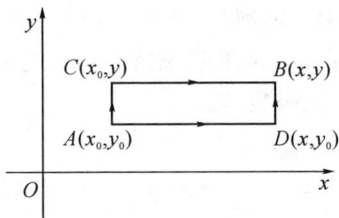

图 1-2

$$u(x,y) = \int_{x_0}^{x} M(\xi,y_0)\mathrm{d}\xi + \int_{y_0}^{y} N(x,\eta)\mathrm{d}\eta, \qquad (1.43)$$

或 $\qquad u(x,y) = \int_{x_0}^{x} M(\xi,y)\mathrm{d}\xi + \int_{y_0}^{y} N(x_0,\eta)\mathrm{d}\eta. \qquad (1.44)$

例 1 求 $(3x^2 + 6xy^2)\mathrm{d}x + (6x^2 y + 4y^3)\mathrm{d}y = 0$ 的通积分.

解 这里 $M = 3x^2 + 6xy^2, N = 6x^2 y + 4y^3$,且

$$\frac{\partial M}{\partial y} = 12xy, \qquad \frac{\partial N}{\partial x} = 12xy.$$

故原方程是全微分方程.由公式 (1.43) 并取如图 1-2 的折线 ADB 计算曲线积分,得

$$\begin{aligned}
u(x,y) &= \int_{(x_0,y_0)}^{(x,y)} (3x^2 + 6xy^2)\mathrm{d}x + (6x^2 y + 4y^3)\mathrm{d}y \\
&= \int_{x_0}^{x} (3x^2 + 6xy_0^2)\mathrm{d}x + \int_{y_0}^{y} (6x^2 y + 4y^3)\mathrm{d}y \\
&= x^3 + 3x^2 y^2 + y^4 - (x_0^3 + 3x_0^2 y_0^2 + y_0^4).
\end{aligned}$$

故得通积分为

$$x^3 + 3x^2 y^2 + y^4 = c,$$

其中c为任意常数,常数项$(x_0^3 + 3x_0^2 y_0^2 + y_0^4)$已并入$c$中.注意,如果有可能,积分下限$(x_0, y_0)$一般取为$(0,0)$.这样可以使得计算简单些.

方法二 当满足充要条件(1.41)时,没有学过曲线积分的读者,可以采用下述不定积分的方法求原函数$u(x,y)$.因为

$$du(x,y) = M(x,y)dx + N(x,y)dy,$$

所以

$$\frac{\partial u}{\partial x} = M(x,y), \quad \frac{\partial u}{\partial y} = N(x,y). \tag{1.45}$$

由前一式,有

$$u(x,y) = \int M(x,y)dx + \varphi(y). \tag{1.46}$$

这里积分中把y看作常量,$\varphi(y)$是y的任意可微函数.再由(1.45)的第二式,有

$$\frac{\partial u}{\partial y} = \frac{\partial}{\partial y}\int M(x,y)dx + \varphi'(y) = N(x,y).$$

由此求得

$$\varphi'(y) = N(x,y) - \frac{\partial}{\partial y}\int M(x,y)dx$$

在条件(1.41)下,可证上式右边与x无关,从而可求出$\varphi(y)$,代入(1.46)即得$u(x,y)$.

例2 求$(y^3 - 3xy^2 - 3x^2 y)dx + (3xy^2 - 3x^2 y - x^3 + y^2)dy = 0$的通积分.

解 这里$M = y^3 - 3xy^2 - 3x^2 y$,$N = 3xy^2 - 3x^2 y - x^3 + y^2$,经计算有

$$\frac{\partial M}{\partial y} = 3y^2 - 6xy - 3x^2 = \frac{\partial N}{\partial x},$$

满足(1.41).为求$u(x,y)$,先把y当作常量,由(1.46)有

$$u(x,y) = \int M(x,y)\mathrm{d}x + \varphi(y)$$

$$= y^3 x - \frac{3}{2}x^2 y^2 - x^3 y + \varphi(y).$$

再对 y 求偏导数,得

$$\frac{\partial u}{\partial y} = 3xy^2 - 3x^2 y - x^3 + \varphi'(y) = N(x,y)$$

$$= 3xy^2 - 3x^2 y - x^3 + y^2.$$

故 $\varphi'(y) = y^2$,从而 $\varphi(y) = y^3/3$. 于是

$$u(x,y) = xy^3 - \frac{3}{2}x^2 y^2 - x^3 y + \frac{1}{3}y^3.$$

通积分为

$$xy^3 - \frac{3}{2}x^2 y^2 - x^3 y + \frac{1}{3}y^3 = c,$$

其中 c 是任意常数.

方法三 此方法的优点是不必事先验证充要条件(1.41),但难点是找原函数要采用"凑"的办法,有一点技巧,要熟练掌握求二元函数全微分的逆向思维. 例如下面一些等式,从右到左是计算二元函数的全微分,而从左到右就是"凑"出原函数.

$$y\mathrm{d}x + x\mathrm{d}y = \mathrm{d}(xy),$$

$$\frac{y\mathrm{d}x - x\mathrm{d}y}{y^2} = \mathrm{d}\left(\frac{x}{y}\right),$$

$$\frac{-y\mathrm{d}x + x\mathrm{d}y}{x^2} = \mathrm{d}\left(\frac{y}{x}\right),$$

$$\frac{-y\mathrm{d}x + x\mathrm{d}y}{x^2 + y^2} = \mathrm{d}\left(\arctan\frac{y}{x}\right),$$

$$\frac{y\mathrm{d}x - x\mathrm{d}y}{x^2 - y^2} = \mathrm{d}\left(\frac{1}{2}\ln\left|\frac{x-y}{x+y}\right|\right),$$

例 3 求微分方程 $y\mathrm{d}x + x\mathrm{d}y = 0$ 的通积分.

解 由 $y\mathrm{d}x + x\mathrm{d}y = \mathrm{d}(xy)$ 知道,$u = xy$ 是 $y\mathrm{d}x + x\mathrm{d}y$ 的一

个原函数. 即由 $y\mathrm{d}x + x\mathrm{d}y = 0$ 推知 $xy = c$ 是该全微分方程的通积分,其中 c 是任意常数.

例 4 用凑微分的方法求例 1 的方程
$$(3x^2 + 6xy^2)\mathrm{d}x + (6x^2y + 4y^3)\mathrm{d}y = 0$$
的通积分.

解 将微分方程
$$(3x^2 + 6xy^2)\mathrm{d}x + (6x^2y + 4y^3)\mathrm{d}y = 0.$$
"分项组合"改写为
$$3x^2\mathrm{d}x + 4y^3\mathrm{d}y + 6xy(y\mathrm{d}x + x\mathrm{d}y) = 0.$$
或者写成
$$\mathrm{d}(x^3 + y^4) + 6xy\mathrm{d}(xy) = 0.$$
即
$$\mathrm{d}(x^3 + y^4 + 3(xy)^2) = 0.$$
通积分为
$$x^3 + y^4 + 3x^2y^2 = c(c \text{ 为任意常数}).$$

例 5 求微分方程
$$\left(\cos x + \frac{1}{y}\right)\mathrm{d}x + \left(\frac{1}{y} - \frac{x}{y^2}\right)\mathrm{d}y = 0$$
的通积分.

解 将所给方程"分项组合"为
$$\left(\cos x + \frac{1}{y}\right)\mathrm{d}x + \left(\frac{1}{y} - \frac{x}{y^2}\right)\mathrm{d}y$$
$$= \cos x\mathrm{d}x + \frac{1}{y}\mathrm{d}y + \left(\frac{y\mathrm{d}x - x\mathrm{d}y}{y^2}\right)$$
$$= \mathrm{d}(\sin x + \ln|y|) + \mathrm{d}\left(\frac{x}{y}\right)$$
$$= \mathrm{d}\left(\sin x + \ln|y| + \frac{x}{y}\right) = 0.$$
所以该微分方程的通积分为
$$\sin x + \ln|y| + \frac{x}{y} = c, \quad (c \text{ 为任意常数}).$$

例 6 设当 $x > 0$ 时 $\varphi(x)$ 具有连续的一阶导数，$\varphi(1) = 0$，并且在右半平面，

$$\left(\frac{2\varphi(x) + 2x^2}{x^4}\right)y\,\mathrm{d}x + \left(\frac{\varphi(x)}{x^2} + \sin y\right)\mathrm{d}y = 0$$

是一个全微分方程，求 $\varphi(x)$ 并求此全微分方程的通积分.

解 由全微分方程的充要条件(1.41) 有

$$\frac{2\varphi(x) + 2x^2}{x^4} = \frac{x^2\varphi'(x) - 2x\varphi(x)}{x^4},$$

即

$$\varphi'(x) - \frac{2x + 2}{x^2}\varphi(x) = 2.$$

这是关于 φ 的一阶线性方程，从而得

$$\varphi(x) = \mathrm{e}^{\int\left(\frac{2}{x} + \frac{2}{x^2}\right)\mathrm{d}x}\left[\int \mathrm{e}^{-\int\left(\frac{2}{x} + \frac{2}{x^2}\right)\mathrm{d}x}2\,\mathrm{d}x + c\right]$$

$$= -x^2 + cx^2\mathrm{e}^{-\frac{2}{x}}.$$

由 $\varphi(1) = 0$，得 $c = \mathrm{e}^2$，于是得 $\varphi(x) = -x^2 + \mathrm{e}^2 x^2 \mathrm{e}^{-\frac{2}{x}}$. 原方程成为

$$\frac{2\mathrm{e}^2}{x^2}\mathrm{e}^{-\frac{2}{x}}y\,\mathrm{d}x + (-1 + \mathrm{e}^2\mathrm{e}^{-\frac{2}{x}} + \sin y)\mathrm{d}y = 0,$$

得原方程的通积分：

$$(-1 + \mathrm{e}^2\mathrm{e}^{-\frac{2}{x}})y - \cos y = c_1.$$

全微分方程可以通过积分求出它的通积分. 因此，研究能否将一阶微分方程

$$M(x, y)\mathrm{d}x + N(x, y)\mathrm{d}y = 0 \tag{1.47}$$

化为全微分方程就有很重要的意义. **积分因子**的概念就是为解决这个问题而引入的.

如果存在函数 $\mu(x, y) \neq 0$，使得

$$\mu(x, y)M(x, y)\mathrm{d}x + \mu(x, y)N(x, y)\mathrm{d}y = 0 \tag{1.48}$$

成为全微分方程，即存在函数 $u(x, y)$，使

$$\mu(x, y)M(x, y)\mathrm{d}x + \mu(x, y)N(x, y)\mathrm{d}y \equiv \mathrm{d}u(x, y),$$

则称 $\mu(x,y)$ 为方程(1.40)的一个**积分因子**.

这时, $u(x,y) = c$ 是(1.48)的通积分,而由于 $\mu \neq 0$,因而 $u(x,y) = c$ 也是(1.40)的通积分.

例 7　求微分方程的通解(通积分).

(1) $y\mathrm{d}x + (x + x^2 y^2)\mathrm{d}y = 0$;

(2) $(-y + xy^2)\mathrm{d}x + x\mathrm{d}y = 0$;

(3) $(y + x^2 + y^2)\mathrm{d}x - x\mathrm{d}y = 0$.

分析　容易验证上述三个方程都不是全微分方程.方程(1)可以化成以 x 为未知函数的伯努利方程,方程(2)可以化成以 y 为未知函数的伯努利方程,方程(3)不是前面所讲过的任何一种类型.我们现在试用积分因子的方法看看能否解这几个题,但必须指出,积分因子也并不能解决一切一阶方程的求解,而且,用积分因子法相当有技巧.也正因为如此,所以本书也只是举例说明,点到为止,不多花笔墨.

解　(1) 将 $y\mathrm{d}x + (x + x^2 y^2)\mathrm{d}y = 0$ 改写为
$$(y\mathrm{d}x + x\mathrm{d}y) + x^2 y^2 \mathrm{d}y = 0.$$
将方程两边乘以因子 $\mu(x,y) = (xy)^{-2}$,原方程化为
$$(xy)^{-2}\mathrm{d}(xy) + \mathrm{d}y = 0,$$
$$\mathrm{d}(-(xy)^{-1} + y) = 0,$$
通积分(通解)
$$y - \frac{1}{xy} = c,\ (c\ \text{为任意常数}).$$
此外, $y = 0$ 也是原给微分方程的一个解,它不含在上述通解之中.

(2) 将 $(-y + xy^2)\mathrm{d}x + x\mathrm{d}y = 0$ 改写为
$$(x\mathrm{d}y - y\mathrm{d}x) + xy^2\mathrm{d}x = 0.$$
两边乘以因子 $\mu(x,y) = y^{-2}$,原方程化为
$$\frac{x\mathrm{d}y - y\mathrm{d}x}{y^2} + x\mathrm{d}x = 0,$$

$$-\mathrm{d}\left(\frac{x}{y}\right) + \mathrm{d}\left(\frac{x^2}{2}\right) = 0,$$

$$\mathrm{d}\left(\frac{x^2}{2} - \frac{x}{y}\right) = 0.$$

通积分（通解）

$$\frac{x^2}{2} - \frac{x}{y} = c \quad (c \text{ 为任意常数}).$$

此外, $y = 0$ 也是原给微分方程的一个解, 它不含在上述通解之中.

（3）将 $(y + x^2 + y^2)\mathrm{d}x - x\mathrm{d}y = 0$ 改写为

$$y\mathrm{d}x - x\mathrm{d}y + (x^2 + y^2)\mathrm{d}x = 0.$$

两边乘以因子 $\mu(x, y) = (x^2 + y^2)^{-1}$, 原方程化为

$$\frac{y\mathrm{d}x - x\mathrm{d}y}{x^2 + y^2} + \mathrm{d}x = 0,$$

$$\frac{\dfrac{y\mathrm{d}x - x\mathrm{d}y}{y^2}}{1 + \left(\dfrac{x}{y}\right)^2} + \mathrm{d}x = 0,$$

即 $\quad \mathrm{d}\left(\arctan\dfrac{x}{y} + x\right) = 0.$

通积分（通解）

$$\arctan\frac{x}{y} + x = c, \quad (c \text{ 为任意常数}, y \neq 0).$$

注 由上面几题的分析可见, 第 1 步"分项组合"很关键, 组合好之后再找 $\mu(x, y)$. 实际上, 在组合之时, 就已经看到 $\mu(x, y)$ = ?. 技巧也在于此, 因此不再多举例了.

以上我们介绍了几种可用初等积分法求解的一阶微分方程. 熟悉各种类型的解法, 正确而又敏捷地判断给定方程属于何种类型, 从而按照所知的方法求解是很重要的. 实际上解一阶微分方程的方法不外乎是两种: 变量变换法和积分因子法. 前者在于引进合适的变换, 把方程先化为典型类型, 最终化为可分离变量的方程求

解. 例如用变动任意常数法求解非齐次线性方程 $y' + p(x)y = f(x)$，实质上也是作变换 $y = u\mathrm{e}^{-\int p(x)\mathrm{d}x}$，把含未知函数 y 的方程变成含未知函数 u 的可分离变量方程，所以可归为用变量变换法求解的一类. 下面我们将会看到，通过适当的变换还可将高阶方程的阶降低然后求解. 积分因子法的关键则是找出合适的积分因子，使方程变为全微分方程. 因而要求熟记某些二元函数的全微分.

但是，由于我们所遇到的方程往往并不恰好是某种典型的类型，因此在学习解微分方程各种方法的同时，还要注意培养自己的灵活性，根据具体的方程选择合适的求解方法. 应该指出的是，能用初等积分法解出的一阶微分方程是为数很少的（高阶的就更少了）. 例如形式上很简单的黎卡提（Reccati）方程 $y' = p(x)y^2 + q(x)y + r(x)$，一般就不能通过初等积分法求解. 鉴于此，我们将在第四章中简单介绍工程技术中经常用到的几个方法，以研究解的性质.

§5 可降阶的二阶微分方程

一般的高阶微分方程没有普遍的解法，处理问题的基本原则是降阶，即利用变量变换把高阶方程化为较低阶的方程来求解. 因为一般说来，求解低阶方程比求解高阶方程方便些.

本节讨论几种特殊形式的二阶微分方程，它们可以经过适当的变量变换降为一阶微分方程. 这里所用的处理方法对某些高阶方程也适用.

一、$\dfrac{\mathrm{d}^2 y}{\mathrm{d}x^2} = f(x)$ 型的微分方程

对于标题指出的这类方程，只需积分两次，就能求得解.

积分一次得到

$$\frac{\mathrm{d}y}{\mathrm{d}x} = \int f(x)\mathrm{d}x + c_1,$$

再积分一次得到

$$y = \int \left[\int f(x)\mathrm{d}x + c_1 \right]\mathrm{d}x + c_2$$
$$= \int \left[\int f(x)\mathrm{d}x \right]\mathrm{d}x + c_1 x + c_2. \qquad (1.49)$$

这是该方程的通解.

例 1　解方程 $\dfrac{\mathrm{d}^2 y}{\mathrm{d}x^2} = \dfrac{1}{\cos^2 x}$，$y\Big|_{x=\frac{\pi}{2}} = \dfrac{\ln 2}{2}$，$\dfrac{\mathrm{d}y}{\mathrm{d}x}\Big|_{x=\frac{\pi}{4}} = 1$.

解　积分一次得

$$\frac{\mathrm{d}y}{\mathrm{d}x} = \tan x + c_1.$$

以条件　$\dfrac{\mathrm{d}y}{\mathrm{d}x}\Big|_{x=\frac{\pi}{4}} = 1$ 代入，得 $c_1 = 0$，所以

$$\frac{\mathrm{d}y}{\mathrm{d}x} = \tan x.$$

再积分一次得

$$y = -\ln |\cos x| + c_2.$$

以条件 $y\Big|_{x=\frac{\pi}{4}} = \dfrac{\ln 2}{2}$ 代入，得

$$\frac{\ln 2}{2} = -\ln \frac{1}{\sqrt{2}} + c_2.$$

因此 $c_2 = 0$. 于是所求的特解为

$$y = -\ln |\cos x|.$$

类似地，对于 n 阶微分方程 $\dfrac{\mathrm{d}^n y}{\mathrm{d}x^n} = f(x)$，只需积分 n 次，就能求得它的通解.

例 2　解方程 $y''' = \ln x$.

解　因为　$y'' = \displaystyle\int \ln x \mathrm{d}x = x\ln x - x + c_1,$

$$y' = \int (x \ln x - x + c_1)\,\mathrm{d}x = \frac{x^2}{2}\ln x - \frac{3}{4}x^2 + c_1 x + c_2,$$

所以
$$y = \int \left(\frac{x^2}{2}\ln x - \frac{3}{4}x^2 + c_1 x + c_2 \right)\mathrm{d}x$$

$$= \frac{x^3}{6}\ln x - \frac{11}{36}x^3 + \frac{c_1}{2}x^2 + c_2 x + c_3.$$

二、$\dfrac{\mathrm{d}^2 y}{\mathrm{d}x^2} = f\left(x, \dfrac{\mathrm{d}y}{\mathrm{d}x}\right)$ 型的微分方程

这类方程的特点是不明显含有未知函数 y,针对这一特点,我们把 $\dfrac{\mathrm{d}y}{\mathrm{d}x}$ 作为新的未知函数,并作如下变换.

令 $\quad \dfrac{\mathrm{d}y}{\mathrm{d}x} = p,$ \hfill (1.50)

于是 $\quad \dfrac{\mathrm{d}^2 y}{\mathrm{d}x^2} = \dfrac{\mathrm{d}p}{\mathrm{d}x}.$ \hfill (1.51)

代入原方程即得到一个关于 p 与 x 的一阶方程

$$\frac{\mathrm{d}p}{\mathrm{d}x} = f(x, p). \qquad (1.52)$$

这里 p 为未知函数. 若能求出这个一阶方程的解 $p = \varphi(x, c_1)$,则由 $\dfrac{\mathrm{d}y}{\mathrm{d}x} = p = \varphi(x, c_1)$,就容易求得原方程的通解

$$y = \int \varphi(x, c_1)\,\mathrm{d}x + c_2.$$

显然,对于 $y^{(n)} = f(x, y^{(n-1)})$ 型的微分方程($n \geqslant 2$),可通过命 $y^{(n-1)} = p$ 得到 $y^{(n)} = \dfrac{\mathrm{d}p}{\mathrm{d}x}$,从而化为关于未知函数 p 的一阶方程 (1.52). 如果能求出这个一阶方程的解 $p = \varphi(x, c_1)$,则由 $y^{(n-1)} = \varphi(x, c_1)$ 逐次积分,就可以得到通解

$$y = \underbrace{\int \cdots \int}_{n-1 \text{个}} \varphi(x, c_1)\,\mathrm{d}x \cdots \mathrm{d}x + c_2 x^{n-2} + c_3 x^{n-3} + \cdots + c_n.$$

例 3　求微分方程 $y''(x+y'^2)=y'$ 满足初值条件 $y(1)=y'(1)=1$ 的特解.(本题为 2007 年考研(数学二)的一个试题).

解　按(1.50)与(1.51),命

$$y'=p,\quad 有\ y''=\frac{\mathrm{d}p}{\mathrm{d}x},$$

原方程化为

$$(x+p^2)\frac{\mathrm{d}p}{\mathrm{d}x}=p.$$

将 x 看作未知函数,看成 x 关于 p 的一阶线性方程[注1]:

$$\frac{\mathrm{d}x}{\mathrm{d}p}=\frac{x+p^2}{p},即\frac{\mathrm{d}x}{\mathrm{d}p}-\frac{x}{p}=p.$$

按一阶线性方程求解,得

$$x=\mathrm{e}^{\int\frac{1}{p}\mathrm{d}p}\left[\int p\mathrm{e}^{-\int\frac{1}{p}\mathrm{d}p}\mathrm{d}p+c_1\right]$$

$$=\mathrm{e}^{\ln p}\left[\int p\mathrm{e}^{-\ln p}\mathrm{d}p+c_1\right]^{[注2]}$$

$$=p\left[\int\mathrm{d}p+c_1\right]=p(p+c_1).$$

由初值条件 $x=1$ 时 $y'=1$(即 $p=1$),得 $c_1=0$.于是

$$x=p^2,$$

得到 $p=\pm\sqrt{x}$.由于 $x=1$ 时 $p=1$,所以这里"$\pm$"号只能取"+",得 $p=\sqrt{x}$,即

$$\frac{\mathrm{d}y}{\mathrm{d}x}=\sqrt{x}.$$

再积分得 $y=\dfrac{2}{3}x^{\frac{3}{2}}+c_2$.再以初值条件 $y(1)=1$ 代入得 $c_2=\dfrac{1}{3}$,

得特解 $y=\dfrac{2}{3}x^{\frac{3}{2}}+\dfrac{1}{3}$.

注 1　由 $\dfrac{\mathrm{d}x}{\mathrm{d}p}=\dfrac{x+p^2}{p}$,可化成

$$p \, \mathrm{d}x - x \, \mathrm{d}p - p^2 \, \mathrm{d}p = 0.$$

乘以积分因子 $\dfrac{1}{p^2}$，上述方程化为

$$\frac{p \, \mathrm{d}x - x \, \mathrm{d}p}{p^2} - \mathrm{d}p = 0.$$

即 $\qquad \mathrm{d}\left(\dfrac{x}{p} - p\right) = 0,$

解得 $x = p(p + c_1)$，… 以下同原解法.

注 2 积分 $\displaystyle\int \frac{1}{p} \mathrm{d}p$ 应写成 $\ln|p|$，然后讨论 $p > 0$ 与 $p < 0$，最后仍得到 $x = p(p + c_1)$.

三、$\dfrac{\mathrm{d}^2 y}{\mathrm{d}x^2} = f\left(y, \dfrac{\mathrm{d}y}{\mathrm{d}x}\right)$ 型的微分方程

这类方程的特点是其中不明显含自变量 x，因此可把 y 暂时作为这类方程的自变量. 为此，作如下变换（注意与(1.51)不同之处）.

令 $\qquad \dfrac{\mathrm{d}y}{\mathrm{d}x} = p$，于是

$$\frac{\mathrm{d}^2 y}{\mathrm{d}x^2} = \frac{\mathrm{d}p}{\mathrm{d}x} = \frac{\mathrm{d}p}{\mathrm{d}y} \frac{\mathrm{d}y}{\mathrm{d}x} = p \frac{\mathrm{d}p}{\mathrm{d}y}. \tag{1.53}$$

把它们代入原方程得

$$p \frac{\mathrm{d}p}{\mathrm{d}y} = f(y, p).$$

于是原方程降低一阶而成为 p 关于 y 的一阶微分方程.

对于不明显含自变量的高阶方程，亦可采用变换(1.53)的办法，求出 $\dfrac{\mathrm{d}^3 y}{\mathrm{d}x^3}, \dfrac{\mathrm{d}^4 y}{\mathrm{d}x^4}, \cdots$，再把 y 看作自变量而把原方程降低一阶.

例 4 求解方程 $\left(\dfrac{\mathrm{d}y}{\mathrm{d}x}\right)^2 - y \dfrac{\mathrm{d}^2 y}{\mathrm{d}x^2} = 0.$

解 因为方程不明显含有 x，因此可令

$$\frac{\mathrm{d}y}{\mathrm{d}x} = p,$$

于是由(1.53)有

$$\frac{\mathrm{d}^2 y}{\mathrm{d}x^2} = p\,\frac{\mathrm{d}p}{\mathrm{d}y}.$$

原方程化为

$$p^2 - yp\,\frac{\mathrm{d}p}{\mathrm{d}y} = 0.$$

由此可得 $p = 0$ 或 $p - y\dfrac{\mathrm{d}p}{\mathrm{d}y} = 0$. 由 $p = 0$(即$\dfrac{\mathrm{d}y}{\mathrm{d}x} = 0$),得 $y = $ 常

数. 由 $p - y\dfrac{\mathrm{d}p}{\mathrm{d}y} = 0$,得$\dfrac{\mathrm{d}p}{p} = \dfrac{\mathrm{d}y}{y}$. 积分后得 $p = c_1 y$,即$\dfrac{\mathrm{d}y}{\mathrm{d}x} = c_1 y$.

于是解得

$$y = c_2 \mathrm{e}^{c_1 x}$$

在上式中若取 $c_1 = 0$,即可得 $y = $ 常数,即由 $p = 0$ 得到的解已包含在上式中,因此"$y = $ 常数"这个解不必另行写出. 所以本题的通解为

$$y = c_2 \mathrm{e}^{c_1 x} \quad (c_1, c_2 \text{ 为任意常数.})$$

例5　求解微分方程 $yy'' + 1 = y'^2$.

解　令$\dfrac{\mathrm{d}y}{\mathrm{d}x} = p$,由(1.53)有

$$\frac{\mathrm{d}^2 y}{\mathrm{d}x^2} = p\,\frac{\mathrm{d}p}{\mathrm{d}y}.$$

于是原方程化为

$$yp\,\frac{\mathrm{d}p}{\mathrm{d}y} + 1 = p^2, \text{ 即 } yp\,\frac{\mathrm{d}p}{\mathrm{d}y} = p^2 - 1,$$

分离变量,有

$$\frac{p\mathrm{d}p}{p^2 - 1} = \frac{\mathrm{d}y}{y}, \quad (\text{当 } p \neq \pm 1, y \neq 0).$$

两边积分,去掉绝对值号,得 $p^2 - 1 = c_1 y^2$,于是

$$\frac{\mathrm{d}y}{\mathrm{d}x} = \pm \sqrt{1 + c_1 y^2}.$$

由于未给初值条件,故无法定出 c_1. 将上式分离变量后积分,对于 c_1 的三种不同情况应分别讨论:

① 当 $c_1 > 0$,得

$$\frac{1}{\sqrt{c_1}} \ln(\sqrt{c_1}\, y + \sqrt{1 + c_1 y^2}) = \pm x + c_2;$$

② 当 $c_1 = 0$,得

$$y = \pm x + c_2.$$

③ 当 $c_1 < 0$,得

$$\frac{1}{\sqrt{-c_1}} \arcsin(\sqrt{-c_1}\, y) = \pm x + c_2.$$

此外,由 $yp\dfrac{\mathrm{d}p}{\mathrm{d}y} = p^2 - 1$ 分离变量到 $\dfrac{p\,\mathrm{d}p}{p^2 - 1} = \dfrac{\mathrm{d}y}{y}$ 时,应假定 $p \neq \pm 1$. 而 $p = \pm 1$ 也是 $yp\dfrac{\mathrm{d}p}{\mathrm{d}y} = p^2 - 1$ 的解. 由 $p = \pm 1$,得 $y = \pm x + c_2$,就是 ② 的 y,故不必另行写出. 故本题的通积分(分段)表示如上 ①、②、③.

§6 微分方程的应用

微分方程的应用范围相当广泛,大致说来有:(1) 几何问题;(2) 变化率问题;(3) 物理问题(运动学、力学、电路)及化学反应问题;(4) 经济学及生物、生态学问题.

建模的方法有:(1) 根据要求或物理、化学定律列出含有未知函数的导数的方程;(2) 用微元法列出含有未知函数的微分的方程;(3) 根据大量统计规律模拟出变化规律,然后建立起微分方程(生态学、经济学中这类问题居多).

现在按问题的分类介绍方法,本节所选例题大都为考研真题.

一、几何问题

例 1 设曲线 L 位于 xOy 平面的第一象限内，L 上任一点 M 处的切线与 y 轴总相交，交点记为 A。已知 $|\overline{MA}| = |\overline{OA}|$，且 L 经过点 $(\frac{3}{2}, \frac{3}{2})$，求 L 的方程。（本题为 1995 年考研（数学一、二）的一个试题）。

解 题中的要求是 $|\overline{MA}| = |\overline{OA}|$。抓住这个关系式去建立方程。设点 $M(x, y)$，所求方程为 $y = y(x)$。于是过点 M 曲线 L 的切线方程为

$$Y - y(x) = y'(x)(X - x).$$

与 Y 轴交点的 Y 坐标为

$$Y = y(x) - xy'(x).$$

由 $|\overline{MA}| = |\overline{OA}|$ 推知

$$\sqrt{x^2 + (xy')^2} = \sqrt{0^2 + (y - xy' - 0)^2},$$

其中 $y = y(x)$，$y' = y'(x)$。化简便得

$$2yy' - \frac{1}{x}y^2 = -x,$$

初值条件是 $y|_{x=\frac{3}{2}} = \frac{3}{2}$。上述方程是伯努利方程，解之得

$$y^2 = e^{\int \frac{1}{x} dx} \left[-\int x e^{-\int \frac{1}{x} dx} dx + c \right]$$

$$= x(-x + c) = cx - x^2.$$

由于曲线在第一象限内，故

$$y = \sqrt{cx - x^2}.$$

再以 $y|_{x=\frac{3}{2}} = \frac{3}{2}$ 定出 $c = 3$。于是得曲线方程为 $y = \sqrt{3x - x^2}$。

当 $x = 0$ 或 $x = 3$ 时，切线与 y 轴重合或不相交，点 A 无定义。故 $y = \sqrt{3x - x^2}$ 的定义域为 $0 < x < 3$。

例 2   在 $y > 0$ 的半平面内求一条向上凹的曲线，其上任一点 $P(x, y)$ 处的曲率等于此曲线在该点的法线段 PQ 长度的倒数，其中 Q 是该法线与 x 轴的交点. 并且曲线在点 $(1, 1)$ 处的切线与 x 轴平行.(本题为 1991 年考研(数学一)的一个试题，选录时文字略作改动).

解   设所求曲线为 $y = y(x)$，则在点 $P(x, y)$ 处的法线方程为

$$-y'(Y - y) = X - x.$$

命 $Y = 0$，得交点 $Q(x + yy', 0)$，从而

$$|\overline{PQ}| = \sqrt{(x + yy' - x)^2 + (0 - y)^2}.$$

由题设条件得微分方程

$$\frac{|y''|}{(1 + y'^2)^{3/2}} = \frac{1}{((yy')^2 + y^2)^{1/2}}.$$

由 $y > 0, y'' > 0$，上式可化简为

$$yy'' = 1 + y'^2 \text{ 及初值条件 } y(1) = 1, y'(1) = 0.$$

这是缺 x 的二阶可降阶方程. 命 $y' = p, y'' = p \dfrac{\mathrm{d}p}{\mathrm{d}y}$，代入方程得

$$\frac{p}{1 + p^2} \mathrm{d}p = \frac{1}{y} \mathrm{d}y.$$

积分并利用初值条件 $y = 1$ 时，$p = y' = 0$. 于是有

$$y = \sqrt{1 + p^2}.$$

以 $y' = p$ 代入，得

$$\frac{\mathrm{d}y}{\sqrt{y^2 - 1}} = \pm \mathrm{d}x.$$

(注意 $y \equiv 1$ 不是解，因为它不满足曲线向上凹这一条件)，再积分并用初始条件，得

$$\ln(y + \sqrt{y^2 - 1}) = \pm (x - 1). \tag{1.54}$$

另一方面，

$$\ln(y + \sqrt{y^2 - 1}) = \ln \frac{y^2 - (y^2 - 1)}{y - \sqrt{y^2 - 1}}$$

$$= \ln \frac{1}{y - \sqrt{y^2 - 1}}$$

$$= -\ln(y - \sqrt{y^2 - 1})$$

于是又得到

$$\ln(y - \sqrt{y^2 - 1}) = \mp(x - 1). \tag{1.55}$$

由(1.54)与(1.55)分别可得到

$$y + \sqrt{y^2 - 1} = \mathrm{e}^{\pm(x-1)}$$

及 $\qquad y - \sqrt{y^2 - 1} = \mathrm{e}^{\mp(x-1)}$,

于是得解

$$y = \frac{1}{2}(\mathrm{e}^{(x-1)} + \mathrm{e}^{-(x-1)}).$$

例 3 设有一光滑屋顶,其表面方程为 $z = 6 - \dfrac{1}{2}x^2 - y^2$,其中 z 表示水平投影点 (x,y) 处对应的屋顶的高,今在屋顶面上有一小圆球形的石子,空间坐标为 $(2,1,3)$,求:(1) 在重力作用下,该石子向下滚落的曲线在 xOy 平面上的投影曲线方程;(2) 该石子向下滚落的曲线方程.

解 (1) 设投影曲线方程为 $y = y(x)$,该投影曲线的切线方向向量为 $\boldsymbol{l}$,z 沿 $\boldsymbol{l}$ 方向的方向导数 $\dfrac{\partial z}{\partial l}$ 为负值(因 z 在减少),且 $\left| \dfrac{\partial z}{\partial l} \right|$ 达最大,从而知 $\boldsymbol{l}$ 与 $-\mathbf{grad}z$ 同向. 今

$$\mathbf{grad}z = -x\boldsymbol{i} - 2y\boldsymbol{j},$$

故可取

$$\boldsymbol{l} = x\boldsymbol{i} + 2y\boldsymbol{j}.$$

从而曲线 $y = y(x)$ 的

$$\frac{\mathrm{d}y}{\mathrm{d}x} = \frac{2y}{x}.$$

这就是 $y = y(x)$ 应满足的微分方程. 分离变量积分之,得
$$y = cx^2.$$

以 $x = 2$ 时 $y = 1$ 代入,得 $c = \frac{1}{4}$. 所以该投影曲线为 $y = \frac{1}{4}x^2$.

（2）空间曲线为 $\begin{cases} y = \dfrac{1}{4}x^2, \\ z = 6 - \dfrac{x^2}{2} - y^2. \end{cases}$

例 4 （正交轨线族）已知曲线族 $y = \dfrac{c}{x}$,其中 c 为曲线族的参数. 求另一曲线族,它与所给曲线族正交（即所求曲线族与已给曲线族在交点处的切线互相垂直）.

解 由 $y = \dfrac{c}{x}$,有 $y' = -\dfrac{c}{x^2}$,两式消去 c 得
$$y' = -\frac{y}{x}.$$

即平面上任意一点 (x, y) $(x \neq 0)$ 处所给曲线族中任意一条曲线的切线斜率为 $-\dfrac{y}{x}$. 由正交性,知所求曲线族中的曲线在同一点的切线斜率为
$$y' = \frac{x}{y}.$$

此为所求曲线族应满足的微分方程. 解之,得
$$y^2 - x^2 = k,$$

其中 k 为任意常数,此曲线族中任意一条曲线（$x \neq 0$ 处）,与所给曲线族 $y = \dfrac{c}{x}$ 在交点处正交,包括 $y = \dfrac{c}{x}$ 中 $c = 0$ 对应的曲线 $y = 0$ 与族 $y^2 - x^2 = k$ 中在 $y = 0$ 处的交点,亦正交（图 1-3）.

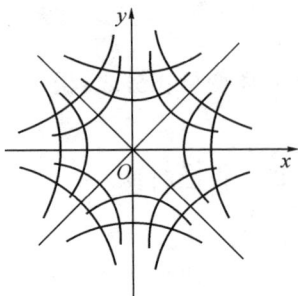

图 1-3

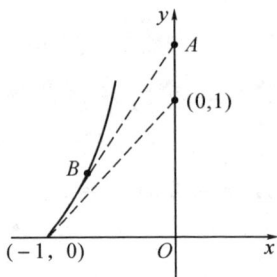

图 1-4

例 5 设物体 A 从点 $(0,1)$ 出发,以速度的大小为常数 v 沿 y 轴正向运动,物体 B 从点 $(-1,0)$ 与 A 同时出发,其速度的大小为 $2v$,方向始终指向 A.试求物体 B 的运动轨迹方程,并求何时 B 追上 A,此问题称追逐线问题(见图 1-4).(本题为 1993 年(数学一)的一个试题,本书选用时增添了求解的要求).

解 设所求 B 的轨迹方程为 $y = y(x)$.从开始算起,到时刻 t, A 的坐标为 $(0, 1 + vt), B$ 的坐标为 $(x, y(x))$.于是

$$\frac{\mathrm{d}y}{\mathrm{d}x} = \frac{1 + vt - y}{0 - x}. \tag{1.56}$$

另一方面,从点 $(-1, 0)$ 到点 $(x, y(x))$ 走过的弧长

$$s(x) = \int_{-1}^{x} \sqrt{1 + y'^2}\, \mathrm{d}x,$$

$$\frac{\mathrm{d}s}{\mathrm{d}t} = \sqrt{1 + y'^2}\, \frac{\mathrm{d}x}{\mathrm{d}t} \xlongequal{\text{由题设}} 2v.$$

解得

$$\frac{\mathrm{d}t}{\mathrm{d}x} = \frac{\sqrt{1 + y'^2}}{2v}. \tag{1.57}$$

又由 (1.56) 有

$$x\frac{\mathrm{d}y}{\mathrm{d}x} = y - 1 - vt,$$

对 x 求导,并用(1.57)代入,得

$$x\frac{d^2y}{dx^2} + \frac{dy}{dx} = \frac{dy}{dx} - v\frac{dt}{dx} = \frac{dy}{dx} - \frac{1}{2}\sqrt{1+\left(\frac{dy}{dx}\right)^2},$$

得到 $y = y(x)$ 应满足的微分方程

$$x\frac{d^2y}{dx^2} + \frac{1}{2}\sqrt{1+\left(\frac{dy}{dx}\right)^2} = 0 \qquad (1.58)$$

及初始条件

$$y(-1) = 0,\ y'(-1) = 1, \qquad (1.59)$$

其中 $y'(-1) = 1$ 为点 $(-1,0)$ 指向点 $(0,1)$ 的斜率.

命 $y' = p$,(1.58) 成为

$$\frac{dp}{\sqrt{1+p^2}} = -\frac{dx}{2x},$$

积分得

$$\ln(\sqrt{1+p^2} + p) = \ln\frac{c}{\sqrt{|x|}}. \qquad (1.60)$$

有

$$\ln\frac{1}{\sqrt{1+p^2} - p} = \ln\frac{c}{\sqrt{|x|}}. \qquad (1.61)$$

由(1.60)与(1.61)可得

$$\sqrt{1+p^2} + p = \frac{c}{\sqrt{|x|}} \ \text{与} \ \sqrt{1+p^2} - p = \frac{\sqrt{|x|}}{c}.$$

于是得

$$\frac{dy}{dx} = p = \frac{1}{2}\left(\frac{c}{\sqrt{|x|}} - \frac{\sqrt{|x|}}{c}\right).$$

由 $y'(-1) = 1$,得 $2 = (c - \frac{1}{c})$,所以 $c = 1 \pm \sqrt{2}$. 若取 $c = 1 - \sqrt{2} < 0$,则当 $|x|$ 充分接近于 0 时,$p < 0$,与 B 指向 A 不符,故

$$c = 1 + \sqrt{2} \xrightarrow{\text{记为}} c_0.$$

再注意到 $x < 0$，于是

$$\frac{\mathrm{d}y}{\mathrm{d}x} = \frac{1}{2}\left(\frac{c_0}{\sqrt{-x}} - \frac{\sqrt{-x}}{c_0} \right).$$

从而

$$y = \frac{1}{2}\int \left(\frac{c_0}{\sqrt{-x}} - \frac{\sqrt{-x}}{c_0} \right)\mathrm{d}x + c_1$$

$$= -c_0(-x)^{1/2} + \frac{1}{3c_0}(-x)^{3/2} + c_1$$

再由 $y(-1) = 0$ 知 $c_1 = c_0 - \frac{1}{3c_0} = \frac{4 + 2\sqrt{2}}{3}$.

由 (1.57) 可求得 B 追上 A 的时间

$$t = \int_{-1}^{0} \frac{\sqrt{1 + y'^2}}{2v}\mathrm{d}x = \frac{1}{4v}\int_{-1}^{0} \left(\frac{c_0}{\sqrt{\mid x \mid}} + \frac{\sqrt{\mid x \mid}}{c_0} \right)\mathrm{d}x$$

$$= -\frac{1}{4v}\left[2c_0(-x)^{1/2} + \frac{2}{3c_0}(-x)^{3/2} \right]_{-1}^{0}$$

$$= \frac{1}{2v}\left(c_0 + \frac{1}{3c_0} \right) = \frac{1}{3v}(2\sqrt{2} + 1).$$

二、变化率问题

若某未知函数的变化率的表达式为已知,那么据此列出的方程常常是一阶微分方程.

例 6 在某一人群中推广技术是通过其中已掌握新技术的人进行的,设该人群的总人数为 N,在 $t = 0$ 时刻已掌握新技术的人数为 x_0,在任意时刻 t 已掌握新技术的人数为 $x(t)$(将 $x(t)$ 视为连续并且可微的变量),其变化率与已掌握新技术人数和未掌握新技术人数之积成正比,比例常数 $k > 0$,求 $x(t)$.(本题为 1997 年考研(数学一)的一个试题).

解 由题立即有

$$\frac{\mathrm{d}x}{\mathrm{d}t} = kx(N-x), x\mid_{t=0} = x_0.$$

分离变量

$$\frac{\mathrm{d}x}{x(N-x)} = k\mathrm{d}t,$$

即

$$\left(\frac{1}{x} + \frac{1}{N-x}\right)\mathrm{d}x = kN\mathrm{d}t.$$

积分

$$\ln x - \ln(N-x) = kNt + \ln c,$$

化简得

$$x = \frac{Nc\,\mathrm{e}^{kNt}}{1 + c\,\mathrm{e}^{kNt}}.$$

由初值条件得特解

$$x = \frac{Nx_0\,\mathrm{e}^{kNt}}{N - x_0 + x_0\,\mathrm{e}^{kNt}}.$$

例 7 一个半球状的雪堆,其体积融化的速率与半球面面积 S 成正比,比例系数 $k > 0$. 假设在融化过程中雪堆始终保持半球体状,已知半径为 r_0 的雪堆在开始融化的 3 小时内融化了其体积的 $\frac{7}{8}$,问雪堆全部融化需要多少小时?(本题为 2001 年考研(数学二)的一个试题,数学一当年也有类似的一题).

解 设 t 时的半径为 r,该时半球体积 $v = \frac{2}{3}\pi r^3$,半球面面积 $S = 2\pi r^2$,由条件

$$\frac{\mathrm{d}v}{\mathrm{d}t} = -kS.$$

于是有

$$2\pi r^2 \frac{\mathrm{d}r}{\mathrm{d}t} = -k \cdot 2\pi r^2,$$

即　　　　　$$\frac{\mathrm{d}r}{\mathrm{d}t} = -k.$$

初值条件为 $r\mid_{t=0} = r_0$,解上述微分方程,并利用初值条件,得解

$$r = -kt + r_0.$$

又当 $t = 3$(小时),

$$\frac{2}{3}\pi(-3k + r_0)^3 = (1 - \frac{7}{8}) \cdot \frac{2}{3}\pi r_0^3,$$

即　　　　　$$-3k + r_0 = \frac{1}{2}r_0,$$

求得 $k = \frac{1}{6}r_0$,从而 $r = (-\frac{1}{6}t+1)r_0$. 故当 $t = 6$(小时) 时 $r = 0$,

即融化完毕.

下面是用微元法建模的一个例子.

例 8　一容器在开始时盛有盐水 100 升,其中含净盐 10 千克. 现以每分钟 3 升的速率注入清水,同时以每分钟 2 升的速率将冲淡的溶液放出(见图 1-5). 容器中装有搅拌器使容器中的溶液保持均匀. 求过程开始后一小时溶液的含盐量.

解　设在过程开始后 t 分钟容器内含盐 x 千克,我们求 x 与 t 的函数关系式. 因为在时刻 t,容器内的溶液为

$$100 + 3t - 2t = 100 + t(升),$$

故此时溶液的浓度为

$$\frac{x}{100+t}(千克／升).$$

图 1-5

考察从 t 到 $t + \mathrm{d}t$ 这一小段时间. 在这段时间内,放出的溶液为 $2\mathrm{d}t$ 升,因为时间短,浓度改变很小. 所以可以认为浓度 $\frac{x}{100+t}$ 保持不变,于是,放出的溶液中含盐量微元

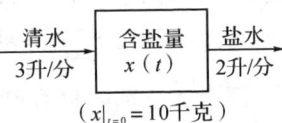

$$\mathrm{d}x = \frac{x}{100+t}2\mathrm{d}t.$$

于是得到微分方程

$$\frac{\mathrm{d}x}{\mathrm{d}t} = \frac{-2x}{100+t}.$$

这是一个可分离变量的一阶微分方程,把它改写为

$$\frac{\mathrm{d}x}{x} = \frac{-2\mathrm{d}t}{100+t},$$

两边积分得

$$\ln x = -2\ln(100+t) + \ln c,$$

故有
$$x = \frac{c}{(100+t)^2}.$$

由题意知道初值条件是 $x\mid_{t=0} = 10$,将其代入上式,得 $c = 10^5$,因此得到 x 与 t 的函数关系式

$$x = \frac{10^5}{(100+t)^2}.$$

因此可知,在过程开始后一小时,亦即当 $t = 60$(分)时,容器内溶液的含盐量为

$$x\mid_{t=60} = \frac{10^5}{160^2} \approx 3.9(\text{千克}).$$

三、物理问题(运动学、力学、电路)与化学反应问题

例 9　从船上向海中沉放某种控测仪器,按控测要求,需确定仪器的下沉深度 y(从海平面算起)与下沉速度 v 之间的函数关系.设仪器在重力作用下,从海平面由静止开始铅直下沉,在下沉过程中还受到阻力和浮力的作用,设仪器的质量为 m,体积为 B,海水比重为 ρ,仪器所受阻力与下沉速度成正比,比例系数 $k(k>0)$. 试建立 y 与 v 所满足的微分方程,并求函数关系式.(本题为 1998 年考研(数学一、二)的一个试题).

解 力学问题,首先应建立坐标系.以海平面上仪器开始下沉点作为坐标原点,向下为正,下沉过程中,时间为 t 时,位于 y 处,速度为 v,受到三个力:重力、阻力、浮力,按题意及牛顿第二定律,有

$$m\frac{\mathrm{d}^2 y}{\mathrm{d}t^2} = mg - kv - B\rho g,$$

其中 $B\rho$ 为浮力,同体积的液重,负号考虑到方向.欲求 v 与 y 的关系,故改写为 $\dfrac{\mathrm{d}^2 y}{\mathrm{d}t^2} = v\dfrac{\mathrm{d}v}{\mathrm{d}y}$,从而微分方程及初值条件为

$$mv\frac{\mathrm{d}v}{\mathrm{d}y} = mg - kv - B\rho g, \quad v\,|_{y=0} = 0.$$

分离变量积分,有

$$y = -\frac{m}{k}v - \frac{m(mg - B\rho g)}{k^2}\ln(mg - B\rho g - kv) + c.$$

由 $v\,|_{y=0} = 0$ 定出

$$c = \frac{m(mg - B\rho g)}{k^2}\ln(mg - B\rho g),$$

故所求关系为

$$y = -\frac{m}{k}v - \frac{m(mg - B\rho g)}{k^2}\ln\frac{mg - B\rho g - kv}{mg - B\rho g}.$$

例 10 一电路(见图 1-6)的电阻为 R,电感为 L,外加电压为 $E_0\sin\omega t$,这里 R, L, E_0 和 ω 都是正常数,当时间 $t = 0$ 时电流 $i = 0$,求电流 i 与时间 t 的函数关系.

解 由物理学知道,电阻 R 上的电压降落为 R,电感 L 上的电压降落为 $L\dfrac{\mathrm{d}i}{\mathrm{d}t}$,而外加电压等于电路上电压降落的总和.于是有

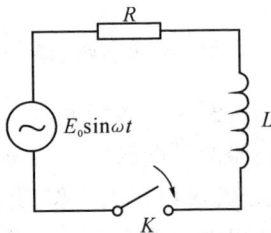

图 1-6

$$L \frac{\mathrm{d}i}{\mathrm{d}t} + Ri = E_0 \sin\omega t.$$

初值条件是 $\qquad i \mid_{t=0} = 0$.

将方程改写为

$$\frac{\mathrm{d}i}{\mathrm{d}t} + \frac{R}{L}i = \frac{E_0}{L}\sin\omega t \ ,$$

可见这是一个一阶线性方程. 由公式(1.33)得此方程的通解为

$$i = \mathrm{e}^{-\int \frac{R}{L}\mathrm{d}t}\left[\int \frac{E_0}{L}\sin\omega t \cdot \mathrm{e}^{\int \frac{R}{L}\mathrm{d}t} \ \mathrm{d}t + c\right]$$

$$= \frac{E_0}{L}\mathrm{e}^{-\frac{R}{L}t}\int \mathrm{e}^{\frac{R}{L}t}\sin\omega t \ \mathrm{d}t + c\mathrm{e}^{-\frac{R}{L}t}.$$

利用分部积分法得

$$i = \frac{E_0}{L}\left[\frac{RL}{\omega^2 L^2 + R^2}\sin\omega t - \frac{\omega L^2}{\omega^2 L^2 + R^2}\cos\omega t\right] + c\mathrm{e}^{-\frac{R}{L}t}.$$

再由初值条件 $i \mid_{t=0} = 0$ 求得对应的特解

$$i = \frac{E_0 \omega L}{\omega^2 L^2 + R^2}\mathrm{e}^{-\frac{R}{L}t} + \frac{E_0}{\omega^2 L^2 + R^2}(R\sin\omega t - \omega L\cos\omega t),$$

从而得到电流 i 和时间 t 的函数关系. 由三角公式, 上式第二项括号内的函数可改写为

$$R\sin\omega t - \omega L\cos\omega t = \sqrt{\omega^2 L^2 + R^2}\sin(\omega t - \varphi),$$

其中(见图 1-7) $\cos\varphi = \dfrac{R}{\sqrt{\omega^2 L^2 + R^2}}$, $\sin\varphi = \dfrac{\omega L}{\sqrt{\omega^2 L^2 + R^2}}$. 因而 i 与 t 的关系又可写为

$$i = \frac{E_0 \omega L}{\omega^2 L^2 + R^2}\mathrm{e}^{-\frac{R}{L}t} + \frac{E_0}{\sqrt{\omega^2 L^2 + R^2}}\sin(\omega t - \varphi).$$

当 t 增大时, 第一项迅速衰减而趋于零, 称为电流的暂态分量; 第二项是周期函数, 它的周期与外加电压的周期 $2\pi/\omega$ 一致, 这一项称为稳态分量.

例 11 物质 A 和物质 B 化合生成新的物质 X. 设在化合生成新的物质过程中,物质总量不变,新物质中所含物质 A 与 B 的比为 $\alpha:\beta$,并且生成速度和 A 与 B 的剩余量乘积成正比,比例系数 $k>0$. 求生成物 X 的量 x 随时间的关系 $x(t)$.

解 设 A 与 B 的初始物质分别为 a 与 b 克. 在 t 时,已生成新物质 X 的 x 克,其中含 A 为

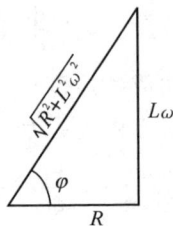

图 1-7

$\dfrac{\alpha}{\alpha+\beta}x$ 克,含 B 为 $\dfrac{\beta}{\alpha+\beta}x$ 克. 于是可得微分方程为

$$\frac{\mathrm{d}x}{\mathrm{d}t} = k\left(a - \frac{\alpha}{\alpha+\beta}x\right)\left(b - \frac{\beta}{\alpha+\beta}x\right).$$

采用分离变量法解之.

设 $\alpha b - \beta a \neq 0$,则分离变量为

$$\frac{1}{\alpha b - \beta a}\left(\frac{\alpha}{a - \frac{\alpha}{\alpha+\beta}x} - \frac{\beta}{b - \frac{\beta}{\alpha+\beta}x}\right)\mathrm{d}x = k\mathrm{d}t.$$

积分得

$$\frac{\alpha+\beta}{\alpha b - \beta a}\ln\frac{b(\alpha+\beta) - \beta x}{a(\alpha+\beta) - \alpha x} = kt + c_1,$$

$$\frac{b(\alpha+\beta) - \beta x}{a(\alpha+\beta) - \alpha x} = c\mathrm{e}^{\frac{k(\alpha b - \beta a)}{\alpha+\beta}t}.$$

由初值条件 $x(0) = 0$,可定出 $c = \dfrac{b}{a}$. 从而

$$x = \frac{ab(\alpha+\beta)(\mathrm{e}^{\frac{k(\alpha b - \beta a)}{\alpha+\beta}t} - 1)}{\alpha b\mathrm{e}^{\frac{k(\alpha b - \beta a)}{\alpha+\beta}t} - \beta a}$$

设 $\alpha b - \beta a = 0$,则微分方程分离变量后成为

$$\frac{\mathrm{d}x}{(b - \frac{\beta}{\alpha+\beta}x)^2} = \frac{ka}{b}\mathrm{d}t.$$

积分,并由初值条件得

$$\frac{1}{b - \dfrac{\beta}{\alpha + \beta}x} = \frac{ka}{b}t + \frac{1}{b}.$$

$$x = \frac{kab(\alpha + \beta)t}{(kat + 1)\beta}.$$

四、生态学中某生物种群的总数的增长问题

某生物种群的生物总数(例如人口总数)的增长预测,是一个很重要的问题.任何生物的总数总是按整数变化的,所以不会是时间的可微函数,从这个角度来说,是不能用微分方程来描述它的增长规律.但是,当种群的总数非常大(例如全世界的人口,某海域中某类鱼的条数),种群总数的少量变化与总数之比是很小的,这相当于在时间作微小变化时种群总数也作小的变化.因此可以近似地认为,当总数很大时,它是随时间连续、可微地变化.取时间为 t,种群总数 $N(t)$ 为未知函数.如果认为生物种群是孤立的,外界提供给它的食物是无限的,则可近似地用微分方程来描述.

$$N'(t) = aN(t),$$

其中 $a > 0$ 是常数.马尔萨斯(Malthus)用它来讨论人口问题.据估计,在1961年地球上人口总数是 3.06×10^9(人).在过去十年间人口按每年 2% 的速率增长着,因此 $N(1961) = 3.06 \times 10^9$,$a = 0.02$,从而解得

$$N(t) = 3.06 \times 10^9 \times e^{0.02(t-1961)}.$$

按照这个公式计算,设从时间 t_1 到时间 t_2 的人口增长 1 倍,则由

$$N(t_2) = 3.06 \times 10^9 \times e^{0.02(t_2-1961)},$$

$$N(t_1) = 3.06 \times 10^9 \times e^{0.02(t_1-1961)},$$

有

$$2 = \frac{N(t_2)}{N(t_1)} = e^{0.02(t_2-t_1)},$$

$$t_2 - t_1 = \frac{1}{0.02}\ln 2 \approx 34.6(\text{年}).$$

而实际上,在 1700—1961 年期间,地球上人口大约每 35 年增加 1 倍,可见按上述微分方程描述,这个公式是准确的.

但若以这个公式预测,到 2510 年与 2670 年地球上人口将是

$$N(2510) = 3.06 \times 10^9 \times e^{0.02(2510-1961)}$$

$$\approx 1.6 \times 10^{14}(\text{人}),$$

$$N(2670) = 3.06 \times 10^9 \times e^{0.02(2670-1961)}$$

$$\approx 4.4 \times 10^{15}(\text{人}).$$

这是一个天文数字.地球上所有的陆地再加上 80% 的水面,分摊到 4.4×10^{15} 个人,每个只分摊到 0.14 平方米,连立足的地方都没了.可见这个线性模型对种群总数比较大时就不准确了.

荷兰数学生物学家弗有斯特(Verhulst)经研究后发现,应将模型修正为

$$\frac{\mathrm{d}N}{\mathrm{d}t} = aN - bN^2.$$

其中 $b > 0$,一般说来它比 a 小得多. $-bN^2$ 称为竞争项.当 N 很大时竞争项不能忽略.对该微分方程用分离变量并初值条件 $N(t_0) = N_0$ 积分之,得

$$N(t) = \frac{aN_0}{bN_0 + (a - bN_0)\mathrm{e}^{-a(t-t_0)}}$$

当 $t \to +\infty$ 时, $N(t) \to \dfrac{a}{b}$,而不论初值如何.数学生物学家高斯(E. F. Gauss)对原生物草履虫做了实验,证实了上述模型的准确性.他做的这个实验,得到 $a = 2.309, b = 2.309/375$,并取 $t_0 = 0$,将上述 $N(t)$ 与实验得到的数据对照,十分吻合.从 20 世纪 60 年代开始,在国际上用微分方程研究生态种群已有了相当的发展.以上材料引自 M. Braun:微分方程及其应用,张鸿林译,人民教育出版社.

五、微分方程在经济中的应用

先介绍经济中的一个重要概念 —— **函数的弹性**. 设函数 $y = f(x)$ 在点 $x = x_0 (x_0 \neq 0)$ 处存在一阶导数, 且 $f(x_0) \neq 0$. 函数 $f(x)$ 的相对改变量 $\dfrac{\Delta y}{y_0}$ 与自变量的相对改变量 $\dfrac{\Delta x}{x_0}$ 的比 $\dfrac{\Delta y/y_0}{\Delta x/x_0}$, 称为函数 $f(x)$ 从 $x = x_0$ 到 $x_0 + \Delta x$ 两点间的相对变化率, 或称两点间的弹性. 当 $\Delta x \to 0$ 时 $\dfrac{\Delta y/y_0}{\Delta x/x_0}$ 的极限, 若存在, 则称它为 $f(x)$ 在 $x = x_0$ 处的相对变化率, 或称为 $f(x)$ 在 $x = x_0$ 处的弹性, 记作

$$\frac{\mathrm{E} y}{\mathrm{E} x}\bigg|_{x=x_0} = \lim_{\Delta x \to 0} \frac{\Delta y/y_0}{\Delta x/x_0} = \frac{f'(x_0)}{f(x_0)} x_0.$$

并称

$$\frac{\mathrm{E} y}{\mathrm{E} x} = \lim_{\Delta x \to 0} \frac{\Delta y/y}{\Delta x/x} = \frac{f'(x)}{f(x)} x \quad (f(x) \neq 0, x \neq 0)$$

为 $f(x)$ 的弹性函数.

$f(x)$ 在 $x = x_0$ 处的弹性表示 x 在 $x = x_0$ 相对改变 1% 时, $y = f(x)$ 在 $f(x_0)$ 相对改变的百分数, 亦即反映了由 x 引起 $f(x)$ 变化反应的强烈程度, "弹性" 一词的由来就在于此.

由 $f(x)$ 计算弹性 $\dfrac{\mathrm{E} f(x)}{\mathrm{E} x}$, 只要用到微分法. 反之, 由弹性 $\dfrac{\mathrm{E} f(x)}{\mathrm{E} x}$ 求 $f(x)$, 用到微分方程.

例 12 设某商品的需求量 q 关于价格 p 的弹性为 $\dfrac{\mathrm{E} q}{\mathrm{E} p} = \dfrac{p}{p-30}$, 并已知 $p = 20$ 时, $q = 60$. 求需求函数 $q = \varphi(p)$.

解 由弹性公式 $\dfrac{\mathrm{E} q}{\mathrm{E} p} = \dfrac{p}{q} \dfrac{\mathrm{d} q}{\mathrm{d} p}$ 得微分方程

$$\frac{p}{q} \frac{\mathrm{d} q}{\mathrm{d} p} = \frac{p}{p-30}. \tag{1.62}$$

初始条件为 $q(20) = 60$. 按分离变量法解上述方程,得 $q = C(p - 30)$. 再由条件 $q\,|_{p=20} = 60$ 求得特解 $q = 180 - 6p$.

[注] 由于需求量 q 关于价格 p 为严格单调减函数,从而 $\dfrac{\mathrm{d}q}{\mathrm{d}p}$ < 0. 为使 $\dfrac{\mathrm{E}q}{\mathrm{E}p}$ 保持正值,所以有的书上定义 $\dfrac{\mathrm{E}q}{\mathrm{E}p} = -\dfrac{p}{q}\dfrac{\mathrm{d}q}{\mathrm{d}p}$. 在本题中,由于在 $p = 20$ 时 $\dfrac{p}{p-30} < 0$,故若按此理解,题设应改为 $\dfrac{\mathrm{E}q}{\mathrm{E}p}$ $= -\dfrac{p}{p-30}$. 所以仍有 (1.62).

例 13 设某种商品的价格 p 主要由供求关系决定. 已知供给函数 $f = ap^2 - b$,需求函数 $\varphi = -gp^2 + h$(一般经济类的微积分教材中有它们的定义),其中 a, b, g, h 为某些正常数,并设价格随着时间变动:$p = p(t)$,它对时间 t 的变化率与需求量与供给量的差 $\varphi - f$ 成正比,并与当时的价格 p 成反比,比例系数为 $k > 0$. 且当 $t = 0$ 时 $p = p_0$,求 $p(t)$.

解 由题意有

$$\frac{\mathrm{d}p}{\mathrm{d}t} = \frac{k(-gp^2 + h - ap^2 + b)}{p},$$

即

$$\frac{\mathrm{d}p}{\mathrm{d}t} = \frac{k(b + h - (a+g)p^2)}{p},$$

此为可分离变量方程,按分离变量法解之,并作适当化简,得

$$b + h - (a+g)p^2 = c\mathrm{e}^{-2(a+g)kt}.$$

由 $t = 0$ 时 $p = p_0$,于是 $c = b + h - (a+g)p_0^2$. 从而得

$$p(t) = \sqrt{\frac{b + h - (b + h - (a+g)p_0^2)\mathrm{e}^{-2(a+g)kt}}{a+g}}.$$

此解说明,当 $t \to +\infty$ 时 $p(t) \to \sqrt{\dfrac{b+h}{a+g}}$,即价格趋于某一平衡价格.

1. 验证函数 $y = cx^3$（c 是常数）是方程 $3y - xy' = 0$ 的解.

2. 验证函数 $y = cx + \dfrac{1}{c}$（c 是常数）和 $y = \pm 2\sqrt{x}$ 都是方程 $y = xy' + \dfrac{1}{y}$ 的解.

3. 验证参数变量方程 $x = t^3 - t + 2, y = \dfrac{3}{4}t^4 - \dfrac{1}{2}t^2 + c$（$c$ 是常数，t 是参变量）所决定的函数 y 满足方程 $x = \left(\dfrac{\mathrm{d}y}{\mathrm{d}x}\right)^2 - \dfrac{\mathrm{d}y}{\mathrm{d}x} + 2$.

4. 验证函数 $y = c_1 \cos kx + c_2 \sin kx$（$k, c_1, c_2$ 是常数）是方程 $y'' + k^2 y = 0$ 的解.

5. 验证函数 $y = -6\cos 2x + 8\sin 2x$ 是方程 $y'' + y' + \dfrac{5}{2}y = 25\cos 2x$ 的解，且满足初值条件 $y(0) = -6, y'(0) = 16$.

求下列可分离变量方程的解（$6 \sim 8$）：

6. $\sqrt{1 - y^2}\,\mathrm{d}x + y\sqrt{1 - x^2}\,\mathrm{d}y = 0$.

7. $y' = 2\sqrt{y}\ln x, \ y(\mathrm{e}) = 1$.

8. $y' = (1 - y^2)\tan x, \ y(0) = 2$.

求下列齐次方程的解（$9 \sim 13$）：

9. $\dfrac{\mathrm{d}y}{\mathrm{d}x} = \dfrac{2xy}{x^2 + y^2}$.

10. $\dfrac{\mathrm{d}y}{\mathrm{d}x} = \dfrac{y}{x}(1 + \ln y - \ln x)$.

11. $(y + x)\mathrm{d}y = (y - x)\mathrm{d}x$.

12. $\dfrac{\mathrm{d}y}{\mathrm{d}x} = 2\sqrt{\dfrac{y}{x}} + \dfrac{y}{x}, y(1) = 4$.

13. $xy' - y = \sqrt{x^2 - y^2}, \quad y(1) = 1/2$.

求下列一阶线性方程或伯努利方程的解(14～18)：

14. $\dfrac{\mathrm{d}y}{\mathrm{d}x} = x^2 - \dfrac{y}{x}$.

15. $\dfrac{\mathrm{d}y}{\mathrm{d}x} + 2xy + x = \mathrm{e}^{-x^2}$，　$y(0) = 2$.

16. $xy' = x\mathrm{ccos}x - 2\sin x - 2y$，　$y(\pi) = 0$.

17. $\dfrac{\mathrm{d}y}{\mathrm{d}x} - \dfrac{xy}{2(x^2-1)} - \dfrac{x}{2y} = 0, y(0) = 1$.

18. $xy' - 4y = x^2\sqrt{y}$.

验证下列方程为全微分方程或找出积分因子,然后求其解(19～28)：

19. $(5x^4 y\mathrm{d}x + x^5\mathrm{d}y) + x^3\mathrm{d}x = 0$.

20. $2(y\mathrm{d}x + x\mathrm{d}y) + x\mathrm{d}x - 5y\mathrm{d}y = 0, y(0) = 1$.

21. $\dfrac{x\mathrm{d}x + y\mathrm{d}y}{\sqrt{1+x^2+y^2}} + \dfrac{y\mathrm{d}x - x\mathrm{d}y}{x^2+y^2} = 0$.

22. $(y\mathrm{e}^x - \mathrm{e}^{-y})\mathrm{d}x + (x\mathrm{e}^{-y} + \mathrm{e}^x)\mathrm{d}y = 0$.

23. $\left(\dfrac{1}{x} - \dfrac{y^2}{(x-y)^2}\right)\mathrm{d}x + \left(\dfrac{x^2}{(x-y)^2} - \dfrac{1}{y}\right)\mathrm{d}y = 0$.

24. $(4y\mathrm{d}x + x\mathrm{d}y) - x^2\mathrm{d}x = 0$.

25. $(2xy\mathrm{d}x - 3x^2\mathrm{d}y) + y^2\mathrm{d}y = 0$.

26. $(y\mathrm{d}x - x\mathrm{d}y) + x^4\mathrm{d}x = 0$.

27. $(2xy^2 - y)\mathrm{d}x + (2x - x^2 y)\mathrm{d}y = 0$.

28. $2\mathrm{d}x + (2x - 3y - 3)\mathrm{d}y = 0$，　$y(2) = 0$.

判别下列各方程的类型,并选择一种方法求解(29～41)：

29. $xy(y - xy') = x + yy', y(0) = \sqrt{2}/2$.

30. $\tan t\dfrac{\mathrm{d}x}{\mathrm{d}t} - x = 5$.

31. $\mathrm{d}\theta + 2\theta r\mathrm{d}r = r^3\mathrm{d}r$.

32. $\mathrm{e}^y\mathrm{d}x + (x\mathrm{e}^y - 2y)\mathrm{d}y = 0$.

33. $yy' + xy^2 = x.$

34. $xyy' = x^2 + y^2.$

35. $y\mathrm{d}x - x\mathrm{d}y = x^2 y\mathrm{d}y.$

36. $(y^2 + x)\mathrm{d}x - 2xy\mathrm{d}y = 0.$

37. $(x - y)\mathrm{d}x + x\mathrm{d}y = 0.$

38. $\dfrac{\mathrm{d}y}{\mathrm{d}x} = \dfrac{y}{x + y^3}.$

39. $(xy + 1)y\mathrm{d}x - x\mathrm{d}y = 0.$

40. $(x^2 + y^2)\mathrm{d}y + 2xy\mathrm{d}x = 0.$

41. $(y - x^2)y' + 4xy = 0.$

42. 设 $f(x)$ 是连续函数,并且满足 $f(x) + 2\displaystyle\int_0^x f(t)\mathrm{d}t = x^2.$
求 $f(x)$.

43. 设 $f(x)$ 有一阶连续的导数,并且满足
$$2\int_0^x (x + 1 - t)f'(t)\mathrm{d}t = x^2 - 1 + f(x),$$
求 $f(x)$.

44. 设 $\varphi(x)$ 有一阶连续的导数,$\varphi(0) = 1$,并设 $(y^2 + xy)\mathrm{d}x + (\varphi(x) + 2xy)\mathrm{d}y = 0$ 是全微分方程.求 $\varphi(x)$ 及此全微分方程的通积分.

用适当变换解下列方程(45 ~ 47):

45. $(x + y)^2 \dfrac{\mathrm{d}y}{\mathrm{d}x} = a^2.$

46. $\dfrac{\mathrm{d}y}{\mathrm{d}x} = y^2 - x^2 + 1.$

47. $\dfrac{\mathrm{d}y}{\mathrm{d}x} = \dfrac{y}{2x} + \dfrac{1}{2y}\tan\dfrac{y^2}{x}.$

求下列方程的解(48 ~ 56):

48. $y'' = \ln x.$

49. $xy'' + y' = 4x.$

50. $2yy'' = (y')^2$.

51. $yy'' - (y')^2 = y^4$, $\quad y(0) = 1$, $\quad y'(0) = 0$.

52. $yy'' + (y')^2 = y'$.

53. $2y'' = 3y^2$, $\quad y(-2) = 1$, $\quad y'(-2) = 1$.

54. $y''(1-y) + 2(y')^2 = 0$.

55. $y'' + \sqrt{1 + (y')^2} = 0$.

56. $xy'' = y' \ln \dfrac{y'}{x}$

57. 设当 $x \geqslant 0$ 时 $f(x)$ 有一阶连续导数,并且满足

$$f(x) = -1 + x + 2 \int_0^x (x-t) f(t) f'(t) \mathrm{d}t,$$

求 $f(x)$(当 $x \geqslant 0$).

58. 设曲线通过点 $A(1, -1)$,且曲线上任一点处的切线斜率等于切点纵坐标的平方,求此曲线的方程.

59. 设 $100℃$ 的物体置于 $20℃$ 的屋子里,在 10 分钟内冷却到 $60℃$,问在多少时间内该物体冷却到 $25℃$.

60. 已知放射性物质镭的裂变规律是:裂变速率与剩余量成正比.设已知在某一时刻 $t = t_0$ 时,镭的份量是 R_0 克,求在任意时刻 t 镭的份量 $R(t)$.

61. 一厂房体积为 V 立方米,开始时空气中含有二氧化碳 m_0 克,每分钟通入体积为 Q 立方米的新鲜空气(设新鲜空气中不含二氧化碳),同时排出等量的混浊空气,室内空气始终保持均匀,求室内二氧化碳的含量与时间的函数关系.

62. 已知曲线的曲率处处都等于常数 $k(k \neq 0)$,求此曲线的方程.

63. 求一曲线族,使在其上每一点处与曲线族 $y = cx^3$ 正交.

64. 一盛满水的直立圆柱形贮水器,直径为 4 米,高为 6 米,其底上有一半径为 $\dfrac{1}{12}$ 米的圆孔,问容器中水全部由小孔流完需多少

时间?已知水从小孔流出的速度等于 $0.6\sqrt{2gh}$(g 是重力加速度，h 是小孔离液面的距离).

65.设对任意 $x>0$,曲线 $y=f(x)$ 上点 $(x,f(x))$ 处的切线在 y 轴上的截距等于 $\dfrac{1}{x}\displaystyle\int_0^x f(t)\mathrm{d}t$,求 $f(x)$ 的一般表达式.(本题为 1996 年考研(数学一、二)的一个试题).

66.某湖泊的水量为 V,每年排入湖泊内含污染物 A 的污水量为 $\dfrac{V}{6}$,流入湖泊内不含 A 的水量为 $\dfrac{V}{6}$,流出湖泊的水量为 $\dfrac{V}{3}$.已知 1999 年底湖中 A 的含量为 $5m_0$,超过了国家规定指标.为了治理污染,从 2000 年初起,限定排入湖泊中含 A 污水的浓度不得超过 $\dfrac{m_0}{V}$.问至多经过多少年,湖泊中污染物 A 的含量就可降至 m_0 以内?(注:设湖水中 A 的浓度是均匀的.本题为 2000 年考研(数学二)的一个试题).

67.求一条凹曲线,已知其上任一点处的曲率 $k=\dfrac{1}{2y^2\cos\alpha}$,其中 α 为该曲线在相应点处的切线的倾角($\cos\alpha>0$),且曲线在点 $(3,2)$ 处的切线的倾角为 $45°$.

68.求连接两点 $A(0,1)$ 与 $B(1,0)$ 的一条曲线,它位于弦 AB 的上方,并且对于此弧上的任意一条弦 AP,该曲线与弦 AP 之间的面积为 x^3,其中 x 为点 P 的横坐标.

69.2012 年 10 月一位跳伞极限运动员自 3.9 万米高空气球舱上跳下,经若干秒后打开降落伞,开伞后运动过程中所受空气阻力为 kv^2(这是比较大的),其中常数 $k>0$,v 为下降速度,设人与伞的质量共为 m,且不计空气浮力(这是较小的).请你计算一下,只要打开伞后有足够的降落时间着地,则落地速度将近似地等于 $\sqrt{\dfrac{mg}{k}}$.

70. 设函数 $p(x)$ 和 $f(x)$ 在区间 $[0,+\infty)$ 上连续,且 $\lim\limits_{x\to+\infty}p(x)=a>0,\ |f(x)|\leqslant b,\ a,b$ 均为常数.试证明:方程 $\dfrac{\mathrm{d}y}{\mathrm{d}x}+p(x)y=f(x)$ 的一切解在 $[0,+\infty)$ 上有界.

71. 设初值问题

$$\begin{cases} x\dfrac{\mathrm{d}y}{\mathrm{d}x}-(2x^2+1)y=x^2,x\geqslant 1,\\[2mm] y(1)=y_1. \end{cases}$$

(1) 求满足上述初值问题的解(用积分表示);

(2) 是否存在适当的 y_1,使对应的解 $y(x)$ 当 $x\to+\infty$ 时存在有限极限?若有,这种 y_1 有多少?求出之,并求 $\lim\limits_{x\to+\infty}y(x)$.

72. 求 $y'+y\cos x=\sin x$ 的通解(用积分表示);在这些解中,有无周期为 2π 的?若有,求出之,若无,说明理由.

73. 商业中做广告,一般说来,广告做得愈多,商品销路好,利润多.但净利润与广告费不一定成正比.实践表明,净利润 p 对广告费 x 的变化率正比于 $(a-p)$,比例系数 $k>0,a$ 为某正常数.并设 $x=0$ 时 $p=p_0$(不做广告也有净利润).求 p 关于 x 的函数关系并说明常数 a 的意义.

74. 在耐用商品的消费中,有两种主要因素影响人们是否购买.现设总人口为 N,以 $x(t)$ 表示 t 时已购买此商品的人数.$x(t)$ 对 t 的变化率为下述两部分之和:(1) 广告效应,为与未购买者数成正比,比例系数 $a>0$;(2) 口碑效应,为与未购买者数与已购买者数的乘积成正比,比例系数 $b>0$,并设初始时刻尚无人购买此商品,求 $x(t)$(设 N 很大,$x(t)$ 可看作连续并且可微的变量).

第 2 章　线性微分方程

§1　线性微分方程解的一般理论

我们将未知函数 y 及其导数 $\dfrac{\mathrm{d}y}{\mathrm{d}x}, \cdots, \dfrac{\mathrm{d}^n y}{\mathrm{d}x^n}$ 是一次式的 n 阶微分方程,称为**线性微分方程**. 这是在应用中经常遇到的一类方程,其一般形式是

$$\frac{\mathrm{d}^n y}{\mathrm{d}x^n} + p_1(x)\frac{\mathrm{d}^{n-1}y}{\mathrm{d}x^{n-1}} + \cdots + p_{n-1}(x)\frac{\mathrm{d}y}{\mathrm{d}x} + p_n(x)y = f(x),$$

$$(2.1)$$

其中 $p_1(x), p_2(x), \cdots, p_n(x)$ 及 $f(x)$ 都是 x 的已知函数. 当 $f(x) \not\equiv 0$ 时,称 (2.1) 为**非齐次线性微分方程**,其中 $f(x)$ 称自由项;当 $f(x) \equiv 0$ 时,称

$$\frac{\mathrm{d}^n y}{\mathrm{d}x^n} + p_1(x)\frac{\mathrm{d}^{n-1}y}{\mathrm{d}x^{n-1}} + \cdots + p_{n-1}(x)\frac{\mathrm{d}y}{\mathrm{d}x} + p_n(x)y = 0$$

$$(2.2)$$

为**齐次线性微分方程**. 例如

$$x^2\,\frac{\mathrm{d}^2 y}{\mathrm{d}x^2} + x\,\frac{\mathrm{d}y}{\mathrm{d}x} + (x^2 - n^2)y = 0 \quad (n \text{ 是常数}),$$

$$\frac{\mathrm{d}^2 y}{\mathrm{d}x^2} + 2\,\frac{\mathrm{d}y}{\mathrm{d}x} + 3y = 0,$$

$$x^2\,\frac{\mathrm{d}^2 y}{\mathrm{d}x^2} + a_1 x\,\frac{\mathrm{d}y}{\mathrm{d}x} + a_2 y = f(x) \quad (a_1, a_2 \text{ 是常数}),$$

$$\frac{\mathrm{d}^2 y}{\mathrm{d}x^2} + 4y = \sin x,$$

都是线性微分方程.前两个是齐次,后两个是非齐次.

方程(2.1)与初值条件

$$y^{(i)}\mid_{x=x_0} = y_0^{(i)} \quad (i=0,1,\cdots,n-1) \tag{2.3}$$

构成初值问题.有下述解的存在唯一性定理.

定理 2.1 设(2.1)中的系数 $p_i(x)(i=1,\cdots,n)$ 以及 $f(x)$ 都在区间 (a,b) 内连续, $x_0 \in (a,b)$,则在该区间内存唯一的 $y=\varphi(x)$,满足初值问题(2.1)、(2.3),并且 $y=\varphi(x)$ 在 (a,b) 内连续,有直至 n 阶的连续导数.

此定理的证明与附录中定理 A 的证明类似,故证略.但应该注意的是,这里的解的存在区间与 $p_i(x)(i=1,\cdots,n)$ 和 $f(x)$ 连续的区间 (a,b) 一致,并没有缩小(在定理 A 中区间有可能缩小).

以后的讨论,如无另外说明,就认为是在满足定理 2.1 的条件下进行的,"区间 (a,b)"也常省略.

推论 设定理 2.1 的条件成立,则满足(2.2)及零初值条件

$$y^{(i)}\mid_{x=x_0} = 0 \quad (i=0,1,\cdots,n-1) \tag{2.4}$$

的唯一解是 $y(x) \equiv 0$.

证明 因为 $y(x) \equiv 0$ 满足(2.2)及零初值条件(2.4),再由上述解的存在唯一性定理,故此唯一解必是 $y(x) \equiv 0$,证毕.

为书写简单起见,将(2.1)的左边记为 $L[y]$,即

$$L[y] \equiv \frac{\mathrm{d}^n y}{\mathrm{d}x^n} + p_1(x)\frac{\mathrm{d}^{n-1}y}{\mathrm{d}x^{n-1}} + \cdots + p_n(x)y.$$

于是(2.1)和(2.2)分别可以写成

$$L[y] = f(x), \tag{2.1}$$

$$L[y] = 0. \tag{2.2}$$

以下分别研究齐次和非齐次两种情形.

一、齐次线性微分方程通解的结构

引理 2.1 设 c 是一个常数, $y(x)$ 是一个函数且有直到 n 阶导

数,则
$$L[cy] = cL[y]. \tag{2.5}$$

证明　$L[cy] = \dfrac{\mathrm{d}^n cy}{\mathrm{d}x^n} + p_1(x)\dfrac{\mathrm{d}^{n-1}cy}{\mathrm{d}x^{n-1}} + \cdots + p_n(x)cy$

$\qquad\qquad = c\left[\dfrac{\mathrm{d}^n y}{\mathrm{d}x^n} + p_1(x)\dfrac{\mathrm{d}^{n-1}y}{\mathrm{d}x^{n-1}} + \cdots + p_n(x)y\right]$

$\qquad\qquad = cL[y].$　　　　　　　　　　证毕

引理 2.2　设 $y_1(x)$ 和 $y_2(x)$ 是两个函数,且都有直到 n 阶导数,则
$$L[y_1 + y_2] = L[y_1] + L[y_2]. \tag{2.6}$$

证明　$L[y_1 + y_2] = \dfrac{\mathrm{d}^n}{\mathrm{d}x^n}(y_1 + y_2) + p_1(x)\dfrac{\mathrm{d}^{n-1}}{\mathrm{d}x^{n-1}}(y_1 + y_2)$

$\qquad\qquad\qquad + \cdots + p_n(x)(y_1 + y_2)$

$\qquad\qquad = \dfrac{\mathrm{d}^n}{\mathrm{d}x^n}y_1 + p_1(x)\dfrac{\mathrm{d}^{n-1}}{\mathrm{d}x^{n-1}}y_1 + \cdots + p_n(x)y_1$

$\qquad\qquad\quad + \dfrac{\mathrm{d}^n}{\mathrm{d}x^n}y_2 + p_1(x)\dfrac{\mathrm{d}^{n-1}}{\mathrm{d}x^{n-1}}y_2 + \cdots$

$\qquad\qquad\quad + p_n(x)y_2$

$\qquad\qquad = L[y_1] + L[y_2].$　　　证毕

因为 $L[y]$ 具有(2.5)和(2.6)两个性质,故称其为线性微分算子.由引理 2.1 和 2.2,立即可得下面的引理.

引理 2.3　设 $c_1,\cdots,c_m$ 是 m 个常数,$y_1(x),\cdots,y_m(x)$ 是 m 个函数,且都有直到 n 阶导数,则
$$L\left[\sum_{i=1}^{m} c_i y_i\right] = \sum_{i=1}^{m} c_i L[y_i]. \tag{2.7}$$
(证明留给读者完成)

定理 2.2　设 $y_1(x),\cdots,y_m(x)$ 是齐次线性方程(2.2)的 m 个解,$c_1,\cdots,c_m$ 是 m 个常数,则
$$y = c_1 y_1(y) + \cdots + c_m y_m(x)$$

也是(2.2)的解.

证明 因为 $L\left[\sum\limits_{i=1}^{m}c_{i}y_{i}(x)\right]=\sum\limits_{i=1}^{m}c_{i}L[y_{i}]=\sum\limits_{i=1}^{m}c_{i}\cdot 0=0$,故 $y=c_{1}y_{1}(x)+\cdots+c_{m}y_{m}(x)$ 是(2.2)的解.证毕.

下面我们进一步来考察,在何种条件下 $c_{1}y_{1}(x)+\cdots+c_{m}y_{m}(x)$ 是(2.2)的通解.为此,引入函数线性相关与线性无关以及朗斯基(Wronsky)行列式的概念.

定义 2.1 设 $y_{1}(x),\cdots,y_{m}(x)$ 是定义在某区间内的 m 个函数.如果存在不全为零的 m 个常数 $a_{1},\cdots,a_{m}$,使得在该区间内恒等式

$$a_{1}y_{1}(x)+a_{2}y_{2}(x)+\cdots+a_{m}y_{m}(x)\equiv 0 \tag{2.8}$$

成立,则称这 m 个函数 $y_{1}(x),\cdots,y_{m}(x)$ 在该区间内**线性相关**.否则,如果以上恒等式仅当 $a_{1}=a_{2}=\cdots=a_{m}=0$ 时才成立,则称函数 $y_{1}(x),\cdots,y_{m}(x)$ 在该区间内**线性无关**.

以后,在不会引起误会的情况下,凡讲到线性相关或无关,一般不再注明区间.

定义 2.2 设 m 个函数 $y_{1}(x),\cdots,y_{m}(x)$ 有直至 $m-1$ 阶的导数,则称由它们构成的行列式

$$w(x)=\begin{vmatrix} y_{1}(x) & y_{2}(x) & \cdots & y_{m}(x) \\ y_{1}{}'(x) & y_{2}{}'(x) & \cdots & y_{m}{}'(x) \\ \vdots & \vdots & & \vdots \\ y_{1}{}^{(m-1)}(x) & y_{2}{}^{(m-2)}(x) & \cdots & y_{m}{}^{(m-1)}(x) \end{vmatrix}$$

为函数 $y_{1}(x),\cdots,y_{m}(x)$ 的**朗斯基行列式**.

如何判别 n 阶齐次线性方程 n 个解的线性无关(相关),有下述定理.

定理 2.3 设 $y_{1}(x),\cdots,y_{n}(x)$ 是齐次线性方程的 n 个解.则 $y_{1}(x),\cdots,y_{n}(x)$ 在区间 (a,b) 内线性相关的充分必要条件是它们的朗斯基行列式

$$w(x) = \begin{vmatrix} y_1(x) & y_2(x) & \cdots & y_n(x) \\ y_1{}'(x) & y_2{}'(x) & \cdots & y_n{}'(x) \\ \vdots & \vdots & & \vdots \\ y_1^{(n-1)}(x) & y_2^{(n-1)}(x) & \cdots & y_n^{(n-1)}(x) \end{vmatrix} \equiv 0, x \in (a,b).$$

证明 先证必要性. 设 $y_1(x), \cdots, y_n(x)$ 线性相关, 则存在不全为零的 n 个常数 $a_1, \cdots, a_n$, 使

$$a_1 y_1(x) + \cdots + a_n y_n(x) \equiv 0, x \in (a,b). \tag{2.9$_0$}$$

将上述恒等式两边依次求 $1, 2, \cdots, n-1$ 阶导数, 得

$$a_1 y_1{}'(x) + \cdots + a_n y_n{}'(x) \equiv 0, \tag{2.9$_1$}$$

$$\cdots$$

$$a_1 y_1^{(n-1)}(x) + \cdots + a_n y_n^{(n-1)}(x) \equiv 0. \tag{2.9$_{n-1}$}$$

由 $(2.9)_0 \sim (2.9)_{n-1}$ 构成的关于 $a_1, \cdots, a_n$ 的齐次线性代数方程组可知, 它有一组不全为零的解 $a_1, \cdots, a_n$, 故对一切 $x \in (a,b)$, 该代数方程组的系数行列式应等于零, 即 $w(x) \equiv 0, x \in (a,b)$.

再证充分性. 设 $w(x) \equiv 0$, 取 $x_0 \in (a,b)$, 于是 $w(x_0) = 0$, 则关于未知数 $a_1, \cdots, a_n$ 的齐次线性代数方程组

$$\begin{cases} a_1 y_1(x_0) + \cdots + a_n y_n(x_0) = 0, \\ a_1 y_1{}'(x_0) + \cdots + a_n y_n{}'(x_0) = 0, \\ \cdots \\ a_1 y_1^{(n-1)}(x_0) + \cdots + a_n y_n^{(n-1)}(x_0) = 0. \end{cases}$$

有不全为零的解 $a_1{}^*, \cdots, a_n{}^*$. 由定理 2.2 可知,

$$y(x) = \sum_{i=1}^{n} a_i^* y_i(x)$$

是 (2.2) 的解, 且满足零初值条件

$$y^{(j)}(x_0) = \sum_{i=1}^{n} a_i^* y_i^{(j)}(x_0) = 0 \ (j = 0, 1, \cdots, n-1).$$

再由定理 2.1 的推论知, $y(x) \equiv 0$, 即

$$a_1^* y_1(x) + \cdots + a_n^* y_n(x) \equiv 0, \quad x \in (a,b).$$

但因 $a_1^*,\cdots,a_n^*$ 不全为零,于是由定义 2.1 知,$y_1(x),\cdots,y_n(x)$ 线性相关. 证毕.

注意,在证充分性时,实际上证明了:"若 $y_1(x),\cdots,y_n(x)$ 是 (2.2) 的 n 个解,并假定存在一点 $x_0 \in (a,b)$ 使 $W(x_0) = 0$,则 $y_1(x),\cdots,y_n(x)$ 线性相关". 再由定理 2.3 的必要性可推知,此时必有 $W(x) \equiv 0$. 从而有下面的推论.

推论 设 $y_1(x),\cdots,y_n(x)$ 是齐次线性方程(2.2)的 n 个解,则它们的朗斯基行列式在区间 (a,b) 内或者处处不为零,或者处处为零.

为了便于应用,我们常将定理 2.3 写成下述形式.

定理 2.3′ 设 $y_1(x),\cdots,y_n(x)$ 是齐次线性方程的 n 个解. 则 $y_1(x),\cdots,y_n(x)$ 在区间 (a,b) 内线性无关的充分必要条件是它们的朗斯基行列式 $W(x) \neq 0, x \in (a,b)$.

有了上述预备知识就可以来证明下述**齐次线性微分方程的通解结构定理**.

定理 2.4 设 $y_1(x),\cdots,y_n(x)$ 是齐次线性方程(2.2)的 n 个线性无关的解,$c_1,\cdots,c_n$ 是 n 个任意常数,则

$$y(x) = \sum_{i=1}^{n} c_i y_i(x) \qquad (2.10)$$

是(2.2)的通解.

证明 由定理 2.2 知,(2.10)是(2.2)的解. 为了证明(2.10)是通解,只需证明,对任意给定的初值条件(2.3),总可以找到相应的一组常数 $c_i^*(i=1,\cdots,n)$,使得当 $c_i = c_i^*$ 时,(2.10)所对应的解满足初值条件(2.3). 即证以 $c_i(i=1,\cdots,n)$ 为未知数的线性代数方程组

$$\sum_{i=1}^{n} c_i y_i^{(j)}(x_0) = y_0^{(j)} \quad (j=0,1,\cdots,n-1) \qquad (2.11)$$

存在解就可以了. 因为(2.11)的系数行列式是 $W(x_0)$,根据定理

2.3$'$,由线性无关解 $y_1(x),\cdots,y_n(x)$ 构成的朗斯基行列式 $w(x)$ $\neq 0$,因此 $w(x_0)\neq 0$.故(2.11)有唯一的解 $c_i=c_i{}^*(i=1,\cdots,n)$.由此构成的

$$y(x)=\sum_{i=1}^{n}c_i{}^*y_i(x)$$

必满足(2.3).证毕.

由定理 2.1 及定理 2.4 的证明可见,线性方程的通解为一切解的表达式(参见第一章 §3 一阶线性方程通解公式(1.33)后的一段话).

定义 2.3 设 $y_1(x),\cdots,y_n(x)$ 是齐次线性方程(2.2)的 n 个线性无关的解,则称 $y_1(x),\cdots,y_n(x)$ 是(2.2)的一个**基本解组**.

由定理 2.4 可见,为求(2.2)的通解,只要先求出(2.2)的一个基本解组,再由(2.10)就可以构成(2.2)的通解.那么,我们自然要问,(2.2)的基本解组是否存在?下面的定理回答了这个问题.

定理 2.5 (2.2)必有且正好有 n 个线性无关的解,即(2.2)的基本解组必存在.

证明 考虑初值条件 E_i:

$$y^{(0)}(x_0)=0,\cdots,y^{(i-2)}(x_0)=0,y^{(i-1)}(x_0)=1,$$
$$y^{(i)}(x_0)=0,\cdots,y^{(n-1)}(x_0)=0.$$

注意在 x_0 处只是 y 的第 $(i-1)$ 阶导数的值为 1,其余各阶导数的值都为零.由定理 2.1 知,对于每一个 $i(i=1,\cdots,n)$,分别存在唯一的解 $y_i(x)$.由这 n 个解 $y_1(x),\cdots,y_n(x)$ 构成的朗斯基行列式在 $x=x_0$ 处的值为

$$w(x_0)=\begin{vmatrix} 1 & & & \mathbf{0} \\ & 1 & & \\ & & \ddots & \\ \mathbf{0} & & & 1 \end{vmatrix}=1\neq 0.$$

故知 $y_1(x), \cdots, y_n(x)$ 线性无关,即存在 n 个线性无关解,它们构成一个基本解组. 再由定理 2.4 可知,(2.2)的任意 $n+1$ 个解必线性相关,故(2.2)有且正好有 n 个线性无关的解. 证毕.

因为二阶线性方程是经常遇到的,也是十分重要的类型,有必要将上面关于 n 阶线性方程的结论,对 $n=2$ 的情形回顾一下.

设 $y_1(x)$ 与 $y_2(x)$ 是二阶齐次线性微分方程

$$y'' + p(x)y' + q(x) = 0 \qquad (2.2)_{n=2}$$

在区间 (a,b) 上的两个解,其中系数 $p(x)$ 与 $q(x)$ 在 (a,b) 上连续.

1. $y_1(x)$ 与 $y_2(x)$ 在区间 (a,b) 上线性相关可以换一种方法:其中某一个可以表示为另一个的某常数倍. 否则,$y_1(x)$ 与 $y_2(x)$ 线性无关. 即:如果两个中的任何一个都不能由另一个的常数倍表出,则这两个函数线性无关.

2. 设 $y_1(x)$ 与 $y_2(x)$ 是 $(2.2)_{n=2}$ 的两个线性无关的解,则

$$y(x) = c_1 y_1(x) + c_2 y_2(x)$$

是 $(2.2)_{n=2}$ 的通解,其中 c_1 和 c_2 是两个任意常数.

3. 设 $y_1(x)$、$y_2(x)$ 与 $y_3(x)$ 是 $(2.2)_{n=2}$ 的 3 个解,则 $y_1(x)$、$y_2(x)$ 与 $y_3(x)$ 必线性相关(定理 2.5 的推论).

二、非齐次线性微分方程的通解结构

关于非齐次线性微分方程,有下述引理及**通解结构定理** 2.6.

引理 2.4 (1) 设 y_1^* 与 y_2^* 是非齐次线性方程(2.1)的两个解,则 $y_1^* - y_2^*$ 是对应的齐次线性方程(2.2)的一个解.

(2) 设 y^* 与 y 分别是非齐次线性方程(2.1)的一个解及对应的(2.2)的一个解,则 $y^* + y$ 也是(2.1)的一个解.

证明 代入方程验算即可,略.

定理 2.6 设 y^* 是非齐次线性方程(2.1)的一个解,Y 是 (2.1)所对应的齐次线性方程(2.2)的通解,则

$$y = Y + y^*$$

是(2.1)的通解.

证明   由引理 2.4(2) 知 $y = Y + y^*$ 是(2.1)的解.

再证 $Y + y^*$ 是(2.1)的通解,即证对于(2.1)的任意一个解 y,总可以表示成 $y = Y_0 + y^*$,其中 Y_0 是由 Y 中的任意常数取某一特定值而得到的.事实上,

$$L[y - y^*] = L[y] - L[y^*] = f(x) - f(x) = 0,$$

故 $y - y^*$ 是齐次线性方程(2.2)的一个解.但 Y 是(2.2)的通解,因此 $y - y^* = Y_0$,其中 Y_0 可由 Y 的任意常数取某一特定值得到.于是 $y = Y_0 + y^*$,证毕.

作为练习,请读者证明本章习题 44.

对于(2.1)的右端函数是由两个函数相加而成的情况,我们有如下定理.

定理 2.7   设函数 y_1 与 y_2 分别是有相同左端的两个非齐次线性方程

$$L[y] = f_1(x)   \text{和}   L[y] = f_2(x)$$

的解,则 $y_1 + y_2$ 是方程

$$L[y] = f_1(x) + f_2(x)$$

的解.

证明 $L[y_1 + y_2] = L[y_1] + L[y_2] = f_1(x) + f_2(x)$,证毕.

定理 2.8   设 $y = u(x) + \mathrm{i}v(x)$ 是方程

$$L[y] = U(x) + \mathrm{i}V(x)$$

的解,其中所有的系数以及 $U(x)$, $V(x)$, $u(x)$ 和 $v(x)$ 都是实变量 x 的实函数,$\mathrm{i} = \sqrt{-1}$ 是虚单位,则解 $y = u(x) + \mathrm{i}v(x)$ 的实部 $u(x)$ 和虚部 $v(x)$ 分别是

$$L[y] = U(x)   \text{和}   L[y] = V(x)$$

的解.

证明   由复变函数的知识可知,复数及复变函数的微分运算,可以仿照实变量的情形来进行.因此,援用引理 2.2,有

$$L[u(x) + iv(x)] = L[u(x)] + iL[v(x)].$$

于是

$$L[u(x)] + iL[v(x)] = U(x) + iV(x). \tag{2.12}$$

由于方程的系数以及 $U(x), V(x), u(x), v(x)$ 都是实变量 x 的实函数,因此由(2.12)推得 $L[u(x)] = U(x)$ 和 $L[v(x)] = V(x)$,证毕.

§2 常系数线性微分方程的解法

如果(2.1)中的一切 $p_i(x)$ 都与 x 无关,即未知函数及其各阶导数的系数都是常数,则称这样的线性微分方程为**常系数线性微分方程**. 这种方程在工程技术中经常遇到.

由上节线性微分方程的通解理论知道,要求出齐次线性微分方程或非齐次线性微分方程的通解,需要先求出足够数量满足定理 2.4 或定理 2.6 的条件的解. 而一般说来,求这些解是很困难的. 但由下面的讨论可以看到,对于常系数齐次线性方程和某些特殊自由项的常系数非齐次线性方程,可用代数的方法求出所需要的足够数量的解,从而可以运用上节理论,方便地写出相应的方程的通解.

一、二阶常系数齐次线性微分方程的解法

给定二阶常系数齐次线性方程

$$\frac{d^2 y}{dx^2} + p \frac{dy}{dx} + qy = 0, \tag{2.13}$$

其中 p 和 q 都是实常数. 由定理2.4知,为求出(2.13)的通解,只要先求出它的两个线性无关的解 y_1 和 y_2,然后令

$$y = c_1 y_1 + c_2 y_2,$$

就得到(2.13)的通解,其中 c_1 和 c_2 是两个任意常数. 注意到 p 和 q

都是常数,要使 y'',py' 和 qy 三项加起来等于零,看来指数函数也许符合这一要求. 于是我们命

$$y = e^{\lambda x}$$

来试解,这里 λ 是待定常数. 将 $y = e^{\lambda x}$,$y' = \lambda e^{\lambda x}$,$y'' = \lambda^2 e^{\lambda x}$ 代入(2.13),约去非零因子 $e^{\lambda x}$,得

$$\lambda^2 + p\lambda + q = 0. \tag{2.14}$$

我们称(2.14)为(2.13)的特征方程,称它的根为(2.13)的特征根.(2.14)的左边常记为 $D(\lambda)$. 设 λ 是一个特征根,则 $e^{\lambda x}$ 便是微分方程(2.13)的一个解. 现在根据特征方程的根的三种可能情况分别加以讨论:

(1)特征方程(2.14)有两个不相等的实根 λ_1 和 λ_2.

此时,$y_1 = e^{\lambda_1 x}$ 和 $y_2 = e^{\lambda_2 x}$ 是(2.13)的两个解,它们中的任何一个都不能由另一个的常数倍表出,

由定理 2.4 知,方程(2.13)的通解为

$$y = c_1 e^{\lambda_1 x} + c_2 e^{\lambda_2 x},$$

其中 c_1 和 c_2 是两个任意常数.

(2)特征方程(2.13)有两个相等的实根 $\lambda_1 = \lambda_2$.

此时,$p^2 - 4q = 0$,$\lambda_1 = \lambda_2 = -p/2$. 这样,按上述方法只能得到(2.13)的一个解:

$$y_1 = e^{\lambda_1 x}.$$

为求另一个解,需作变量变换,命

$$y = u e^{\lambda_1 x},$$

于是

$$\frac{\mathrm{d}y}{\mathrm{d}x} = (u' + \lambda_1 u) e^{\lambda_1 x},$$

$$\frac{\mathrm{d}^2 y}{\mathrm{d}x^2} = (u'' + 2\lambda_1 u' + \lambda_1^2 u) e^{\lambda_1 x}.$$

将它们代入(2.13),整理并约去非零因子,得

$$u'' + (2\lambda_1 + p)u' + (\lambda_1{}^2 + p\lambda_1 + q)u = 0. \qquad (2.16)$$

因为 λ_1 是特征方程的二重根,故有 $\lambda_1{}^2 + p\lambda_1 + q = 0, 2\lambda_1 + p = 0$,于是(2.16)成为

$$u'' = 0.$$

这就是说,若 $u = u(x)$ 满足 $u'' = 0$,则 $y = u c^{\lambda_1 x}$ 就是(2.13)的解. 由 $u'' = 0$ 解得 $u = A_1 x + A_2$,其中 A_1 和 A_2 可以是随便什么常数. 我们取 $A_1 = 1, A_2 = 0$,得 $u = x$,于是得到(2.13)的另一个解 $y_2 = x e^{\lambda_1 x}$. y_1 和 y_2 中的任何一个都不能由另一个的常数倍表出,所以它们线性无关.

故得(2.13)的通解

$$y = c_1 e^{\lambda_1 x} + c_2 x e^{\lambda_1 x},$$

即

$$y = (c_1 + c_2 x) e^{\lambda_1 x}, \qquad (2.17)$$

其中 c_1 和 c_2 是两个任意常数.

(3) 特征方程(2.14)有一对共轭复数根 $\lambda_1 = \alpha + \mathrm{i}\beta, \lambda_2 = \alpha - \mathrm{i}\beta(\beta \neq 0)$.

此时,可得方程(2.13)的两个复值解

$$y_1 = e^{(\alpha + \mathrm{i}\beta)x}, \quad y_2 = e^{(\alpha - \mathrm{i}\beta)x}.$$

这里 $e^{(\alpha \pm \mathrm{i}\beta)x}$ 的意义,见任何一本高等数学教材中的欧拉公式:

$$e^{(\alpha \pm \mathrm{i}\beta)x} = e^{\alpha x}(\cos\beta x \pm \mathrm{i}\sin\beta x).$$

这种复值的解,在实用上不方便. 为了得到实形式的解,我们把 $e^{(\alpha + \mathrm{i}\beta)x}$ 与 $e^{(\alpha - \mathrm{i}\beta)x}$ 分别乘上适当的常数后相加,再用欧拉公式,使它们变为实的形式:

$$\frac{1}{2}(y_1 + y_2) = \frac{1}{2}e^{\alpha x}(e^{\mathrm{i}\beta x} + e^{-\mathrm{i}\beta x}) = e^{\alpha x}\cos\beta x,$$

$$\frac{1}{2\mathrm{i}}(y_1 - y_2) = \frac{1}{2\mathrm{i}}e^{\alpha x}(e^{\mathrm{i}\beta x} - e^{-\mathrm{i}\beta x}) = e^{\alpha x}\sin\beta x.$$

由定理 2.2 知,$e^{\alpha x}\cos\beta x$ 和 $e^{\alpha x}\sin\beta x$ 是(2.13)的两个解,它们中的

任何一个都不能由另一个的常数倍表出,因此由定理 2.4,方程
(2.13)的通解为

$$y = c_1 e^{\alpha x} \cos\beta x + c_2 e^{\alpha x} \sin\beta x,$$

即　　　　$y = e^{\alpha x}(c_1 \cos\beta x + c_2 \sin\beta x),$　　　　(2.18)

其中 c_1 和 c_2 是两个任意常数.

由三角公式,上述通解也可以写成下面的形式:

$$\begin{aligned}
y &= e^{\alpha x}(c_1 \cos\beta x + c_2 \sin\beta x) \\
&= e^{\alpha x} \sqrt{c_1^2 + c_2^2} \left(\frac{c_1}{\sqrt{c_1^2 + c_2^2}} \cos\beta x + \frac{c_2}{\sqrt{c_1^2 + c_2^2}} \sin\beta x \right) \\
&= A e^{\alpha x} \sin(\beta x + \varphi),
\end{aligned}$$

其中　　$A = \sqrt{c_1^2 + c_2^2},$

$$\frac{c_1}{\sqrt{c_1^2 + c_2^2}} = \sin\varphi, \frac{c_2}{\sqrt{c_1^2 + c_2^2}} = \cos\varphi,$$

如图 2-1,于是(2.13)的通解也可以写成

$$y = A e^{\alpha x} \sin(\beta x + \varphi),$$

图 2-1

其中 A, φ 是任意常数.

将以上讨论所到的结果列表如下:

特征方程 $\lambda^2 + p\lambda + q = 0$ 的根	微分方程 $\dfrac{\mathrm{d}^2 y}{\mathrm{d}x^2} + p\dfrac{\mathrm{d}y}{\mathrm{d}x} + py = 0$ 的通解
有不相等的实根 $\lambda_1 \neq \lambda_2$	$y = c_1 e^{\lambda_1 x} + c_2 e^{\lambda_2 x}$
有相等的实根 $\lambda_1 = \lambda_2$	$y = c_1 e^{\lambda_1 x} + c_2 x e^{\lambda_2 x}$
有共轭复数根 $\lambda_1 = \alpha + i\beta.$	$y = e^{\alpha x}(c_1 \cos\beta x + c_2 \sin\beta x)$
$\lambda_2 = \alpha - i\beta.$	或 $y = A e^{\alpha x} \sin(\beta x + \varphi)$

例 1　求微分方程 $\dfrac{\mathrm{d}^2 y}{\mathrm{d}x^2} - 2\dfrac{\mathrm{d}y}{\mathrm{d}x} - 3y = 0$ 的通解.

解　特征方程为

$$\lambda^2 - 2\lambda - 3 = 0, 即 (\lambda - 3)(\lambda + 1) = 0.$$

它的两根是 $\lambda_1 = 3, \lambda_2 = -1$,故得方程的通解为

$$y = c_1 e^{3x} + c_2 e^{-x}.$$

例 2　求方程 $\dfrac{d^2 s}{dt^2} - 4\dfrac{ds}{dt} + 4s = 0, \dfrac{ds}{dt}\Big|_{t=0} = 2, s\big|_{t=0} = 0$ 的
特解.

解　特征方程为

$$\lambda^2 - 4\lambda + 4 = 0, 即 (\lambda - 2)^2 = 0.$$

它有两个相等的实根:$\lambda_1 = \lambda_2 = 2$,故得方程的通解为

$$s = c_1 e^{2t} + c_2 t e^{2t}.$$

以条件 $s\big|_{t=0}$ 代入得 $c_1 = 0$,即有

$$s = c_2 t e^{2t}.$$

其导数为 $\dfrac{ds}{dt} = c_2 e^{2t} + 2c_2 t e^{2t}$,以条件 $\dfrac{ds}{dt}\Big|_{t=0} = 2$ 代入得 $c_2 = 2$,于
是所求的特解为

$$s = 2t e^{2t}.$$

例 3　求方程 $\dfrac{d^2 y}{dx^2} + 4\dfrac{dy}{dx} + 13y = 0$ 的通解.

解　特征方程为

$$\lambda^2 + 4\lambda + 13 = 0,$$

它的根 $\lambda = -2 \pm 3i$,故通解为

$$y = e^{-2x}(c_1 \cos 3x + c_2 \sin 3x),$$

或写成 $y = A e^{-2x} \sin(3x + \varphi)$.

例 4　求微分方程 $y'' + 6y' + (9 + a^2)y = 0$ 的通解,其中 a 是
常数.

分析　方程中含有参数 a,宜分不同情形讨论之.

解　特征方程为

$$\lambda^2 + 6\lambda + (9 + a^2) = 0,$$

特征根
$$\lambda_{1,2} = -3 \pm ia.$$

(1) 如果 $a = 0$，则 $\lambda_{1,2} = -3$（二重实根），通解
$$y = (c_1 + c_2 x) e^{-3x}.$$

(2) 如果 $a \neq 0$，则 $\lambda_{1,2} = -3 \pm ia$ 为一对共轭复数根，通解
$$y = e^{-3x}(c_1 \cos ax + c_2 \sin ax).$$

例 5 设 $y = e^x(c_1 \cos x + c_2 \sin x)$（$c_1, c_2$ 为任意常数）是首项系数为 1 的某二阶常系数线性齐次微分方程的通解，求该微分方程.

分析 这是二阶常系数线性微分求通解的逆问题. 熟记本节例 1 前的表，不难解决本题.

解 由通解为 $y = e^x(c_1 \cos x + c_2 \sin x)$ 知，它对应一对复数特征根
$$\lambda_{1,2} = 1 \pm i,$$
因此特征方程为
$$(\lambda - (1 + i))(\lambda - (1 - i)) = 0,$$
即 $\qquad (\lambda - 1)^2 + 1 = \lambda^2 - 2\lambda + 2 = 0,$
所以首项系数为 1 的二阶常系数线性齐次微分方程为
$$y'' - 2y' + 2y = 0.$$

例 6 图 2-2 所示为一单摆. 设一质量为 m 的质点 M，系于一长度为 l 的杆上（设杆的长度是不可伸缩的），在平衡位置 OA 附近作微小摆动. 假定摆动始终都在同一平面上，忽略空气阻力和摩擦阻力，求单摆偏离平衡位置的角度 θ 与时间 t 的函数关系 $\theta = \theta(t)$.

解 规定单摆位于平衡位置 OA 右方时，偏离角 $\theta > 0$；在 OA 左方时，偏离角 $\theta < 0$. 由于不计空气阻力和摩擦阻力，质点只受到重力 mg 的作

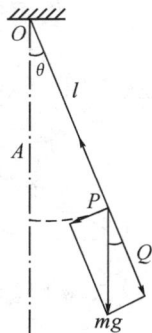

图 2-2

77

用. 将 mg 分解为沿半径方向的分力 Q 和切线方向的分力 P. 则因为单摆的长度不可伸缩,因此只有切线方向的分力 $P = -mg\sin\theta$ 使质点 M 运动. 于是由物理学中的牛顿第二定律得到质点运动的微分方程为

$$m\frac{\mathrm{d}^2 s}{\mathrm{d}t^2} = -mg\sin\theta.$$

利用圆的弧长公式 $s = l\theta$,则上式可写成

$$m\frac{\mathrm{d}^2}{\mathrm{d}t^2}l\theta = -mg\sin\theta,$$

或 $\qquad\qquad \dfrac{\mathrm{d}^2\theta}{\mathrm{d}t^2} + \dfrac{g}{l}\sin\theta = 0.$

这是一个非线性微分方程. 由于摆动是微小的,即 $|\theta|$ 很小,所以 $\sin\theta \approx \theta$,因而上述微分方程就简化为线性方程:

$$\frac{\mathrm{d}^2\theta}{\mathrm{d}t^2} + \frac{g}{l}\theta = 0. \tag{2.19}$$

其特征方程 $\lambda^2 + \dfrac{g}{l} = 0$ 的两个根为 $\lambda_1 = \mathrm{i}\sqrt{\dfrac{g}{l}}$,$\lambda_2 = -\mathrm{i}\sqrt{\dfrac{g}{l}}$,故方程(2.19)的通解为

$$\theta = A\sin\left(\sqrt{\frac{g}{l}}t + \varphi\right).$$

此式表明,质点的运动是具有周期性的,其圆频率 $\omega = \sqrt{\dfrac{g}{l}}$,周期 $T = 2\pi\sqrt{\dfrac{l}{g}}$,都仅与摆长 l 有关. 振幅 A,初相角 φ,均可由初值条件确定.

二、n 阶常系数齐次线性微分方程的解法

以上讲的二阶常系数齐次线性方程的解法既可以用于一阶,也可以推广到高阶的情况. 现在我们就来考虑 n 阶常系数齐次线

性方程
$$L[y] \equiv y^{(n)} + p_1 y^{(n-1)} + \cdots + p_{n-1} y' + p_n y = 0,$$
$$(2.20)$$
其中 $p_i(i=1,\cdots,n)$ 都是实常数. 命 $y = \mathrm{e}^{\lambda x}$ 代入上式,并约去非零因子 $\mathrm{e}^{\lambda x}$,得特征方程
$$D(\lambda) = \lambda^n + p_1 \lambda^{n-1} + \cdots + p_{n-1}\lambda + p_n = 0. \qquad (2.21)$$

一般 n 阶常系数齐次线性微分方程的通解定理如下:

定理 2.9 设常系数齐次线性微分方程(2.20)的特征方程 $(2.21)D(\lambda)=0$ 有 s 个各不相同的特征根 $\lambda_1,\cdots,\lambda_s$,它们的重数分别为 $n_1,\cdots,n_s;n_1+\cdots+n_s=n$. 则(2.20)的通解为

$$y = \sum_{i=1}^{s} \sum_{j=1}^{n_i} c_{ij} x^{j-1} \mathrm{e}^{\lambda_i x}. \qquad (2.22)$$

(证略).

由定理 2.9 可以得出求常系数齐次线性方程(2.20)通解的步骤如下:

(1) 由(2.20)写出它的特征方程(2.21),即 $D(\lambda)=0$;

(2) 求出特征方程(2.21)所有的根 $\lambda_1,\cdots,\lambda_s$ 及它们相应的重数 $n_1,\cdots,n_s;n_1+\cdots+n_s=n$;

(3) 对于每一个特征根 λ_i 及其重数 n_i,写出它们所对应的 n_i 个解 $(i=1,\cdots,s)$:
$$\mathrm{e}^{\lambda_1 x}, x\mathrm{e}^{\lambda_1 x}, \cdots, x^{n_1-1}\mathrm{e}^{\lambda_1 x}, \qquad (2.23)_1$$
$$\cdots$$
$$\mathrm{e}^{\lambda_s x}, x\mathrm{e}^{\lambda_s x}, \cdots, x^{n_s-1}\mathrm{e}^{\lambda_s x}; \qquad (2.23)_s$$

(4) 将(3)中得到的每一个解,分别乘以一个任意常数,然后相加即得通解(2.22).

注 若某特征根,例如 $\lambda_1 = \alpha + \mathrm{i}\beta (\beta \neq 0)$ 是复数,则必有另一特征根为 $\alpha - \mathrm{i}\beta$. 它们的重数必相等.不妨设重数为 n_1,则 $2n_1$ 个复值解

$$e^{(\alpha+i\beta)x}, xe^{(\alpha+i\beta)x}, \cdots, x^{n_1-1}e^{(\alpha+i\beta)x},$$

$$e^{(\alpha-i\beta)x}, xe^{(\alpha-i\beta)x}, \cdots, x^{n_1-1}e^{(\alpha-i\beta)x}. \qquad (2.24)$$

可以构造出 $2n_1$ 个实值解

$$e^{\alpha x}\cos\beta x, xe^{\alpha x}\cos\beta x, \cdots, x^{n_1-1}e^{\alpha x}\cos\beta x,$$

$$e^{\alpha x}\sin\beta x, xe^{\alpha x}\sin\beta x, \cdots, x^{n_1-1}e^{\alpha x}\sin\beta x. \qquad (2.25)$$

可以证明(本章见习题 3),在基本解组(2.23)中,用(2.25)代替(2.24),所得到的 n 个解也是线性无关的. 按此,每一组复值解都用相应的实值解来代替,就可以得到一个新的基本解组.

为清楚起见,今将特征根与微分方程的通解中所对应项的对应关系列表如下:

特征方程(2.21)的根	微分方程(2.20)通解中对应的项
① 单重实根 λ	对应一项 $ce^{\lambda x}$
② k 重实根 λ	对应 k 项 $(c_1+c_2 x+\cdots+c_k x^{k-1})e^{\lambda x}$
③ 单重复数根 $\lambda_{1,2}=\alpha\pm\beta i, \beta>0$	对应两项 $e^{\alpha x}(c_1\cos\beta x+c_2\sin\beta x)$
④ k 重复数根 $\lambda_{1,2}=\alpha\pm\beta i, \beta>0$	对应 $2k$ 项 $e^{\alpha x}[(a_1+a_2 x+\cdots+a_k x^{k-1})\cos\beta x$ $+(b_1+b_2 x+\cdots+b_k x^{k-1})\sin\beta x]$

特征方程(2.21)有且仅有 n 个根(包括实的,复的,以及它们的重数),按上表,对应了(2.20)的通解中 n 项,相加便得通解. 其中 c, c_i, a_i, b_i 为任常数.

例 7 求方程 $\dfrac{\mathrm{d}^3 y}{\mathrm{d}x^3} - 3\dfrac{\mathrm{d}^2 y}{\mathrm{d}x^2} + 4y = 0$ 的通解.

解 特征方程为 $\lambda^3 - 3\lambda^2 + 4 = (\lambda+1)(\lambda-2)^2 = 0$,因此求得特征根 $\lambda = -1, 2, 2$. 于是方程有解 $y_1 = e^{-x}, y_2 = e^{2x}, y_3 = xe^{2x}$,方程的通解为

$$y = c_1 e^{-x} + c_2 e^{2x} + c_3 xe^{2x}.$$

例 8 求解方程 $\dfrac{\mathrm{d}^4 y}{\mathrm{d}x^4} + k^4 y = 0, \quad k > 0.$

解   特征方程 $\lambda^4 + k^4 = 0$，或 $(\lambda^2 + k^2)^2 - (\sqrt{2}\lambda k)^2 = 0$. 于是

$$(\lambda^2 + k^2 + \sqrt{2}\lambda k)(\lambda^2 + k^2 - \sqrt{2}\lambda k) = 0.$$

从而解得

$$\lambda = -\frac{\sqrt{2}}{2}k \pm i\frac{\sqrt{2}}{2}k, \quad \frac{\sqrt{2}}{2}k \pm i\frac{\sqrt{2}}{2}k,$$

故得通解

$$y = e^{-\frac{\sqrt{2}}{2}kx}\left(c_1\cos\frac{\sqrt{2}}{2}kx + c_2\sin\frac{\sqrt{2}}{2}kx\right)$$
$$+ e^{\frac{\sqrt{2}}{2}kx}\left(c_3\cos\frac{\sqrt{2}}{2}kx + c_4\sin\frac{\sqrt{2}}{2}kx\right).$$

例 9   首项系数为 1 的某三阶常系数线性齐次微分方程的通解为 $y = c_1 e^x + c_2\cos 2x + c_3\sin 2x$，其中 c_1, c_2, c_3 为任意常数，求该微分方程.

解   对照例 7 前的表知，$c_1 e^x$ 对应于单重特征根 $\lambda_1 = 1$. $c_2\cos 2x + c_3\sin 2x$ 对应于特征根 $\lambda_{2,3} = 0 \pm i2$(也是单重)，所以特征方程为

$$D(\lambda) = (\lambda - 1)(\lambda - i2)(\lambda + i2) = 0,$$

即 $\lambda^3 - \lambda^2 + 4\lambda - 4 = 0$,

对应的微分方程为

$$y''' - y'' + 4y' - 4y = 0.$$

三、常系数非齐次线性微分方程的解法

下面先讨论二阶常系数线性非齐次微分方程

$$y'' + py' + qy = f(x) \tag{2.26}$$

的解法. 由定理 2.6 知，可由其对应的齐次方程

$$y'' + py' + qy = 0$$

的通解加上(2.26)的任意一个解得到，而齐次方程通解的求法已在前面讨论过. 因此，现在只需讨论如何找到(2.26)的一个解.

方程(2.26)解的形式,显然与方程右边的 $f(x)$ 有关,这里只就自由项 $f(x)$ 的两种常见的形式进行讨论.

(一) $f(x) = P_m(x)\mathrm{e}^{\alpha x}$,其中 $P_m(x)$ 是 m 次多项式.

这类方程的一般形式为

$$\frac{\mathrm{d}^2 y}{\mathrm{d}x^2} + p\,\frac{\mathrm{d}y}{\mathrm{d}x} + qy = P_m(x)\mathrm{e}^{\alpha x}. \tag{2.27}$$

我们要找方程(2.27)的一个解,就是要找 x 的一个函数 y,使 $\dfrac{\mathrm{d}^2 y}{\mathrm{d}x^2}$,$p\,\dfrac{\mathrm{d}y}{\mathrm{d}x}$,$qy$ 三者加起来等于 $P_m(x)\mathrm{e}^{\alpha x}$.考虑到 p,q 是常数,而多项式与指数函数的乘积求导数以后形式不变,我们假设方程(2.27)有形如

$$y^* = Q(x)\mathrm{e}^{\alpha x}$$

的解,其中 $Q(x)$ 是一个多项式,其次数与系数都是待定的.将 y^* 求导数,则有

$$\frac{\mathrm{d}y^*}{\mathrm{d}x} = \frac{\mathrm{d}Q}{\mathrm{d}x}\mathrm{e}^{\alpha x} + \alpha Q\mathrm{e}^{\alpha x},$$

$$\frac{\mathrm{d}^2 y^*}{\mathrm{d}x^2} = \frac{\mathrm{d}^2 Q}{\mathrm{d}x^2}\mathrm{e}^{\alpha x} + 2\alpha\,\frac{\mathrm{d}Q}{\mathrm{d}x}\mathrm{e}^{\alpha x} + \alpha^2 Q\mathrm{e}^{\alpha x}.$$

代入方程(2.27),得

$$\mathrm{e}^{\alpha x}\left[\frac{\mathrm{d}^2 Q}{\mathrm{d}x^2} + (2a + p)\,\frac{\mathrm{d}Q}{\mathrm{d}x} + (\alpha^2 + p\alpha + q)Q\right] = P_m(x)\mathrm{e}^{\alpha x},$$

即

$$\frac{\mathrm{d}^2 Q}{\mathrm{d}x^2} + (2\alpha + p)\,\frac{\mathrm{d}Q}{\mathrm{d}x} + (\alpha^2 + p\alpha + q)Q = P_m(x). \tag{2.28}$$

下面分三种情况讨论.

1.如果 $\alpha^2 + p\alpha + q \neq 0$,即 α 不是特征方程的根.

由于 $P_m(x)$ 是一个 m 次多项式,要使(2.28)的两边恒等,$Q(x)$ 也应该是一个 m 次多项式.故令 $Q(x) = R_m(x)$($R_m(x)$ 是一个 m 次多项式,系数待定),并代入(2.28),然后比较所得到的等

式两边 x 同次幂的系数,即可求得 $R_m(x)$ 的系数. 因此,当 α 不是特征方程的根时,(2.27) 有形如

$$y^* = R_m(x)\mathrm{e}^{\alpha x}$$

的解.

2. 如果 $\alpha^2 + p\alpha + q = 0$,而 $2\alpha + p \neq 0$,即 α 是特征方程的单根.

此时(2.28)成为

$$\frac{\mathrm{d}^2 Q}{\mathrm{d}x^2} + (2\alpha + p)\frac{\mathrm{d}Q}{\mathrm{d}x} = P_m(x).$$

由此可知 $Q(x)$ 应是一个 $m+1$ 次多项式. 可令 $Q(x) = x R_m(x)$,于是当 α 是特征方程单根时,(2.27) 有形如

$$y^* = x R_m(x)\mathrm{e}^{\alpha x}$$

的解.

3. 如果 $\alpha^2 + p\alpha + q = 0, 2\alpha + p = 0$,即 α 是特征方程的二重根.

此时(2.28)成为

$$\frac{\mathrm{d}^2 Q}{\mathrm{d}x^2} = P_m(x).$$

由此可知 $Q(x)$ 是一个 $m+2$ 次多项式. 可令 $Q(x) = x^2 R_m(x)$. 于是当 α 是特征方程的二重根时,(2.27) 有形如

$$y^* = x^2 R_m(x)\mathrm{e}^{\alpha x}$$

的解.

上述三种情形可合并为命

$$y^* = x^k R_m(x)\mathrm{e}^{\alpha x}, \tag{2.29}$$

其中 $R_m(x)$ 为待定系数的 m 次多项式,

$$k = \begin{cases} 0, \text{当 } \alpha \text{ 不为特征根时}; \\ 1, \text{当 } \alpha \text{ 为单重特征根时}; \\ 2, \text{当 } \alpha \text{ 为二重特征根时}. \end{cases} \tag{2.30}$$

例 10 求解方程 $\dfrac{\mathrm{d}^2 y}{\mathrm{d}x^2} + y = (x-2)\mathrm{e}^{3x}$.

解 因为特征方程 $\lambda^2 + 1 = 0$ 的根为 $\lambda = \pm \mathrm{i}$. 因此齐次方程

$\dfrac{\mathrm{d}^2 y}{\mathrm{d}x^2} + y = 0$ 的通解为

$$Y = c_1 \cos x + c_2 \sin x.$$

由于 $\alpha = 3$ 不是特征方程的根,故可令原方程的一个解为

$$y^* = (Ax + B)\mathrm{e}^{3x},$$

即 $Q = Ax + B$,代入 (2.28),得

$$(6 + 0)A + (3^2 + 1)(Ax + B) = x - 2.$$

比较上式两边 x 同次幂系数得

$$A = \frac{1}{10}, \quad B = -\frac{13}{50}.$$

于是

$$y^* = \left(\frac{1}{10}x - \frac{13}{50}\right)\mathrm{e}^{3x}.$$

原方程的通解为

$$y = Y + y^* = c_1 \cos x + c_2 \sin x + \left(\frac{1}{10}x - \frac{13}{50}\right)\mathrm{e}^{3x}.$$

例 11　已知二阶常系数线性齐次微分方程 $y'' + py' + qy = 0$ 的通解为 $y = (c_1 + c_2 x)\mathrm{e}^x$. 求非齐次微分方程 $y'' + py' + qy = x$ 满足初值条件 $y(0) = 2, y'(0) = 0$ 的特解.(本题为 2009 年考研(数学一)的一个试题).

分析　由已知齐次方程的通解,根据通解与特征根的对应关系可以求出特征方程然后写出该微分方程.再由非齐次微分方程用待定系数法求出非齐次方程的通解.将来讲了常数变易法之后,可以一举求出该非齐次方程的特解.

解　由题可知该二阶常系数齐次方程的特征方程的特征根为 $\lambda = 1$(二重),因此特征方程为

$$(\lambda - 1)^2 = \lambda^2 - 2\lambda + 1 = 0,$$

于是知该齐次方程为

$$y'' - 2y' + y = 0.$$

所以该非齐次方程为

$$y'' - 2y' + y = x.$$

由待定系数法,设该非齐次方程的一个特解为

$$y^* = Ax + B.$$

代入 $y'' - 2y' + y = x$ 求得 $-2A + Ax + B = x$,故 $A = 1, B = 2$,$y^* = x + 2$,从而所给的非齐次方程的通解为

$$y = (c_1 + c_2 x)e^x + x + 2.$$

再由初值条件 $y(0) = 2, y'(0) = 0$,得 $c_1 = 0, c_2 = -1$.从而得特解 $y = -xe^x + x + 2$.

(二) $f(x) = P_m(x)e^{ax}\cos bx$,或 $f(x) = Q_l(x)e^{ax}\sin bx$,或 $f(x) = P_m(x)e^{ax}\cos bx + Q_l(x)e^{ax}\sin bx$.

先讨论求解方程

$$y'' + py' + qy = P_m(x)e^{ax}\cos bx$$

的方法.由欧拉公式知道,$P_m(x)e^{ax}\cos bx$ 是函数 $P_m(x)e^{(a+ib)x}$ 的实部,故考虑方程

$$y'' + py' + qy = P_m(x)e^{(a+ib)x}. \tag{2.30}$$

由定理 2.8 知道,后一方程的解的实部是前一方程的解.因此,只要按(一)中的方法求出后一方程的一个解,然后取其实部即得前一方程的一个解.同样,由于 $Q_m(x)e^{ax}\sin bx$ 是 $Q_m(x)e^{(a+ib)x}$ 的虚部,因此,要求方程

$$y'' + py' + qy = Q_m(x)e^{ax}\sin bx$$

的一个解,只要先求得方程

$$y'' + py' + qy = Q_m(x)e^{(a+ib)x}$$

的一个解,然后取这个解的虚部即得.

例 12 求方程 $y'' - y = e^x\sin 2x$ 的通解.

解 对应的齐次方程为 $y'' - y = 0$,特征方程 $\lambda^2 - 1 = 0$ 的根为 $\lambda = \pm 1$,于是齐次方程的通解为

$$Y = c_1 e^x + c_2 e^{-x}.$$

为了求 y^*，先求 $y'' - y = \mathrm{e}^{(1+2\mathrm{i})x}$ 的一个解. 由于 $\alpha = 1 + 2\mathrm{i}$ 不是特征方程的根，故可设其一个解为

$$y = A\mathrm{e}^{(1+2\mathrm{i})x}.$$

即 $Q = A$，代入(2.28)，得

$$A(1+2\mathrm{i})^2 - A = 1,$$

即 $\qquad 4(\mathrm{i}-1)A = 1.$

由此解得

$$A = \frac{1}{4(\mathrm{i}-1)}$$

$$= \frac{1}{4} \cdot \frac{\mathrm{i}+1}{(\mathrm{i}-1)(\mathrm{i}+1)}$$

$$= \frac{\mathrm{i}+1}{4(-2)} = -\frac{1}{8}(\mathrm{i}+1).$$

这就得到了方程 $y'' - y = \mathrm{e}^{(1+2\mathrm{i})x}$ 的一个解

$$y = -\frac{1}{8}(\mathrm{i}+1)\mathrm{e}^{(1+2\mathrm{i})x}.$$

又由欧拉公式有

$$y = -\frac{1}{8}(\mathrm{i}+1)\mathrm{e}^{(1+2\mathrm{i})x}$$

$$= -\frac{1}{8}(1+\mathrm{i})\mathrm{e}^{x}(\cos 2x + \mathrm{i}\sin 2x)$$

$$= -\frac{1}{8}\mathrm{e}^{x}\big[(\cos 2x - \sin 2x) + \mathrm{i}(\cos 2x + \sin 2x)\big].$$

取其虚部，即得到原方程的一个解为：

$$y^* = -\frac{1}{8}\mathrm{e}^{x}(\cos 2x + \sin 2x).$$

故原方程的通解有：

$$y = Y + y^* = c_1\mathrm{e}^{x} + c_2\mathrm{e}^{-x} - \frac{1}{8}\mathrm{e}^{x}(\cos 2x + \sin 2x).$$

以上求 y^* 是从复值解中推得. 其实不必那样，而可以直接处

理如下. 对于(二)的标题中所说的三种 $f(x)$,为求方程
$$y'' + py' + qy = f(x)$$
的特解 y^*,只需命
$$y^* = x^k(R_h(x)\mathrm{e}^{ax}\cos bx + S_h(x)\mathrm{e}^{ax}\sin bx). \qquad (2.31)$$
其中
$$h = \max\{m, l\}, \qquad k = \begin{cases} 0, & \text{当 } a \pm b\mathrm{i} \text{ 不是特征根,} \\ 1, & \text{当 } a \pm b\mathrm{i} \text{ 是单重特征根.} \end{cases}$$
$$(2.32)$$

不论 $f(x)$ 是 3 种情形中的哪一种,都应如上那么令,$R_h(x)$ 与 $S_h(x)$ 都应设成待定的 h 次多项式.

例 13 求方程 $y'' + 4y = 2\cos 2x$ 满足初始条件 $y\big|_{x=0} = 0$,$y'\big|_{x=0} = 2$ 的特解.

解 对应的齐次方程的通解为
$$Y = c_1\cos 2x + c_2\sin 2x.$$
而非齐次线性方程 $y'' + 4y = 2\cos 2x$ 右边的 $a \pm b\mathrm{i} = 0 \pm 2\mathrm{i}$ 为特征方程的单根,故命
$$y^* = x(A\cos 2x + B\sin 2x).$$
此时不能代(2.29),而应另行计算. 有
$$y^{*\,'} = A\cos 2x + B\sin 2x + x(-2A\sin 2x + 2B\cos 2x),$$
$$y^{*\,''} = -4A\sin 2x + 4B\cos 2x$$
$$\qquad + x(-4A\cos 2x - 4B\sin 2x),$$
代入原方程,得
$$-4A\sin 2x + 4B\cos 2x = 2\cos 2x,$$
所以 $A = 0, B = \dfrac{1}{2}$. 故
$$y^* = \frac{1}{2}x\sin 2x.$$
通解为

$$y = Y + y^* = c_1 \cos 2x + c_2 \sin 2x + \frac{1}{2}\sin 2x.$$

再由初值条件：
$$y(0) = c_1 = 0,$$
$$y'(0) = 2c_2 = 2,$$

所以 $c_2 = 1, c_1 = 0$. 于是得到满足初值条件的解为

$$y = \sin 2x + \frac{1}{2}x\sin 2x.$$

读者不妨具体做一遍，此法比从复数做要快一些.

例 14 设函数 $y = y(x)$ 在 $(-\infty, +\infty)$ 内具有二阶导数，且 $y' \neq 0$，$x = x(y)$ 是 $y = y(x)$ 的反函数. 求微分方程

$$\frac{d^2x}{dy^2} + (y + \sin^2 x)\left(\frac{dx}{dy}\right)^3 = 0$$

满足条件 $y(0) = 0, y'(0) = 0$ 的特解.（本题为 2003 年考研（数学一、二）的一个试题）.

分析 所给微分方程的形状非常特别，是由反函数 $x = x(y)$ 的导数表示. 想到是否能由 $y = y(x)$ 的导数来表示，也许可以认识它的类型.

解 由反函数的导数公式，有

$$\frac{dx}{dy} = \frac{1}{\dfrac{dy}{dx}},$$

$$\frac{d^2x}{dy^2} = \frac{d}{dy}\left(\frac{1}{\dfrac{dy}{dx}}\right) = \frac{d}{dx}\left(\frac{1}{\dfrac{dy}{dx}}\right) \cdot \frac{dx}{dy}$$

$$= \frac{-\left(\dfrac{d^2y}{dx^2}\right)}{\left(\dfrac{dy}{dx}\right)^2} \cdot \frac{1}{\dfrac{dy}{dx}} = -\frac{\dfrac{d^2y}{dx^2}}{\left(\dfrac{dy}{dx}\right)^3},$$

代入原设方程化简得

$$\frac{\mathrm{d}^2 y}{\mathrm{d} x^2} - y = \sin^2 x = \frac{1}{2} - \frac{1}{2}\cos 2x. \qquad (2.33)$$

对应齐次方程的通解为

$$y = c_1 \mathrm{e}^x + c_2 \mathrm{e}^{-x}.$$

为求上述微分方程的特解,由定理 2.7,分别求下述两个方程

$$y'' - y = \frac{1}{2}$$

与

$$y'' - y = -\frac{1}{2}\cos 2x$$

的特解. 由待定系数法,容易求得前者的一个特解为 $y_1^* = -\frac{1}{2}$,后者的一个特解 $y_2^* = \frac{1}{10}\cos 2x$. 于是由定理 2.7 知 $y^* = -\frac{1}{2} + \frac{1}{10}\cos 2x$,得 (2.33) 的通解

$$y = c_1 \mathrm{e}^x + c_2 \mathrm{e}^{-x} - \frac{1}{2} + \frac{1}{10}\cos 2x.$$

再由题给初值条件 $y(0) = 0, y'(0) = 0$ 得

$$c_1 + c_2 - \frac{2}{5} = 0, c_1 - c_2 = 0.$$

故 $c_1 = c_2 = \frac{1}{5}$. 最后得特解 $y = \frac{1}{5}\mathrm{e}^x + \frac{1}{5}\mathrm{e}^{-x} - \frac{1}{2} + \frac{1}{10}\cos 2x$.

以上求二阶常系数非齐次线性方程的解的方法,可以推广到求高阶常系数非齐次线性方程的解. 设 n 阶常系数非齐次线性微分方程为

$$L[y] = f(x). \qquad (2.34)$$

(1) 设其中 $f(x) = P_m(x)\mathrm{e}^{\alpha x}$,$P_m(x)$ 为 x 的 m 次多项式. 此时仍可设 (2.34) 的一个特解为 (2.29),不过其中的 k 除了 (2.30) 限定的几种情形外,还可能有

$$k = \begin{cases} 3, \text{当 } \alpha \text{ 为三重特征根时}; \\ \vdots \ , \cdots \cdots \end{cases}$$

(2) 设其中 $f(x) = P_m(x)\mathrm{e}^{ax}\cos bx + Q_l(x)\mathrm{e}^{ax}\sin bx$，$P_m(x)$ 与 $Q_l(x)$ 分别为 x 的 m 次、l 次已知多项式. 此时仍可设 (2.34) 的一个特解为 (2.31)，不过其中的 k 除了 (2.32) 限定的几种情形外，还可能有

$$k = \begin{cases} 2, \text{当 } \alpha \pm b\mathrm{i} \text{ 为二重特征根时;} \\ \vdots, \cdots\cdots \end{cases}$$

例 15　求 $y''' + 3y'' + 3y' + y = (x-5)\mathrm{e}^{-x}$ 的通解.

解　对应的齐次方程为 $y''' + 3y'' + 3y' + y = 0$，特征方程为 $\lambda^3 + 3\lambda^2 + 3\lambda + 1 = 0$，即 $(\lambda+1)^3 = 0$. 由此解得的 $\lambda = -1$ 是特征方程的三重根. 于是齐次方程的通解为

$$Y = (c_1 + c_2 x + c_3 x^2)\mathrm{e}^{-x}.$$

考虑到 $\alpha = -1$ 是特征方程的三重根，故可设原方程的一个解为

$$y^* = x^3(Ax+B)\mathrm{e}^{-x} = (Ax^4 + Bx^3)\mathrm{e}^{-x},$$

注意，(2.28) 只适用于 2 阶方程，而现在是 3 阶，故需另行计算，有

$$y^{*\prime} = [-Ax^4 + (4A-B)x^3 + 3Bx^2]\mathrm{e}^{-x},$$
$$y^{*\prime\prime} = [Ax^4 - (8A-B)x^3 + (12A-6B)x^2 + 6Bx]\mathrm{e}^{-x},$$
$$y^{*\prime\prime\prime} = [-Ax^4 + (12A-B)x^3 - (36A-9B)x^2$$
$$+ (24A-18B)x + 6B]\mathrm{e}^{-x}.$$

代入原方程，消去等号两边的 e^{-x}，得

$$(24A - 18B)x + 6B + 18Bx = x - 5.$$

故 $A = 1/24$，$B = -5/6$，于是得原方程的通解

$$y = Y + y^* = \left(c_1 + c_2 x + c_3 x^2 - \frac{5}{6}x^3 + \frac{1}{24}x^4\right)\mathrm{e}^{-x}.$$

例 16　设 $f(x)$ 为连续函数，且满足

$$f(x) = \mathrm{e}^{-x} + \frac{1}{2}\int_0^x (x-t)^2 f(t)\mathrm{d}t,$$

求 $f(x)$.

分析　这是一个含未知函数的积分方程，应化成微分方程

处理.

解　将积分拆成三项

$$\frac{1}{2}\int_0^x (x-t)^2 f(t)\,\mathrm{d}t = \frac{1}{2}\int_0^x (x^2-2xt+t^2)f(t)\,\mathrm{d}t$$

$$= \frac{1}{2}x^2\int_0^x f(t)\,\mathrm{d}t - x\int_0^x tf(t)\,\mathrm{d}t + \frac{1}{2}\int_0^x t^2 f(t)\,\mathrm{d}t,$$

将所给积分方程两边求导数,得

$$f'(x) = -\mathrm{e}^{-x} + x\int_0^x f(t)\,\mathrm{d}t + \frac{x^2}{2}f(x) - x^2 f(x)$$

$$-\int_0^x tf(t)\,\mathrm{d}t + \frac{1}{2}x^2 f(x)$$

$$= -\mathrm{e}^{-x} + x\int_0^x f(t)\,\mathrm{d}t - \int_0^x tf(t)\,\mathrm{d}t,$$

$$f''(t) = \mathrm{e}^{-x} + \int_0^x f(t)\,\mathrm{d}t,$$

$$f'''(x) = -\mathrm{e}^{-x} + f(x).$$

有 $f(0)=1, f'(0)=-1, f''(0)=1.$ 下面解

$$f'''(x) - f(x) = -\mathrm{e}^{-x}.$$

特征方程

$$\lambda^3 - 1 = 0, 即 (\lambda-1)(\lambda^2+\lambda+1)=0,$$

特征根 $\lambda_1=1, \lambda_{2,3}=-\frac{1}{2}\pm\frac{\sqrt{3}}{2}\mathrm{i}$,对应齐次方程的通解

$$f(x) = c_1\mathrm{e}^x + \mathrm{e}^{-\frac{1}{2}x}\left(c_2\cos\frac{\sqrt{3}}{2}x + c_3\sin\frac{\sqrt{3}}{2}x\right).$$

为求一个特解 $f^*(x)$,由形式(2.29),命

$$f^*(x) = A\mathrm{e}^{-x}$$

有 $f^{*\,\prime}(x) = -A\mathrm{e}^{-x}, f^{*\,\prime\prime}(x) = A\mathrm{e}^{-x}, f^{*\,\prime\prime\prime}(x) = -A\mathrm{e}^{-x}$,从而

$-2A = -1, A = \frac{1}{2}$,所以本题所给积分方程的解为

$$f(x) = c_1 \mathrm{e}^x + \mathrm{e}^{-\frac{1}{2}x}\left(c_2\cos\frac{\sqrt{3}}{2}x + c_3\sin\frac{\sqrt{3}}{2}x\right) + \frac{1}{2}\mathrm{e}^{-x}.$$

§3　机械振动与 RLC 回路

本节从建立数学模型开始,着重讲述常系数线性方程两个典型的应用例题.

一、机械振动

我们来讨论机械振动的简单模型 —— 弹簧振动问题.如图 2-3 所示的弹簧,上端固定,下端与一质量为 m 的物体联结.弹簧对物体的作用力(恢复力)与弹簧的伸长长度成正比(比例常数为 k);物体在运动过程中所受的阻力与速度成正比(比例常数为 λ).此外,物体还与一个连杆相联结,连杆对物体的作用力(强迫力)为 $F(t)$.

下面我们来建立此物体的运动方程.如图 2-3,取物体的平衡位置为原点,向下的方向为 x 轴的正向.以 $x = x(t)$ 表示物体在时刻 t 的位置,则物体共受三个力的作用,恢复力:$-kx$(负号表示恢复力与位移 x 的方向相反);阻力:$-\lambda\dfrac{\mathrm{d}x}{\mathrm{d}t}$(负号表示阻力与速度 $\dfrac{\mathrm{d}x}{\mathrm{d}t}$ 的方向相反);强迫力:$F(t)$.

由牛顿第二定律得物体的振动方程为

$$m\frac{\mathrm{d}^2 x}{\mathrm{d}t^2} = -kx - \lambda\frac{\mathrm{d}x}{\mathrm{d}t} + F(t).$$

或

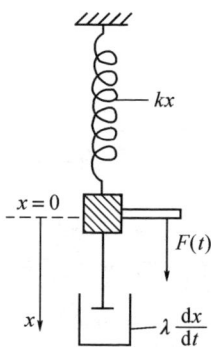

图 2-3

$$\frac{\mathrm{d}^2 x}{\mathrm{d}t^2} + \frac{\lambda}{m} \cdot \frac{\mathrm{d}x}{\mathrm{d}t} + \frac{k}{m}x = \frac{1}{m}F(t).$$

为方便起见,记 $\frac{\lambda}{m} = 2\beta(\beta > 0)$, $\frac{k}{m} = \omega^2(\omega > 0)$, $\frac{1}{m}F(t) = f(t)$,则上述方程可写为

$$\frac{\mathrm{d}^2 x}{\mathrm{d}t^2} + 2\beta \frac{\mathrm{d}x}{\mathrm{d}t} + \omega^2 x = f(t). \tag{2.35}$$

当 $f(t) \equiv 0$ 时称为自由振动;当 $f(t) \not\equiv 0$ 时称为强迫振动.下面分别讨论这两种情况.

(一)自由振动.

自由振动又可以分有阻尼与无阻两种情况.

1.没有阻尼的情况,即 $\beta = 0$.这时振动方程

$$\frac{\mathrm{d}^2 x}{\mathrm{d}t^2} + \omega^2 x = 0.$$

称为无阻尼的自由振动方程.它的解是

$$x = A\sin(\omega t + \varphi).$$

这是简谐振动(见图 2-4).振幅 A 与初相角 φ 可由物体的初始位置和初始速度来决定.

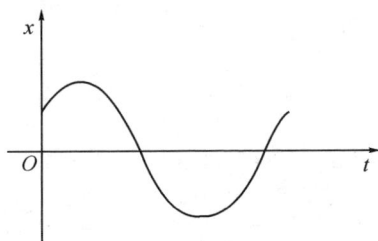

图 2-4

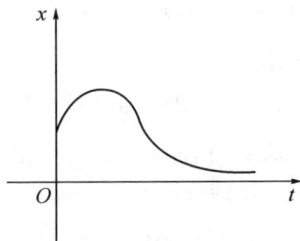

图 2-5

2.有阻尼的情况.此时振动方程

$$\frac{\mathrm{d}^2 x}{\mathrm{d}t^2} + 2\beta \frac{\mathrm{d}x}{\mathrm{d}t} + \omega^2 x = 0, \tag{2.36}$$

称为有阻尼的自由振动方程. 其特征方程为 $\lambda^2 + 2\beta\lambda + \omega^2 = 0$, 由此解得 $\lambda = -\beta \pm \sqrt{\beta^2 - \omega^2}$. 现在就根的三种可能情形分别讨论如下:

(1) $\beta > \omega$ (大阻尼的情形)

这时特征方程有两个不相等的实根. 由于它们都是负数, 不妨设 $\lambda_1 = -\eta_1, \lambda_2 = -\eta_2$, 其中 $\eta_2 > \eta_1 > 0$. 所以方程 (2.36) 的通解为

$$x = c_1 e^{-\eta_1 t} + c_2 e^{-\eta_2 t}$$

可见物体不作周期振动. 当 $t \to +\infty$ 时, $x \to 0$, 即物体随时间无限增加而趋于平衡位置, 如图 2-5. 但在实际中, 不需要很长时间运动就会停止 (图 2-5 是当 $c_1 > -c_2 > 0$, $\eta_1 c_1 + \eta_2 c_2 < 0$ 的情况).

(2) $\beta = \omega$ (临界阻尼的情形)

这时特征方程有二重根: $\lambda_1 = \lambda_2 = -\beta$. 方程 (2.36) 的通解为

$$x = (c_1 + c_2 t) e^{-\beta t}.$$

物体也不作周期振动. 当 $t \to +\infty$ 时, $x \to 0$, 即物体随时间无限增加而趋于平衡位置, 如图 2-6 (图 2-6 是当 $c_1 > 0$, $c_2 - \beta c_1 < 0$ 的情况).

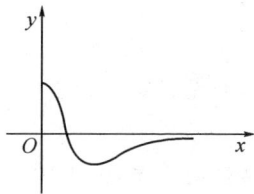

图 2-6

(3) $0 < \beta < \omega$ (小阻尼情形)

这时方程有一对共轭复根 $\lambda = -\beta \pm ih$, $h = \sqrt{\omega^2 - \beta^2}$. 方程 (2.36) 的通解为

$$x = A e^{-\beta t} \cos(ht + \varphi),$$

这里的 A 和 φ 都是任意常数, 可由振动的初值条件来决定. 由上式可以看到, 振动的振幅 $A e^{-\beta t}$ 随着时间 t 的增加而减小, 减小的快慢程度由系数 $\beta = \lambda / 2m$ 决定. 当 $t \to +\infty$ 时振幅 $A e^{-\beta t} \to 0$, 于是 $x \to 0$. 即物体随时间 t 无限增加而趋于平衡位置. 这种情形称为有

阻尼的衰减振动,如图 2-7. x 的相邻两零点所对应的时间差为定值 $T = 2\pi/h$,称为系统的固有周期.

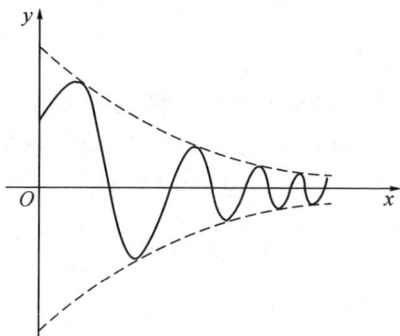

图 2-7

(二)强迫振动.

设外力 $f(t) = a\sin\omega_0 t$. 若只考虑无阻尼的强迫振动,则振动方程为

$$\frac{\mathrm{d}^2 x}{\mathrm{d}t^2} + \omega^2 x = a\sin\omega_0 t.$$

它的解是

$$x = A\sin(\omega t + \varphi) + \frac{a}{\omega^2 - \omega_0^2}\sin\omega_0 t, \quad \text{当 } \omega \neq \omega_0,$$

$$x = A\sin(\omega t + \varphi) - \frac{at}{2\omega}\cos\omega t, \qquad \text{当 } \omega = \omega_0$$

由解的形式可以看出,振动是由两个运动合成的. 一个是自由振动,也称为固有振动;另一个是由外力引起的振动,称为强迫振动. 当 $\omega \neq \omega_0$ 时,强迫振动的振幅为 $\frac{a}{\omega^2 - \omega_0^2}$. 显然,若 ω 与 ω_0 很接近,振幅就很大;当 $\omega = \omega_0$ 时,强迫振动的振幅为 $\frac{at}{2\omega}$. 若 $t \rightarrow +\infty$,则振幅 $\frac{at}{2\omega} \rightarrow +\infty$,这种现象称为共振. 在生产实际中,人们有时可

以利用共振,有时又必须避免共振.

二、*RLC* 电路中的电振荡

我们考虑以下两种情况:

(一)RLC 电路接通到直流电压源的情况.

电阻为 R,电感为 L,电容为 C 的串联电路(R,L,C 都是正常数),接通到直流电压源 E(见图 2-8)上. 由电工学知,在电阻 R,电感 L 和电容 C 上的电压降落分别为 Ri,$L\dfrac{\mathrm{d}i}{\mathrm{d}t}$ 和 $\dfrac{1}{C}\displaystyle\int i\mathrm{d}t$,而外加电压等于电路上电压降落的总和. 于是有

$$L\frac{\mathrm{d}i}{\mathrm{d}t} + Ri + \frac{1}{C}\int i\mathrm{d}t = E.$$

这个式子和一般的微分方程的差异在于其中还含有未知函数的积分. 为了从方程中去掉积分,将上式两边关于 t 求导数,并同除以 L,得

$$\frac{\mathrm{d}^2 i}{\mathrm{d}t^2} + \frac{R}{L}\frac{\mathrm{d}i}{\mathrm{d}t} + \frac{1}{LC}i = 0. \tag{2.37}$$

可见方程(2.37)与(2.36)是同一类型的方程,因而说明了电振荡与机械振动的相似性.

方程(2.37)的特征方程 $\lambda^2 + \dfrac{R}{L}\lambda + \dfrac{1}{LC} = 0$ 的根为

$$\lambda = -\frac{R}{2L} \pm \sqrt{\left(\frac{R}{2L}\right)^2 - \frac{1}{LC}}.$$

分三种情况讨论如下:

(1) $\left(\dfrac{R}{2L}\right)^2 > \dfrac{1}{CL}$, 即 $R > 2\sqrt{\dfrac{L}{C}}$.

此时特征方程有两个不相等的实根,于是

$$i = c_1 \mathrm{e}^{\left[-\frac{R}{2L} + \sqrt{\left(\frac{R}{2L}\right)^2 - \frac{1}{CL}}\right]t}$$

$$+ c_2 e^{\left[-\frac{R}{2L} - \sqrt{\left(\frac{R}{2L}\right)^2 - \frac{1}{CL}}\right]t}$$

因此回路不能形成振荡.

（2）　$\left(\dfrac{R}{2L}\right)^2 = \dfrac{1}{CL}$，　即 $R = 2\sqrt{\dfrac{L}{C}}$.

此时特征方程有二重根 $\lambda = -\dfrac{R}{2L}$，于是

$$i = (c_1 + c_2 t) e^{-\frac{R}{2L}t}.$$

回路也不能形成振荡.

（3）　$\left(\dfrac{R}{2L}\right)^2 < \dfrac{1}{CL}$，　即 $R < 2\sqrt{\dfrac{L}{C}}$.

此时特征方程有一对共轭复根，于是

$$i = A e^{-\frac{R}{2L}t} \sin\left(\sqrt{\dfrac{1}{CL} - \left(\dfrac{R}{2L}\right)^2}\, t + \varphi\right),$$

回路形成衰减振荡.

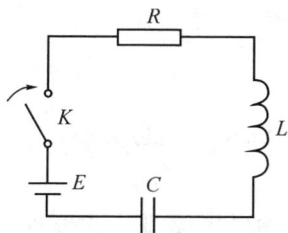

图 2-8

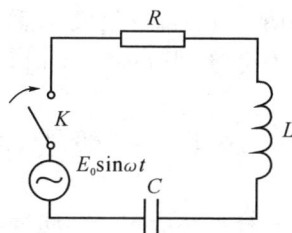

图 2-9

（二）RLC 电路接通到正弦电压源的情况.

电阻为 R，电感为 L，电容为 C 的串联电路（R, L, C 都是常数）接通到正弦电压源 $E_0 \sin\omega t$ 上（见图 2-9），这时有

$$L \frac{\mathrm{d}i}{\mathrm{d}t} + Ri + \frac{1}{C} \int i \mathrm{d}t = E_0 \sin\omega t.$$

两边关于 t 求导数，并同除以 L，得

$$\frac{\mathrm{d}^2 t}{\mathrm{d}t^2} + \frac{R}{L}\frac{\mathrm{d}i}{\mathrm{d}t} + \frac{1}{CL}i = \frac{\omega E_0}{L}\cos\omega t. \tag{2.38}$$

可以求得它的一个解

$$i_p = \frac{E_0 R}{R^2 + X^2}\sin\omega t - \frac{E_0 X}{R^2 + X^2}\cos\omega t.$$

其中 $X = \omega L - \dfrac{1}{\omega L}$ 称为电抗，$\sqrt{R^2 + X^2}$ 称为阻抗. 如图 2-10 引入 φ，于是上述解可改写为

$$i_p = I_0 \sin(\omega t - \varphi)$$

其中 $\quad I_0 = \dfrac{E_0}{\sqrt{R^2 + X^2}}, \quad \tan\varphi = \dfrac{X}{R}.$

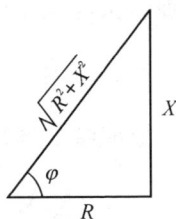

图 2-10

设 (2.38) 对应的齐次方程的通解为 i_h，它的形式已在 (一) 中讨论过了，则方程 (2.38) 的通解为

$$i = i_h + i_p.$$

这表明 i 由两部分组成，i_h 称为暂态分量，i_p 称为稳态分量. 当 $t \to +\infty$ 时，$i_h \to 0$.

§4 一般线性微分方程的一些解法

线性微分方程中一些特殊的情况，如常系数非齐次线性微分方程和某些特殊右端的常系数非齐次线性的解法，已在 §2 中作了详细介绍，但对于一般的线性微分方程，即变系数线性方程的解还未涉及到. 一般求解这类方程是很困难的. 本节将介绍处理这类问题的一些方法，其中有的方法解决得可以相当好.

一、变量变换法

前面已多次采用变量变换法求解一阶微分方程，这里我们用变量变换法解决两个问题. 一是将某些特殊类型的变系数线性方

程化成常系数线性方程;二是将微分方程降阶.

（一）欧拉（Euler）方程.

$$a_0 x^n \frac{\mathrm{d}^n n}{\mathrm{d}x^n} + a_1 x^{n-1} \frac{\mathrm{d}^{n-1} y}{\mathrm{d}x^{n-1}} + \cdots + a_{n-1} x \frac{\mathrm{d}y}{\mathrm{d}x} + a_n y = f(x)$$

称为**欧拉方程**,其中 $a_0, a_1, \cdots, a_n$ 都是常数,$a_0 \neq 0$,$f(x)$ 是已知的连续函数.

通过变量变换法可将欧拉方程化为常系数线性方程. 今以二阶欧拉方程

$$a_0 x^2 \frac{\mathrm{d}^2 y}{\mathrm{d}x^2} + a_1 x \frac{\mathrm{d}y}{\mathrm{d}x} + a_2 y = f(x)$$

为例说明之.

引入新变量 t,当 $x > 0$ 时,命

$$x = \mathrm{e}^t,\ \text{即}\ t = \ln x,$$

(当 $x < 0$ 时,令 $x = -\mathrm{e}^t$),于是有

$$\frac{\mathrm{d}y}{\mathrm{d}x} = \frac{\mathrm{d}y}{\mathrm{d}t} \cdot \frac{\mathrm{d}t}{\mathrm{d}x} = \frac{1}{x} \cdot \frac{\mathrm{d}y}{\mathrm{d}t}$$

$$\frac{\mathrm{d}^2 y}{\mathrm{d}x^2} = \frac{\mathrm{d}}{\mathrm{d}x}\left(\frac{1}{x} \cdot \frac{\mathrm{d}y}{\mathrm{d}t}\right)$$

$$= \frac{1}{x} \cdot \frac{\mathrm{d}}{\mathrm{d}x}\left(\frac{\mathrm{d}y}{\mathrm{d}t}\right) + \frac{\mathrm{d}y}{\mathrm{d}t} \cdot \frac{\mathrm{d}}{\mathrm{d}x}\left(\frac{1}{x}\right)$$

$$= \frac{1}{x} \cdot \frac{\mathrm{d}}{\mathrm{d}t}\left(\frac{\mathrm{d}y}{\mathrm{d}t}\right) \cdot \frac{\mathrm{d}t}{\mathrm{d}x} - \frac{1}{x^2} \cdot \frac{\mathrm{d}y}{\mathrm{d}t}$$

$$= \frac{1}{x}\left(\frac{\mathrm{d}^2 y}{\mathrm{d}t^2} - \frac{\mathrm{d}y}{\mathrm{d}t}\right).$$

于是当 $x > 0 (x < 0)$ 时二阶欧拉方程化为

$$a_0\left(\frac{\mathrm{d}^2 y}{\mathrm{d}t^2} - \frac{\mathrm{d}y}{\mathrm{d}t}\right) + a_1 \frac{\mathrm{d}y}{\mathrm{d}t} + a_2 y = f(\mathrm{e}^t),$$

（相应地 $f(-\mathrm{e}^t)$）.

即

$$a_0 \frac{\mathrm{d}^2 y}{\mathrm{d}t^2} + (a_1 - a_0) \frac{\mathrm{d}y}{\mathrm{d}t} + a_2 y = f(\mathrm{e}^t), (相应地 f(-\mathrm{e}^t)).$$

这是 y 关于 t 的二阶常系数线性微分方程. 对于 n 阶欧拉方程的情况, 可作类似处理.

例 1 求 $x^2 \frac{\mathrm{d}^2 y}{\mathrm{d}x^2} + x \frac{\mathrm{d}y}{\mathrm{d}x} = 6\ln x - \frac{1}{x}$ 的通解.

解 令 $x = \mathrm{e}^t$, 则上式化为

$$\frac{\mathrm{d}^2 y}{\mathrm{d}t^2} = 6t - \mathrm{e}^{-t}.$$

连续积分两次, 求得其通解为

$$y = A + Bt + t^3 - \mathrm{e}^{-t}.$$

再回到变量 x, 即得到原方程的通解 $(x > 0)$

$$y = A + B\ln x + (\ln x)^3 - x^{-1},$$

其中 A 和 B 是任意常数.

应该指出, 对于一般的变系数线性方程, 不一定都能找到适当的变量变换将它化为常系数线性方程.

(二) 降阶.

考虑二阶齐次线性微分方程

$$\frac{\mathrm{d}^2 y}{\mathrm{d}x^2} + p(x) \frac{\mathrm{d}y}{\mathrm{d}x} + q(x) y = 0. \tag{2.39}$$

设已知它的一个非零解 y_1. 作变量变换, 引入新的未知函数 u, 令

$$y = y_1 u, \tag{2.40}$$

则有

$$y' = y_1 u' + y_1' u,$$
$$y'' = y_1 u'' + 2 y_1' u' + y_1'' u.$$

代入 (2.39), 得

$$y_1 u'' + [2 y_1' + p(x) y_1] u'$$
$$+ [y_1'' + p(x) y_1' + q(x) y_1] u = 0. \tag{2.41}$$

这是 u 关于 x 的二阶齐次线性方程, 各项系数是 x 的已知函数. 由

于 y_1 是 (2.39) 的解,故 $y_1'' + p(x)y_1' + q(x)y_1 \equiv 0$,因而 (2.41) 中 u 的系数为零. 因此再作变换,令

$$u' = z, \tag{2.42}$$

则方程降低了一阶,化为一阶齐次线性方程

$$y_1 \frac{\mathrm{d}z}{\mathrm{d}x} + [2y_1' + p(x)y_1]z = 0.$$

分离变量可求得它的通解

$$z = \frac{c_2}{y_1{}^2} \mathrm{e}^{-\int p(x)\mathrm{d}x}.$$

再代回原变量,由 (2.40) 和 (2.42),即得 (2.39) 的通解

$$y = y_1 \left[c_1 + c_2 \int \frac{1}{y_1{}^2} \mathrm{e}^{-\int p(x)\mathrm{d}x} \mathrm{d}x \right]. \tag{2.43}$$

此式称为二阶齐次线性方程 (2.39) 的解的**刘维尔 (Liouville) 公式**.

综上所述,对于二阶齐次线性方程,如果已知它的一个解 y_1,那么连续作两次变换 (2.40) 和 (2.42),就可将 (2.39) 降为 z 的一阶齐次线性方程,从而求得 (2.39) 的通解 (2.43). 此外要指出的是,用同样的变换 (2.40) 和 (2.42),也可以使非齐次线性方程降低一阶,其中 y_1 是对应的齐次方程的一个非零解. 这是因为所采用的变换并不影响方程的右端. 由上面的论证可见,使用这个方法的关键是事先要知道齐次方程的一个非零解. 至于如何能求得齐次方程的一个非零解,一般没有固定的原则可循.

例 2 已知 $y_1 = \dfrac{\sin x}{x}$ 是方程 $y'' + \dfrac{2}{x}y' + y = 0$ 的一个解,求这方程的通解.

解 按公式 (2.43),可得通解

$$y = y_1 \left[c_1 + c_2 \int \frac{1}{y_1^2} \mathrm{e}^{-\int \frac{2}{x}\mathrm{d}x} \mathrm{d}x \right]$$

$$= \frac{\sin x}{x} \left[c_1 + c_2 \int \frac{1}{\sin^2 x} \mathrm{d}x \right]$$

$$= \frac{\sin x}{x}[c_1 - c_2 \cot x]$$

$$= \frac{1}{x}(c_1 \sin x - c_2 \cos x).$$

以上讲的降阶法,可推广到高阶线性微分方程.但关键仍然是要事先知道齐次方程足够数量的解,而这是很困难的.此外,由于在使用此方法时,也只是逐次降阶,运算十分麻烦.所以,此法对高阶线性微分方程来说,实用性并不大.

（三）某些特殊的二阶变系数线性方程化成常系数线性方程求解.

在前段降阶法中,利用(2.39)的一个解 y_1,作变换(2.40) $y = y_1 u$,使变换后的(2.41)式左边第 3 项方括号 [ ] 中为零,从而达到降阶的目的.现在换一种思路,选取 y_1 使(2.41)式左边第 2 项 [ ] 中为零,而若第 3 项 [ ] 中恰为 y_1 的 a 倍(a 为常数),并且假设 $y_1 \neq 0$,那么约去此 y_1 之后,(2.41)成为 $u'' + au = 0$,从而成为容易求解的常系数线性齐次微分方程,达到求得原方程的通解的目的.

按照上述思路,有下述结果:

设 $p(x)$ 具有连续的一阶导数,$q(x)$ 连续,且满足 $2p'(x) + p^2(x) - 4q(x) = a$($a$ 为某常数),则微分方程

$$\frac{\mathrm{d}^2 y}{\mathrm{d}x^2} + p(x)\frac{\mathrm{d}y}{\mathrm{d}x} + q(x)y = 0 \tag{2.39}$$

可经变量变换 $y = uv$,适当选取函数 $v = v(x)$,使上述方程化为 u 关于 x 的二阶常系数线性微分方程而求解.

事实上,由 $y = uv$,有 $y' = u'v + uv'$,$y'' = u''v + 2u'v' + uv''$,代入原给方程,得

$$u''v + u'(2v' + pv) + u(v'' + pv' + qv) = 0.$$

取 v 使 $2v' + pv = 0$,例如取

$$v = \mathrm{e}^{-\int \frac{p}{2} \mathrm{d}x},$$

从而经计算有

$$u'' + pv' + qv = -\frac{1}{4}(2p' + p^2 - 4q)\mathrm{e}^{-\int \frac{p}{2}\mathrm{d}x} = -\frac{a}{4}\mathrm{e}^{-\int \frac{p}{2}\mathrm{d}x},$$

于是原方程化为

$$u'' - \frac{a}{4}u = 0.$$

这是二阶常系数线性齐次方程,容易求得它的通解,从而使得原给方程的通解.

例3 适当选取函数 $v(x)$,作变量变换 $y = v(x)u$,将 y 关于 x 的微分方程

$$4\frac{\mathrm{d}^2 y}{\mathrm{d}x^2} + 4x\frac{\mathrm{d}y}{\mathrm{d}x} + (x^2 + 1)y = 0$$

化为 u 关于 x 的二阶常系数线性微分方程 $\dfrac{\mathrm{d}^2 u}{\mathrm{d}x^2} + \lambda u = 0$,然后求原方程的通解.

解 将原给方程写成

$$\frac{\mathrm{d}^2 y}{\mathrm{d}x^2} + x\frac{\mathrm{d}y}{\mathrm{d}x} + \frac{1}{4}(x^2 + 1)y = 0$$

之后,与(2.38)对照,$p(x) = x$,$q(x) = \dfrac{1}{4}(x^2 + 1)$,$2p'(x) + p^2(x) - 4q(x) = 1$,即 $a = 1$. 由上面讨论知,命

$$y = u\mathrm{e}^{-\int \frac{p}{2}\mathrm{d}x} = u\mathrm{e}^{-\frac{x^2}{4}}$$

之后,原方程化为

$$u'' - \frac{1}{4}u = 0.$$

解得 $u = c_1 \mathrm{e}^{\frac{x}{2}} + c_2 \mathrm{e}^{-\frac{x}{2}}$,从而原方程的通解为 $y = \mathrm{e}^{-\frac{x^2}{4}}(c_1 \mathrm{e}^{\frac{x}{2}} + c_2 \mathrm{e}^{-\frac{x}{2}})$.

二、变动任意常数法

考虑非齐次线性方程.如果对应的齐次线性方程的通解已经求得,而求非齐次线性方程的解感到困难时,那么可用第一章 §3 中已初步介绍过的变动任意常数法来求非齐次线性方程的解.这个方法适用于一般变系数非齐次线性方程,只要方程中出现的系数和右端函数连续.需要强调的是,使用这个方法的关键是要先求得对应的齐次线性方程的通解.现在着重就二阶非齐次线性方程的情况介绍这个方法,对于 n 阶的情况亦类似.

考虑方程
$$y'' + p_1(x)y' + p_2(x)y = f(x). \tag{2.44}$$
设其对应的齐次方程的通解为
$$y = c_1 y_1(x) + c_2 y_2(x),$$
其中 c_1 和 c_2 是任意常数.再设想非齐次方程(2.44)具有形式为
$$y = u_1 y_1(x) + u_2 y_2(x) \tag{2.45}$$
的解,其中 u_1 和 u_2 是 2 个待定函数.(2.45)的实质是作变量变换,引入 2 个未知函数 u_1 和 u_2,将(2.45)及其一阶、二阶导数代入(2.43),就得到一个含有 2 个未知函数的方程.因此,我们可以另再添 1 个条件,以求出这 2 个未知函数.为此,将(2.45)求导,有
$$y' = [u_1 y_1'(x) + u_2 y_2'(x)]$$
$$+ [u_1' y_1(x) + u_2' y_2(x)].$$
命上式右边所有含 u_1' 项的和为零,即第二个方括号内为零:
$$u_1' y_1(x) + u_2' y_2(x) = 0, \tag{2.46}$$
则
$$y' = u_1 y_1'(x) + u_2 y_2'(x). \tag{2.47}$$
上式两边再对 x 求导数,有
$$y'' = [u_1 y_1''(x) + u_2 y_2''(x)]$$
$$+ [u_1' y_1'(x) + u_2' y_2'(x)]. \tag{2.48}$$

注意到 $y_1(x)$ 和 $y_2(x)$ 是 (2.44) 对应的齐次方程的解，所以将 (2.47) 和 (2.48) 代入原方程 (2.44) 后，便得

$$u_1'y_1'(x) + u_2'y_2'(x) = f(x).\qquad(2.49)$$

将 (2.49) 和 (2.46) 联立，即得到关于 u_1' 和 u_2' 线性代数方程组：

$$\begin{cases} u_1'y_1(x) + u_2'y_2(x) = 0, \\ u_1'y_1'(x) + u_2'y_2'(x) = f(x). \end{cases}$$

它的系数行列式恰好是 $y_1(x)$ 和 $y_2(x)$ 的朗斯基行列式 $w(x)$. 由定理 $2.3'$, $w(x) \neq 0$. 故由上述方程组，可求得唯一的 $u_1'(x)$，$u_2'(x)$，它们都是 x 的已知函数：

$$u_1' = -\frac{y_2(x)}{w(x)}f(x), \quad u_2' = \frac{y_1(x)}{w(x)}f(x).$$

于是可求出

$$u_1 = \int \frac{y_2(x)}{w(x)}f(x)\mathrm{d}x, \quad u_2 = \int \frac{y_1(x)}{w(x)}f(x)\mathrm{d}x.$$

将它们代入 (2.45)，就得到原方程 (2.44) 的一个解：

$$y^* = -y_1(x)\int \frac{y_2(x)}{w(x)}f(x)\mathrm{d}x + y_2(x)\int \frac{y_1(x)}{w(x)}f(x)\mathrm{d}x.$$

再加上对应的齐次方程的通解，就得到 (2.44) 的通解

$$y = y_1(x)\left(c_1 - \int \frac{y_2(x)}{w(x)}f(x)\mathrm{d}x\right) + y_2(x)\left(c_2 + \int \frac{y_1(x)}{w(x)}f(x)\mathrm{d}x\right).$$

有时，由于不知道 $f(x)$ 的具体表达式，而要讨论解的性质，可以用下面的变上限的定积分的形式：

$$y = c_1y_1(x) + c_2y_2(x) + \int_{x_0}^{x} \frac{\begin{vmatrix} y_1(\xi) & y_2(\xi) \\ y_1(x) & y_2(x) \end{vmatrix}}{\begin{vmatrix} y_1(\xi) & y_2(\xi) \\ y_1'(\xi) & y_2'(\xi) \end{vmatrix}}f(\xi)\mathrm{d}\xi$$

以上介绍的方法就叫做**变动任意常数法**. 由于我们已能求出常系数齐次线性方程的通解，所以用变动任意常数法求常系数非齐次线性方程的解是很方便的.

例4   求方程 $y'' + a^2 y = f(x)$ 的通解,其中 $f(x)$ 是定义在区间 (α, β) 内的连续函数.

解   对应齐次方程的通解为

$$y = c_1 \cos ax + c_2 \sin ax,$$

其中 c_1, c_2 为任意常数.用变动任意常数法,命

$$y = u_1 \cos ax + u_2 \sin ax,$$

则有 $y' = -a u_1 \sin ax + a u_2 \cos ax + u_1' \cos ax + u_2' \sin ax.$

再命 $u_1' \cos ax + u_2' \sin ax = 0,$

得 $y' = -a u_1 \sin ax + a u_2 \cos ax.$

对其求导数,得

$$y'' = -a^2 u_1 \cos ax - a^2 u_2 \sin ax - a u_1' \sin ax + a u_2' \cos ax.$$

代入原方程 $y'' + a^2 y = f(x)$,则有

$$-a u_1' \sin ax + a u_2' \cos ax = f(x).$$

将其与 $u_1' \cos ax + u_2' \sin ax = 0$ 联立,解得

$$u_1' = -\frac{1}{a} f(x) \sin ax, \quad u_2' = \frac{1}{a} f(x) \cos ax$$

取 $x_0 \in (\alpha, \beta)$,将 u_1 和 u_2 写成变上限的定积分形式:

$$u_1 = -\frac{1}{a} \int_{x_0}^{x} f(\xi) \sin a\xi \, \mathrm{d}\xi,$$

$$u_2 = \frac{1}{a} \int_{x_0}^{x} f(\xi) \cos a\xi \, \mathrm{d}\xi.$$

代入 $y = u_1 \cos ax + u_2 \sin ax$ 中,即得原方程的一个解

$$y^* = \frac{1}{a} \int_{x_0}^{x} f(\xi) \sin a(x - \xi) \, \mathrm{d}\xi.$$

故原方程的通解为

$$y = c_1 \cos ax + c_2 \sin ax + \frac{1}{a} \int_{x_0}^{x} f(\xi) \sin(x - \xi) \, \mathrm{d}\xi.$$

例5   用常数变易法求本章 §2 例11 的特解.

解   由已知 $y'' + py' + qy = 0$ 的通解为 $(c_1 + c_2 x)\mathrm{e}^x$,所以

$y_1(x) = \mathrm{e}^x$ 与 $y_2(x) = x\mathrm{e}^x$ 为该齐次方程的两个特解. $y'' + py' + qy = x$ 的自由项 $f(x) = x$. 代入例 4 前的常数变易法公式,先计算 $y_1(x)$ 与 $y_2(x)$ 的朗斯基行列式,得

$$w(x) = \begin{vmatrix} y_1(x) & y_2(x) \\ y'_1(x) & y'_2(x) \end{vmatrix} = \begin{vmatrix} \mathrm{e}^x & x\mathrm{e}^x \\ \mathrm{e}^x & (1+x)\mathrm{e}^x \end{vmatrix} = \mathrm{e}^{2x}.$$

于是

$$y(x) = \mathrm{e}^x \left(c_1 - \int x\mathrm{e}^x \cdot x\mathrm{e}^{-2x} \mathrm{d}x \right) + x\mathrm{e}^x \left(c_2 + \int \mathrm{e}^x \cdot x\mathrm{e}^{-2x} \mathrm{d}x \right)$$

$$= (c_1 + c_2 x)\mathrm{e}^x + x + 2.$$

再由初值条件 $y(0) = 2, y'(0) = 0$ 得特解 $y = -x\mathrm{e}^x + x + 2$.

三、幂级数解法

在一定条件下,可用幂级数法求解微分方程,这对于线性微分方程特别方便,先举例说明其解法如下.

例 6 解微分方程 $y'' + y = 0$.

解 我们设想方程的解可以展开成幂级数:

$$y = a_0 + a_1 x + a_2 x^2 + a_3 x^3 + \cdots + a_n x^n + \cdots, \quad (2.50)$$

则

$$y' = a_1 + 2a_2 x + 3a_3 x^2 + 4a_4 x^3 + \cdots$$
$$+ (n+1)a_{n+1} x^n + \cdots$$

$$y'' = 2 \cdot 1 a_2 + 3 \cdot 2 a_3 x + 4 \cdot 3 a_4 x^2 + 5 \cdot 4 a_5 x^3 + \cdots$$
$$+ (n+2)(n+1)a_{n+2} x^n + \cdots. \quad (2.51)$$

将 (2.50) 与 (2.51) 代入所给方程,并逐项相加,得

$$(2 \cdot 1 a_2 + a_0) + (3 \cdot 2 a_3 + a_1)x + (4 \cdot 3 a_4 + a_2)x^2 + \cdots$$
$$+ [(n+2)(n+1)a_{n+2} + a_n]x^n + \cdots = 0.$$

根据假设 (2.50) 是方程的解,上式应为恒等式.但上式右方为零,故左方 x 各次幂的系数都应等于零.于是

$$\begin{array}{c|l}
x^0 & 2 \cdot 1 a_2 + a_0 = 0, \\
x^1 & 3 \cdot 2 a_3 + a_1 = 0, \\
x^2 & 4 \cdot 3 a_4 + a_2 = 0, \\
\cdots & \cdots \\
x^n & (n+2)(n+1)a_{n+2} + a_n = 0, \\
\cdots & \cdots
\end{array}$$

由此得

$$a_2 = \frac{-1}{2 \cdot 1} a_0 = \frac{-1}{2!} a_0,$$

$$a_3 = \frac{-1}{3 \cdot 2} a_1 = \frac{-1}{3!} a_1,$$

$$a_4 = \frac{-1}{4 \cdot 3} a_2 = \frac{(-1)^2}{4!} a_0,$$

$$a_5 = \frac{-1}{5 \cdot 4} a_3 = \frac{(-1)^2}{5!} a_1,$$

$$a_6 = \frac{-1}{6 \cdot 5} a_4 = \frac{(-1)^3}{6!} a_0,$$

$$a_7 = \frac{-1}{7 \cdot 6} a_5 = \frac{(-1)^3}{7!} a_1,$$

$$\cdots$$

将这些系数代入(2.50)式得

$$y = a_0 \left(1 - \frac{1}{2!} x^2 + \frac{1}{4!} x^4 - \frac{1}{6!} x^6 + \cdots \right)$$

$$+ a_1 \left(x - \frac{1}{3!} x^3 + \frac{1}{5!} x^5 - \frac{1}{7!} x^7 + \cdots \right). \quad (2.52)$$

其中 a_0, a_1 为任意常数,这就是方程 $y'' + y = 0$ 的通解.

由高等数学知,(2.52)中 a_0 和 a_1 后面的级数分别就是 $\cos x$ 与 $\sin x$ 的麦克劳林(Maclaurin)级数,从而方程的通解为

$$x = a_0 \cos x + a_1 \sin x, \quad (a_0, a_1 \text{ 是任意常数}).$$

这与从前得到的通解形式完全一样.

我们再举一个不能用以前的方法求解,但可用幂级数方法求

解的例子.

例 7 解微分方程 $y'' + xy' + y = 0$.

解 设方程有幂级数解

$$y = a_0 + a_1 x + a_2 x^2 + a_3 x^3 + \cdots + a_n x^n + \cdots, \quad (2.53)$$

则

$$y' = a_1 + 2a_2 x + 3a_3 x^2 \cdots + na_n x^{n-1} + \cdots,$$

$$y'' = 2 \cdot 1 a_2 + 3 \cdot 2 a_3 x + 4 \cdot 3 a_4 x^2 + 5 \cdot 4 a_5 x^3 + \cdots$$

$$+ (n+2)(n+1) a_{n+2} x^n + \cdots.$$

将上述三式代入所给方程,并逐项相加得

$$(2 \cdot 1 a_2 + a_0) + (3 \cdot 2 a_3 + 2a_1) x$$

$$+ (4 \cdot 3 a_4 + 3a_2) x^2 + (5 \cdot 4 a_5 + 4a_3) x^3$$

$$+ \cdots + [(n+2)(n+1) a_{n+2} + a_n] x^n + \cdots = 0.$$

因为各次幂系数都应等于零,即

$$
\begin{array}{l|l}
x^0 & 2a_2 + a_0 = 0, \\
x^1 & 3 \cdot 2 a_3 + 2a_1 = 0, \\
x^2 & 4 \cdot 3 a_4 + 3a_2 = 0, \\
x^3 & 5 \cdot 4 a_5 + 4a_3 = 0, \\
\cdots & \cdots \\
x^n & (n+2)(n+1) a_{n+2} + a_n = 0, \\
\cdots & \cdots
\end{array}
$$

由此得

$$a_2 = -\frac{1}{2} a_0,$$

$$a_3 = -\frac{1}{3} a_1,$$

$$a_4 = -\frac{1}{4} a_2 = \frac{(-1)^2}{4 \cdot 2} a_0,$$

$$a_5 = -\frac{1}{5} a_3 = \frac{(-1)^2}{5 \cdot 3} a_1,$$

$$a_6 = -\frac{1}{6}a_4 = \frac{(-1)^3}{6 \cdot 4 \cdot 2}a_0,$$

$$a_7 = -\frac{1}{7}a_5 = \frac{(-1)^3}{7 \cdot 5 \cdot 3}a_1,$$

……

将它们代入(2.53),即得

$$y = a_0\left(1 - \frac{1}{2}x^2 + \frac{1}{2 \cdot 4}x^4 - \frac{1}{2 \cdot 4 \cdot 6}x^6 + \cdots\right)$$
$$+ a_1\left(x - \frac{1}{3}x^3 + \frac{1}{3 \cdot 5}x^5 - \frac{1}{3 \cdot 5 \cdot 7}x^7 + \cdots\right).$$

其中 a_0, a_1 为任意常数.易见,上式右端 a_0 和 a_1 后面的两个级数在 $|x| < \infty$ 内收敛,它们分别都是方程的解.上述级数是方程的通解.

一般说来,用幂级数解二阶齐次线性微分方程,有下述定理:

定理 2.10 设微分方程

$$y'' + p(x)y' + q(x)y = 0 \qquad\qquad (2.39)$$

中的 $p(x)$ 和 $q(x)$ 在 $|x| < R$ 内都可以展开成收敛的 x 的幂级数:

$$p(x) = \sum_{n=0}^{\infty} p_n x^n, \qquad q(x) = \sum_{n=0}^{\infty} q_n x^n.$$

则方程(2.39)的解在 $|x| < R$ 内也可以展开成收敛的 x 的幂数:

$$y = \sum_{n=0}^{\infty} a_n x^n, \qquad\qquad (2.54)$$

且此幂级数的系数 $a_n (n = 0, 1, \cdots)$ 可由待定系数法求得.特别,如果 $p(x)$ 和 $q(x)$ 都是多项式,那么上述的 $R = \infty$.证略.

但是有些方程,例如 γ 阶贝塞尔(Bessel)方程

$$x^2 y'' + xy' + (x^2 - \gamma^2)y = 0, \qquad (\gamma \geqslant 0) \qquad (2.55)$$

(其中 γ 是实常数),却不满足定理 2.10 的条件,因而不能肯定有形如(2.54)的解.对于这类情形,有下述定理:

定理 2.11 设微分方程

$$x^2 y'' + p(x)y' + q(x)y = 0 \qquad (2.56)$$

中 $p(x)$ 和 $q(x)$ 在 $|x| < R$ 内可展成收敛的 x 的幂级,且 $p(0) = 0$,则该方程于 $0 < |x| < R$ 内存在收敛的广义幂级数解:

$$y = x^c \sum_{k=0}^{\infty} a_k x^k, \qquad (2.57)$$

其中 $a_0 \neq 0$,c 是常数. 此广义幂级数解可用待定系数法求得(证略).

考虑方程(2.55),它满足定理 2.11 的条件,且 $R = \infty$,故 (2.55) 于 $0 < |x| < \infty$ 内存在收敛的广义幂级数解. 设这个广义幂级数解为

$$y = x^c \sum_{k=0}^{\infty} x^k = \sum_{k=0}^{\infty} a_k x^{k+c}, \qquad (2.58)$$

求出 y' 和 y'' 并代入(2.55),整理得

$$(c^2 - \gamma^2)a_0 x^c + [(c+1)^2 - \gamma^2]a_1 x^{x+1}$$

$$+ \sum_{k=2}^{\infty} \{[(c+k)^2 - \gamma^2]a_k + a_{k-2}\}x^{c+k} = 0.$$

依假定,上式应为恒等式,故 x 的各次幂的系数均应等于零,从而得到下列各式

$$a_0(c^2 - \gamma^2) = 0, \qquad (2.59)$$

$$a_1[(c+1)^2 - \gamma^2] = 0, \qquad (2.60)$$

$$[(c+k)^2 - \gamma^2]a_k + a_{k-2} = 0 \quad (k = 2, 3, \cdots). \quad (2.61)$$

因为 $a_0 \neq 0$,故由(2.59)得 $c = \pm \gamma$.

1. 先取 $c = \gamma$,于是由(2.60)得 $a_1 = 0$. 又由(2.61)得

$$a_k = -\frac{a_{k-2}}{k(2\gamma + k)} \quad (k = 2, 3, \cdots).$$

从而知道

$$a_{2m-1} = 0 \quad (m = 1, 2, \cdots).$$

而 $a_{2m}(m=1,2\cdots)$ 都可以用 a_0 来表示,即

$$a_2 = -\frac{a_0}{2(2\gamma+2)} = -\frac{a_0}{2\cdot 2(\gamma+1)},$$

$$a_4 = -\frac{a_2}{4(2\gamma+2)} = (-1)^2 \frac{a_0}{2\cdot 4\cdot 2^2(\gamma+1)(\gamma+2)}$$

$\cdots$

$$a_{2m} = (-1)^m \frac{a_0}{2\cdot 4\cdots\cdot 2m\cdot 2^m(\gamma+1)(\gamma+2)\cdots(\gamma+m)}$$

$$= (-1)^m \frac{a_0}{2^{2m}m!\,(\gamma+1)(\gamma+2)\cdots(\gamma+m)},$$

将这些系数代入(2.58),得到(2.55)的一个解

$$y = \sum_{m=0}^{\infty}(-1)^m \frac{a_0 x^{\gamma+2m}}{2^{2m}m!\,(\gamma+1)(\gamma+2)\cdots(\gamma+m)},$$

其中 a_0 为任意常数. 通常取

$$a_0 = \frac{1}{2^\gamma \Gamma(\gamma+1)}.$$

这样所得到的解,称为 γ 阶**第一类贝塞尔函数**,记作

$$J_\gamma(x) = \sum_{m=0}^{\infty} \frac{(-1)^m x^{\gamma+2m}}{2^{2m}m!\,[2^\gamma\Gamma(\gamma+1)](\gamma+1)(\gamma+2)\cdots(\gamma+m)}$$

或

$$J_\gamma(x) = \sum_{m=0}^{\infty}(-1)^m \frac{x^{\gamma+2m}}{2^{\gamma+2m}m!\,\Gamma(\gamma+m+1)}.$$

2. 再取 $c=-\gamma$,当 $\gamma \neq$ 整数时,经过详细讨论,可得到(2.55)的另一个解,我们用 $J_{-\gamma}(x)$ 来表示,则

$$J_{-\gamma}(x) = \sum_{m=0}^{\infty}(-1)^m \frac{x^{-\gamma+2m}}{2^{-\gamma+2m}m!\,\Gamma(-\gamma+m+1)},$$

称它为 $-\gamma$ 阶**第一类贝塞尔函数**.

$J_\gamma(x)$ 与 $J_{-\gamma}(x)$ 都是广义幂级数. 因为方次不同,故它们线性无关. 于是当 $\gamma \neq$ 整数时得(2.55)的通解

$$y = c_1 J_\gamma(x) + c_2 J_{-\gamma}(x),$$

其中 c_1 和 c_2 是两个任意常数.

当 $\gamma =$ 整数时,用上述方法只能得到 J_γ. 为了求出与 $J_\gamma(x)$ 线性无关的另一个解,取 $\alpha \neq \gamma$,但 $|\alpha - \gamma| < 1$. 则 $J_\alpha(x)$ 与 $J_{-\alpha}(x)$ 都有意义,并且函数

$$y_\alpha(x) = \frac{J_\alpha \cos\alpha\pi - J_{-\alpha}(x)}{\sin\alpha\pi}$$

也有意义(因 $\alpha \neq$ 整数,$\sin\alpha\pi \neq 0$),它是微分方程

$$x^2 y'' + x y' + (x^2 - \alpha^2)y = 0$$

的解. 命

$$Y_\gamma(x) = \lim_{\alpha \to \gamma} y_\alpha(x) = \lim_{\alpha \to \gamma} \frac{J_\alpha \cos\alpha\pi - J_{-\alpha}(x)}{\sin\alpha\pi},$$

可以证明,它是 γ 阶贝塞尔方程(2.55)的解,且与 γ 阶第一类贝塞尔函数 $J_\gamma(x)$ 线性无关. 称 $Y_\gamma(x)$ 为 γ 阶第二类贝塞尔函数. 于是可得方程(2.55)的通解

$$y = c_1 J_\gamma(x) + c_2 Y_\gamma(x).$$

贝塞尔函数是工程技术中很有用的一种特殊函数,有专门的书研究,这里就不再赘述.

习　　题

1. 证明:设函数 $f_1(x), f_2(x), \cdots, f_m(x)$ 在区间 (a,b) 内线性无关,则这些函数中的部分函数在区间 (a,b) 内也线性无关. 换句话说,如果函数 $f_1(x), f_2(x), \cdots, f_k(x)$ 在区间 (a,b) 内线性相关,则添上一些函数也线性相关.

2. 证明:设函数 $f_1(x), \cdots, f_k(x)$ 在 (a,b) 内线性无关,则由这些函数构造出的 k 个新的函数

$$g_i(x) = \sum_{j=1}^{k} a_{ij} f_j(x) \qquad (i = 1, \cdots, k),$$

在(a,b)内也线性无关的充分必要条件是行列式

$$\begin{vmatrix} a_{11} & a_{12} & \cdots & a_{1k} \\ a_{21} & a_{22} & \cdots & a_{2k} \\ \vdots & \vdots & & \vdots \\ a_{k1} & a_{k2} & \cdots & a_{kk} \end{vmatrix} \neq 0$$

3. 证明:设函数 $f_1(x),\cdots,f_k(x),f_{k+1}(x),\cdots,f_{k+m}(x)$ 在(a,b) 内线性无关,并假定由其中的部分函数,例如 $f_1(x),\cdots,f_k(x)$,构造 k 个新的函数

$$g_i(x) = \sum_{j=1}^{k} a_{ij} f_j(x) \qquad (i = 1,\cdots,k)$$

在(a,b) 内线性无关,则以 $g_1(x),\cdots,g_k(x)$ 代替 $f_1(x),\cdots,f_k(x)$ 得到的 $k+m$ 个函数 $g_1(x),\cdots,g_k(x),f_{k+1}(x),\cdots,f_{k+m}(x)$ 在区间(a,b) 内也线性无关.

4. 设 $y_i(i=1,\cdots,n+1)$ 是 n 阶非齐次线性方程 $L[y]=f(x)$ 的 $n+1$ 个线性无关的解,试求对应的齐次线性方程 $L[y]=0$ 的基本解组;并求 $L[y]=f(x)$ 的通解.

5. 设 $y_i(x)(i=1,\cdots,n)$ 是齐次线性方程

$$y^{(n)} + p_1(x)y^{(n-1)} + p_2(x)y^{(n-2)} + \cdots + p_n(x)y = 0$$

的基本解组,其中 $p_i(x)(i=1,\cdots,n)$ 在区间(a,b) 内连续.$w(x)$ 是 $y_1(x),\cdots,y_n(x)$ 的朗斯基行列式. 试证明下述刘维尔公式成立:

$$w(x) = w(x_0)\exp\left[-\int_{x_0}^{x} p_1(\xi)\mathrm{d}\xi\right], \quad x_0,x \in (a,b).$$

其中 $\exp u = \mathrm{e}^u$.

求下列方程的通解或特解($6 \sim 17$):

6. $4y' - 3y = 0$.

7. $y'' - 4y' = 0$.

8. $y'' + 2y = 0$.

9. $y'' - 2y' + y = 0$.

10. $y'' + 4y' + 13y = 0$.

11. $y'' - 5y' + 4y = 0$, $\quad y\mid_{x=0} = 5$, $\quad y'\mid_{x=0} = 8$.

12. $y''' - 2y'' - y' + 2y = 0$.

13. $y''' - y'' + y' - y = 0$.

14. $y^{(4)} + 2y'' + y = 0$.

15. $y^{(4)} + 4y''' + 8y'' + 8y' + 4y = 0$.

16. $y^{(4)} - 4y''' + 6y'' - 4y' + y = 0$.

17. $y^{(4)} - y = 0$, $\quad y(0) = 2$, $\quad y'(0) = -1$,
$\quad y''(0) = -2$, $\quad y'''(0) = 1$.

求下列方程的通解或特解（18 ~ 36）：

18. $y'' + y = a(a$ 是常数$), y(0) = 0, y'(0) = 0$.

19. $y'' + 5y' + 4y = 20e^x, y(0) = 0, y'(0) = -2$.

20. $y'' + y = xe^{-x}$.

21. $y'' + 6y' + 5y = -10x + 8$.

22. $y' + 4y = x^2$.

23. $y'' + 4y' + 1 = 0$.

24. $y'' + 2y' + y = 2e^{-x}$.

25. $y'' - 4y = e^{2x}$, $\quad y\mid_{x=0} = 1$, $\quad y'\mid_{x=0} = 2$.

26. $\dfrac{\mathrm{d}^2 x}{\mathrm{d}t^2} + x = \cos 2t$, $\quad x\mid_{t=0} = \dfrac{\mathrm{d}x}{\mathrm{d}t}\bigg|_{t=0} = -2$.

27. $\dfrac{\mathrm{d}^2 x}{\mathrm{d}t^2} + x = \sin at$, $\quad a > 0$.

28. $\dfrac{\mathrm{d}^2 y}{\mathrm{d}x^2} + 3\dfrac{\mathrm{d}y}{\mathrm{d}x} = 2\sin x + \cos x$.

29. $\dfrac{\mathrm{d}^2 x}{\mathrm{d}t^2} + 2k\dfrac{\mathrm{d}x}{\mathrm{d}t} + 2k^2 x = 5k^2 \sin kt$.

30. $2\dfrac{\mathrm{d}^2 y}{\mathrm{d}x^2} + 3\dfrac{\mathrm{d}y}{\mathrm{d}x} + y = 4 - e^x$.

31. $2y'' + 5y' = \cos^2 x$.

32. $y'' + y = \sin x \cos x$.

33. $y'' - 2y' + 2y = \mathrm{e}^{-x} \cos x$.

34. $y'' + 4y = x \sin 2x$.

35. $y''' - y'' - 4y' + 4y = x^2 + 3$.

36. $y^{(4)} + 2y'' + y = x$.

37. 设 c_1 与 c_2 为任意常数, $y = (c_1 + x)\mathrm{e}^x + c_2 \mathrm{e}^{-2x}$ 是微分方程 $y'' + ay' + by = g\mathrm{e}^{cx}$ 的通解, 则常数 a, b, c, g 分别等于 _____.

38. 设 $y = x \sin x$ 为 $y'' + by' + cy = A\cos x + B\sin x$ 的一个解, 则常数 b, c, A, B 分别等于 _____.

39. 设 $y = x^2 \mathrm{e}^x$ 为 $y'' + by' + cy = A\mathrm{e}^x$ 的一个解, 则常数 b, c, A 分别等于 _____.

40. 设 $y = \mathrm{e}^{2x} + (1+x)\mathrm{e}^x$ 是 $y'' + \alpha y' + \beta y = \gamma \mathrm{e}^x$ 的一个解, 则常数 α, β, γ 分别等于 _____.

41. 求一个首项系数为 1 的阶数尽可能低的常系数线性齐次微分方程, 使得函数 $y_1 = 2x\mathrm{e}^x$ 与 $y_2 = 3\sin 2x$ 是它的解.

42. 设 $f(x)$ 具有二阶连续导数, $f(1) = 0$, $f'(1) = 0$, 并设 $x > 0$ 时
$$(3x^3 - 2f(x))y\mathrm{d}x - (x^2 f'(x) + \sin y)\mathrm{d}y = 0$$
为全微分方程, 求 $f(x)$ 并求上述全微分方程的通解.

43. 求 $y'' - y = \mathrm{e}^{|x|}$ 的通解.

44. 设 $p(x), q(x), f(x)$ 为连续函数, 且 $f(x) \not\equiv 0$, $y_1(x)$, $y_2(x)$ 与 $y_3(x)$ 为
$$y'' + p(x)y' + q(x)y = f(x) \qquad\qquad (E)$$
的 3 个解, (E) 对应的齐次方程记为 (E_0), 并设 a, b, c 为 3 个常数, $y(x) = ay_1(x) + by_2(x) + cy_3(x)$.

(1) 试证明 $y(x)$ 为 (E) 的解的充要条件是 $a + b + c = 1$; $y(x)$

为 (E_0) 的解的充要条件是 $a+b+c=0$.

（2）如果增设 $y_1(x),y_2(x),y_3(x)$ 线性无关,a,b,c 中两个为任意常数,试证明 $y(x)$ 为 (E) 的通解的充要条件是 $a+b+c=1$；$y(x)$ 为 (E_0) 的通解的充要条件是 $a+b+c=0$.

45. 一匀质链条挂在一个无摩擦的钉子上,运动开始时,链条的一边下垂 8 米,另一边下垂 10 米,整个链条滑过钉子要多少时间？

46. 重量为 P 牛顿的列车沿水平轨道作直线运动,当速度不大时列车受到的阻力 $R=(a+bv)P$ 牛顿,其中 a,b 是常数,v 是列车速度. 设机车的牵引力是 F 牛顿. 当 $t=0$ 时,$s=0(s$ 为走过的路程$),v=0$. 求火车的运动方程.

47. 一电阻 $R=250$ 欧,电感 $L=1$ 亨,电容 $C=10^{-4}$ 法的串联电路,外加直流电压 $E=100$ 伏,当时间 $t=0$ 时,电流 $i=0,\dfrac{\mathrm{d}i}{\mathrm{d}t}=100$ 安／秒,求电路中电流与时间的函数关系.

求下列方程的通解（48～50）：

48. $x^2 y''+3xy'+y=0$.

49. $x^2 y''-2xy'+2y=x\ln x$.

50. $x^3 y'''-3x^2 y''+6xy'-6y=0$.

51. 适当选取函数 $v(x)$,作变量变换 $y=v(x)u$,将 y 关于 x 的微分方程 $y''+\dfrac{2}{x}y'+y=0$ 化为 u 关于 x 的微分方程 $u''+\lambda u=0$,求出常数 λ 及原方程的通解.

52. 适当选取函数 $v(x)$,作变量变换 $y=v(x)u$,将 y 关于 x 的微分方程 $y''+y'x^{\frac{1}{2}}+\dfrac{1}{4}(x^{-\frac{1}{2}}+x-36)y=x\mathrm{e}^{-\frac{1}{3}x^{\frac{3}{2}}}$ 化为 u 关于 x 的形如 $u''+\lambda u=f(x)$ 的微分方程,求出常数 λ,函数 $f(x)$ 及原方程的通解.

53. 设 $r = \sqrt{x^2 + y^2 + z^2} > 0, f(r)$ 具有二阶导数,且满足 $\dfrac{\partial^2 f}{\partial x^2} + \dfrac{\partial^2 f}{\partial y^2} + \dfrac{\partial^2 f}{\partial z^2} = 0$. 求 $f(r)$. (2006 年考研(数学二)考过本题的二维情形).

54. 设 $z = f(r)(r > 0)$ 具有二阶连续导数,又设 $z = f(\sqrt{x^2 + y^2})$ 满足

$$\frac{\partial^2 z}{\partial x^2} + \frac{\partial^2 z}{\partial y^2} - \frac{1}{x}\frac{\partial z}{\partial x} - z = x^2 + y^2,$$

求 $z = f(r)$.

55. 设 $f(x)$ 连续,且满足 $f(x) = e^x + \displaystyle\int_0^x tf(x-t)\,\mathrm{d}t$,求 $f(x)$.

已知下列方程对应的齐次线性方程的一个解 y_1,求该方程的通解($56 \sim 57$):

56. $(1 - x^2)y''' - xy'' + y' = 0$, 已知 $y_1 = x^2$.

57. $(1 - x^2)y'' + 2xy' - 2y = -2$, 已知 $y_1 = x$.

58. 证明:$y'' + 2y' + y = \dfrac{1}{e^x + 1}$ 的任意一个解 $y(x)$ 都有 $\displaystyle\lim_{x \to +\infty} y(x) = 0$.

求下列方程的通解($59 \sim 62$):

59. $y'' - 2y' + y = \dfrac{e^x}{x}$.

60. $y'' + y = 2\sec^3 x$.

61. $y''' + 4y' = 4\cot 2x$.

62. $y'' + 3y' + 2y = \dfrac{1}{e^x + 1}$.

63. 用幂级数解法求 $y'' + 4xy = 0$ 的通解.

64. 用广义幂级数法求 $4xy'' + 2y' + y = 0$ 的通解.

65. 用幂级数解法求 $(1 - x^2)y'' - xy' + \dfrac{1}{9}y = 0$ 满足 $y(0) =$

$\sqrt{3}/2, y'(0) = 1/6$ 的解.

66. 对于什么样的常数 p 和 q，方程 $\dfrac{\mathrm{d}^2 x}{\mathrm{d}t^2} + p\dfrac{\mathrm{d}x}{\mathrm{d}t} + qx = 0$ 的所有解当 $t \to +\infty$ 时都趋于零？

67. 给定方程 $\dfrac{\mathrm{d}^2 x}{\mathrm{d}t^2} + p\dfrac{\mathrm{d}x}{\mathrm{d}t} + qx = f(t)$，其中常数 $p > 0, q > 0$，函数 $f(t)$ 在 $0 \leqslant t < +\infty$ 上连续. 试证明：(1) 如果 $f(t)$ 在 $0 \leqslant t < +\infty$ 上有界，则上述方程的每一个解在 $0 \leqslant t < +\infty$ 上也有界；(2) 如果当 $t \to +\infty$ 时 $f(t) \to 0$，则上述方程的每一个解当 $t \to +\infty$ 时都趋于零.

第 3 章　　线性微分方程组

§1　微分方程组与线性微分方程组

一、微分方程组的一般概念

现在我们来讨论含有 n 个未知函数 $x_1,\cdots,x_n$ 的 n 个一阶方程构成的一阶微分方程组,并设已解出一阶导数 $\dfrac{\mathrm{d}x_1}{\mathrm{d}t},\cdots,\dfrac{\mathrm{d}x_n}{\mathrm{d}t}$. 这样,所讨论的微分方程组可写为

$$\frac{\mathrm{d}x_i}{\mathrm{d}t}=f_i(t,x_1,\cdots,x_n) \quad (i=1,\cdots,n). \tag{3.1}$$

其中 $f_i(i=1,\cdots,n)$ 是定义在 $n+1$ 维空间 $(t,x_1,\cdots,x_n)$ 的某区域 D 内的函数,t 是自变量. 我们称(3.1)为**一阶微分方程组的标准形式**.

若在区间 (α,β) 内定义的 n 个连续可微函数 $x_1(t),x_2(t),\cdots,x_n(t)$ 能使在该区间内

$$\frac{\mathrm{d}x_i(t)}{\mathrm{d}t}\equiv f_i(t,x_1(t),\cdots,x_n(t)) \quad (i=1,2,\cdots,n),$$

则称函数组 $x_1(t),\cdots,x_n(t)$ 为方程组(3.1)在区间 (α,β) 内的一个解. 有时省去"区间 (α,β)".

在任意一个已解出最高导数的 n 阶微分方程

$$\frac{\mathrm{d}^n x}{\mathrm{d}t^n}=f(t,x,\frac{\mathrm{d}x}{\mathrm{d}t},\cdots,\frac{\mathrm{d}^{n-1}x}{\mathrm{d}t^{n-1}}) \tag{3.2}$$

中,如果命

$$x = x_1, \frac{\mathrm{d}x_1}{\mathrm{d}t} = x_2, \cdots, \frac{\mathrm{d}x_{n-1}}{\mathrm{d}t} = x_n, \qquad (3.3)$$

则(3.2)可化为由 n 个未知函数 $x_1, x_2, \cdots, x_n$ 的 n 个方程所构成的一阶方程组

$$\begin{cases} \dfrac{\mathrm{d}x_1}{\mathrm{d}t} = x_2, \\[1mm] \dfrac{\mathrm{d}x_2}{\mathrm{d}t} = x_3, \\[1mm] \cdots \\[1mm] \dfrac{\mathrm{d}x_{n-1}}{\mathrm{d}t} = x_n, \\[1mm] \dfrac{\mathrm{d}x_n}{\mathrm{d}t} = f(t, x_1, \cdots, x_n). \end{cases} \qquad (3.4)$$

如果 $x_i(t)(i=1,\cdots,n)$ 是上述方程组的解,则显然 $x = x_1(t)$ 是(3.2)的解;反之,如果 $x = x(t)$ 是(3.2)的解,则通过(3.3),可以求得 $x_1(t), x_2(t), \cdots, x_n(t)$ 是(3.4)的解.这说明方程(3.2)与方程组(3.4)具有等价性.同理易知,对于由已解出一切未知函数的最高阶导数的方程所构成的方程组,可以用上述方法构成一阶微分方程组的标准形式(3.1).由此可见,讨论一阶微分方程组的标准形式(3.1)具有普遍的意义.

方程组(3.1)的**初值条件**是

$$x_1(t_0) = x_{10}, \cdots, x_n(t_0) = x_{n0}, \qquad (3.5)$$

其中 t_0 是自变量 t 的某一个指定的初值,$x_{10}, x_{20}, \cdots, x_{n0}$ 是未知函数 $x_1, x_2, \cdots, x_n$ 相应的初值,$(t_0, x_{10}, \cdots, x_{n0}) \in D$.

求满足方程组(3.1)及初值条件(3.5)的解的问题称为**一阶方程组的初值问题**.关于这个初值问题解的存在唯一性定理的叙述和证明见附录定理 A.

设

$$x_i = \varphi_i(t, c_1, \cdots, c_n) \quad (i = 1, \cdots, n) \qquad (3.6)$$

是方程组(3.1)的含 n 个任意常数 $c_1,\cdots,c_n$ 的解. 若对于区域 D 内任意给定的一点 $(t_0,x_{10},\cdots,x_{n0})$, 总能确定 $c_1,\cdots,c_n$ 的值, 使得对应的解(3.6)满足初值条件

$$\varphi_i(t_0,c_1,\cdots,c_n)=x_{i0} \quad (i=1,\cdots,n),$$

则称(3.6)为方程组(3.1)在区域 D 内的**通解**.

如果由函数方程组

$$\Phi_i(t,x_1,\cdots,x_n;c_1,\cdots,c_n)=0 \quad (i=1,\cdots,n) \tag{3.7}$$

所确定的隐函数

$$x_i=\varphi_i(t,c_1,\cdots,c_n) \quad (i=1,\cdots,n)$$

是(3.1)的通解, 则称(3.7)是(3.1)的**通积分**.

下面开始转入线性方程组的讨论.

二、线性方程组的一般概念

如果微分方程组(3.1)中的每一个函数 $f_i(t,x_1,\cdots,x_n)(i=1,\cdots,n)$ 都是变量 $x_1,\cdots,x_n$ 的线性函数, 则称这种微分方程组为**线性微分方程组**, 简称线性方程组. **线性方程组的标准形式**是

$$\frac{\mathrm{d}x_i}{\mathrm{d}t}=\sum_{j=1}^{n}a_{ij}(t)x_j+f_i(t),(i=1,\cdots,n) \tag{3.8}$$

其中 $a_{ij}(t)$ 和 $f_i(t)(i,j=1,\cdots,n)$ 是 $t\in(a,b)$ 的已知函数.

前面讲过, 已解出最高阶导数的 n 阶方程可化为一阶方程组. 作为特例, 对于 n 阶线性方程

$$\frac{\mathrm{d}^n x}{\mathrm{d}t^n}+p_1(t)\frac{\mathrm{d}^{n-1}x}{\mathrm{d}t^{n-1}}+\cdots+p_{n-1}(x)\frac{\mathrm{d}x}{\mathrm{d}t}+p_n(t)x$$
$$=f(t), \tag{3.9}$$

引入 n 个新的函数

$$x=x_1,\frac{\mathrm{d}x_1}{\mathrm{d}t}=x_2,\cdots,\frac{\mathrm{d}x_{n-1}}{\mathrm{d}t}=x_n \tag{3.3}$$

之后, 可将它化为形如(3.8)的含 n 个未知函数的线性方程组

$$\begin{cases} \dfrac{\mathrm{d}x_1}{\mathrm{d}t} = x_2\,, \\[2mm] \dfrac{\mathrm{d}x_2}{\mathrm{d}t} = x_3\,, \\[2mm] \cdots \\[2mm] \dfrac{\mathrm{d}x_{n-1}}{\mathrm{d}t} = x_n\,, \\[2mm] \dfrac{\mathrm{d}x_n}{\mathrm{d}t} = -p_n(t)x_1 - p_{n-1}(t)x_2 - \cdots - p_1(t)x_n + f(t). \end{cases}$$

$$(3.9)'$$

下面即将看到,线性微分方程组与线性代数之间有着密切的联系,而线性代数已有一系列完整的理论,从而也使得线性微分方程组的理论和具体解法,解决得比较完善.

为了书写简单和运算方便,以下采用矩阵和向量的记号.

记

$$\boldsymbol{x} = \begin{pmatrix} x_1 \\ \vdots \\ x_n \end{pmatrix}, \quad \frac{\mathrm{d}\boldsymbol{x}}{\mathrm{d}t} = \begin{pmatrix} \dfrac{\mathrm{d}x_1}{\mathrm{d}t} \\ \vdots \\ \dfrac{\mathrm{d}x_n}{\mathrm{d}t} \end{pmatrix}, \quad \boldsymbol{f}(t) = \begin{pmatrix} f_1(t) \\ \vdots \\ f_n(t) \end{pmatrix},$$

$$\boldsymbol{A}(t) = \begin{pmatrix} a_{11}(t) & \cdots & a_{1n}(t) \\ \vdots & & \vdots \\ a_{n1}(t) & \cdots & a_{nn}(t) \end{pmatrix},$$

则(3.8)可写为

$$\frac{\mathrm{d}\boldsymbol{x}}{\mathrm{d}t} = \boldsymbol{A}(x)\boldsymbol{x} + \boldsymbol{f}(t). \tag{3.8}$$

若 $\boldsymbol{f}(t) \not\equiv \boldsymbol{0}$,则称(3.8)为非齐次线性方程组. 方程组

$$\frac{\mathrm{d}\boldsymbol{x}}{\mathrm{d}t} = \boldsymbol{A}(t)\boldsymbol{x} \tag{3.10}$$

称为**齐次线性方程组**. 对于同一个 $\boldsymbol{A}(t)$,称(3.10)为(3.8)对应的

齐次线性方程组.线性方程组(3.8)的解 $\boldsymbol{x}(t)$,是一个**向量函数**

$$\boldsymbol{x}(t) = \begin{bmatrix} x_1(t) \\ \vdots \\ x_n(t) \end{bmatrix}.$$

在本书中,除特别说明外,向量都是 n 维向量,矩阵都是 $n \times n$ 矩阵.

§2 线性微分方程组解的一般理论

关于(3.8),有下述初值问题解的存在唯一性定理.

定理 3.1 设 $\boldsymbol{A}(t)$ 和 $\boldsymbol{f}(t)$ 在区间 (a,b) 内连续,即它们各自对应的每一个元素 $a_{ij}(t)$ 和 $f_i(t)$ 都在区间 (a,b) 内连续,则初值问题

$$\frac{\mathrm{d}\boldsymbol{x}}{\mathrm{d}t} = \boldsymbol{A}(t)\boldsymbol{x} + \boldsymbol{f}(t). \tag{3.8}$$

$$\boldsymbol{x}(t_0) = \boldsymbol{x}_0, \quad t_0 \in (a,b).$$

在区间 (a,b) 内存在唯一的解 $\boldsymbol{x} = \boldsymbol{x}(t)$.

显然,此解在 (a,b) 内连续,且有连续的一阶导数.

定理 3.1 的证明与附录中定理 A 的证明类似,只是解的存在区间与 $\boldsymbol{A}(t)$ 和 $\boldsymbol{f}(t)$ 连续的区间 (a,b) 一致,并未缩小.以后的讨论,如无另外说明,就认为是在满足定理 3.1 的条件下进行的.

关于线性方程组,有一系列与线性方程相平行的定理.从现在开始,我们将逐一介绍.

定理 3.1 的推论 设 $\boldsymbol{A}(t)$ 在 (a,b) 内连续,则初值问题

$$\frac{\mathrm{d}\boldsymbol{x}}{\mathrm{d}t} = \boldsymbol{A}(t)\boldsymbol{x}, \tag{3.10}$$

$$\boldsymbol{x}(t_0) = \boldsymbol{0}, \quad t_0 \in (a,b) \tag{3.11}$$

的唯一解是 $\boldsymbol{x}(t) \equiv \boldsymbol{0}$,并称这种解为**零解**或**平凡解**.

（证明与定理 2.1 的推论一样，故略）

以下分齐次和非齐次两种情形来研究.

一、齐次线性微分方程组的通解结构

现在讨论齐次线性方程组（3.10）的通解结构. 首先有下述定理.

定理 3.2　设 $x_1(t),\cdots,x_m(t)$ 是（3.10）的 m 个解，$c_1,\cdots,c_m$ 是 m 个常数，则

$$x = c_1 x_1(t) + \cdots + c_m x_m(t) \tag{3.12}$$

也是（3.10）的解.

证明　将（3.10）移至等号一边，并将（3.12）代入，有

$$\frac{\mathrm{d}}{\mathrm{d}t} \sum_{i=1}^{m} c_i x_i(t) - A(t) \sum_{i=1}^{m} c_i x_i(t)$$

$$= \sum_{i=1}^{m} c_i \frac{\mathrm{d}x_i(t)}{\mathrm{d}t} - \sum_{i=1}^{m} c_i A(t) x_i(t)$$

$$= \sum_{i=1}^{m} c_i \left[\frac{\mathrm{d}x_i(t)}{\mathrm{d}t} - A(t) x_i(t) \right]. \tag{3.13}$$

因为 $x_i(t)$ 是（3.10）的解，故有 $\dfrac{\mathrm{d}x_i(t)}{\mathrm{d}t} - A(t)x_i(t) = 0 (i = 1,\cdots, n)$，于是推知（3.13）为零，即证得（3.12）是（3.10）的解. 证毕.

为了考察在何种条件下 $c_1 x_i(t) + \cdots + c_m x_m(t)$ 是（3.10）的通解，我们引入向量函数线性无关、线性相关以及朗斯基行列式的概念.

定义 3.1　设 $x_1(t),\cdots,x_m(t)$ 是定义在某区间内的 m 个向量函数. 如果存在不全为零的 m 个常数 $a_1,\cdots,a_m$，使得在该区间内恒等式

$$a_1 x_1(t) + \cdots + a_m x_m(t) \equiv \mathbf{0} \tag{3.14}$$

成立，则称这 m 个向量函数 $x_1(t),\cdots,x_m(t)$ 在该区间内**线性相关**.

否则,如果以上恒等式仅当 $a_1 = a_2 = \cdots = a_m = 0$ 时才成立,则称向量函数 $\boldsymbol{x}_1(t),\cdots,\boldsymbol{x}_m(t)$ 在该区间内**线性无关**.

例 1 设 $\boldsymbol{Y}_1,\cdots,\boldsymbol{Y}_m$ 是 m 个 n 维非零常向量,$\lambda_1,\cdots,\lambda_m$ 是 m 个各不相同的常数,则向量 $\boldsymbol{Y}_1 \mathrm{e}^{\lambda_1 t},\cdots,\boldsymbol{Y}_m \mathrm{e}^{\lambda_m t}$ 在区间 $(-\infty,+\infty)$ 内线性无关.

证明 用反证法. 设 $\boldsymbol{Y}_1 \mathrm{e}^{\lambda_1 t},\cdots,\boldsymbol{Y}_m \mathrm{e}^{\lambda_m t}$ 在区间 $(-\infty,+\infty)$ 内线性相关,则存 m 个不全为零的常数 $a_1,\cdots,a_m$,使

$$a_1 \boldsymbol{Y}_1 \mathrm{e}^{\lambda_1 t} + a_2 \boldsymbol{Y}_2 \mathrm{e}^{\lambda_2 t} + \cdots + a_m \boldsymbol{Y}_m \mathrm{e}^{\lambda_m t} \equiv \boldsymbol{0},$$
$$t \in (-\infty,+\infty). \tag{3.15}$$

我们不妨假设上式中的 $a_1,a_2,\cdots,a_n$ 都不为零. 事实上,如果有某些 a_i 为零,那么在(3.15)中就把这些 a_i 所对应的项剔除,剔除后并不改变(3.15)的形式. 用 $\mathrm{e}^{\lambda_1 t}$ 除(3.15)两边,得

$$a_1 \boldsymbol{Y}_1 + a_2 \boldsymbol{Y}_2 \mathrm{e}^{(\lambda_2 - \lambda_1)t} + \cdots + a_m \boldsymbol{Y}_m \mathrm{e}^{(\lambda_m - \lambda_1)t} \equiv \boldsymbol{0}. \tag{3.16}$$

两边对 t 求导数,得

$$a_2(\lambda_2 - \lambda_1)\boldsymbol{Y}_2 \mathrm{e}^{(\lambda_2 - \lambda_1)t} + \cdots$$
$$+ a_m(\lambda_m - \lambda_1)\boldsymbol{Y}_m \mathrm{e}^{(\lambda_m - \lambda_1)t} \equiv \boldsymbol{0}. \tag{3.17}$$

注意,由于 $\lambda_i(i = 1,\cdots,m)$ 各不相同,从而

$$\lambda_i - \lambda_1 \neq 0, \lambda_j - \lambda_1 \neq \lambda_i - \lambda_1 \quad (i,j = 2,\cdots,m; i \neq j).$$

故(3.17)与(3.15)有同样的形式,且满足同样的条件. 因此可以按上法一直进行下去,直至得到如下形式的恒等式

$$\beta_m \boldsymbol{Y}_m \mathrm{e}^{\mu_m t} \equiv \boldsymbol{0}.$$

但由假设知,$\beta_m \neq 0, \boldsymbol{Y}_m \neq \boldsymbol{0}$. 这与上述恒等式矛盾. 因而证得 $\boldsymbol{Y}_1 \mathrm{e}^{\lambda_1 t},\cdots,\boldsymbol{Y}_m \mathrm{e}^{\lambda_m t}$ 线性无关. 证毕.

定义 3.2 设 $\boldsymbol{x}_1(t),\cdots,\boldsymbol{x}_n(t)$ 是 n 个向量函数,以 $\boldsymbol{x}_i(t)$ 作为第 i 列 $(i = 1,\cdots,n)$ 所构成的矩阵记为

$$\boldsymbol{X}(t) = (\boldsymbol{x}_1(t),\cdots,\boldsymbol{x}_n(t)).$$

我们将行列式 $\det \boldsymbol{X}(t)$ 称为向量函数 $\boldsymbol{x}_1(t),\cdots,\boldsymbol{x}_n(t)$ 的**朗斯基行列式**,记为

$$W(t) = \det \boldsymbol{X}(t) = \begin{vmatrix} x_{11}(t) & \cdots & x_{1n}(t) \\ \vdots & & \vdots \\ x_{n1}(t) & \cdots & x_{nn}(t) \end{vmatrix}. \tag{3.18}$$

现在我们证明下述定理.

定理 3.3 设 $\boldsymbol{x}_1(t), \cdots, \boldsymbol{x}_n(t)$ 是齐次线性方程组(3.10)的 n 个解,则 $\boldsymbol{x}_1(t), \cdots, \boldsymbol{x}_n(t)$ 在区间 (a,b) 内线性相关的充分必要条件是它们的朗斯基行列式 $W(t) \equiv 0, t \in (a,b)$.

证明 先证必要性. 设 $\boldsymbol{x}_1(t), \cdots, \boldsymbol{x}_n(t)$ 线性相关,则存在不全为零的 n 个常数 $a_1, \cdots, a_n$,使

$$a_1 \boldsymbol{x}_1(t) + \cdots + a_n \boldsymbol{x}_n(t) \equiv \boldsymbol{0}, \quad t \in (a,b). \tag{3.19}$$

将向量函数 $\boldsymbol{x}_i(t)(i = 1, \cdots, n)$ 用分量写出来,则(3.19)是一个以 $a_1, \cdots, a_n$ 为未知数的齐次线性代数方程组,它的系数行列式就是 $W(t)$. 由于(3.19)有一组不全为零的解 $a_1, \cdots, a_n$,故对一切 $t \in (a,b)$,该齐次线性代数方程组的系数行列式应等于零,即 $W(t) \equiv 0, t \in (a,b)$.

再证充分性. 设 $W(t) \equiv 0$,取 $t_0 \in (a,b)$,于是 $W(t_0) = 0$. 则关于未知数 $a_1, \cdots, a_n$ 的齐次线性代数方程组

$$a_1 \boldsymbol{x}_1(t_0) + \cdots + a_n \boldsymbol{x}_n(t_0) = \boldsymbol{0}$$

有不全为零的解 $a_1^*, \cdots, a_n^*$. 由定理 3.2 知,

$$\boldsymbol{x}(t) = \sum_{i=1}^n a_i^* \boldsymbol{x}_i(t)$$

是(3.10)的解,且满足零初值条件

$$\boldsymbol{x}(t_0) = \sum_{i=1}^n a_i^* \boldsymbol{x}_i(t_0) = \boldsymbol{0}.$$

再由定理 3.1 的推论知,$\boldsymbol{x}(t) \equiv \boldsymbol{0}$,即

$$a_1^* \boldsymbol{x}_1(t) + \cdots + a_n^* \boldsymbol{x}_n(t) \equiv \boldsymbol{0}, \qquad t \in (a,b).$$

但因 $a_1^*, \cdots, a_n^*$ 不全为零,于是由定义 3.1 知,$\boldsymbol{x}_1(t), \cdots, \boldsymbol{x}_n(t)$ 线性相关. 证毕.

注意,在证充分性时,实际上证明了"若 $x_1(t),\cdots,x_n(t)$ 是 (3.10) 的 n 个解,并假定存在一点 $t_0 \in (a,b)$ 使 $W(t_0) = 0$,则 $x_1(t),\cdots,x_n(t)$ 线性相关."再由定理 3.3 的必要性可知,此时必有 $W(t) \equiv 0, t \in (a,b)$.因此我们有下面的推论.

推论 设 $x_1(t),\cdots,x_n(t)$ 是齐次线性方程组(3.10) 的 n 个解,则它们的朗斯基行列式在区间 (a,b) 内或者处处不零,或者处处为零.

为了便于应用,常将定理 3.3 写成下述形式.

定理 3.3$'$ 设 $x_1(t),\cdots,x_n(t)$ 是齐次线性方程组的 n 个解,则 $x_1(t),\cdots,x_n(t)$ 在区间 (a,b) 内线性无关的充分必要条件是它们的朗斯基行列式 $W(t) \neq 0, t \in (a,b)$.

下面我们介绍**齐次线性方程组的通解结构定理**.

定理 3.4 设 $x_1(t),\cdots,x_n(t)$ 是齐次线性方程组(3.10) 的 n 个线性无关的解,$c_1,\cdots,c_n$ 是 n 个任意常数,则

$$x(t) = \sum_{i=1}^{n} c_i x_i(t) \qquad (3.20)$$

是(3.10) 的通解.

证明 由定理 3.2 知,(3.20) 是(3.10) 的解.为了证明 (3.20) 是通解,只要证明,对任意给定的初值条件(3.5),总可找到相应的一组常数 $c_i^*(i = 1,\cdots,n)$,使当 $c_i = c_i^*$ 时,(3.20) 所对应的解满足初值条件(3.5).即证以 $c_i(i = 1,\cdots,n)$ 为未知数的线性代数方程组

$$\sum_{i=1}^{n} c_i x_i(t_0) = x_0 \qquad (3.21)$$

存在解.因为(3.21) 的系数行列式是 $W(t_0)$,而根据定理 3.3$'$,由线性无关解 $x_1(t),\cdots,x_n(t)$ 构成的朗斯基行列式 $W(t) \neq 0$,因此 $W(t_0) \neq 0$.故(3.21) 有唯一的解 $c_i = c^*(i = 1,\cdots,n)$.由此构成的

$$\boldsymbol{x}(t) = \sum_{i=1}^{n} c_i^* \, \boldsymbol{x}_i(t)$$

满足(3.5). 证毕.

定义 3.3 设 $\boldsymbol{x}_1(t), \cdots, \boldsymbol{x}_n(t)$ 是齐次线性方程组(3.10)的 n 个线性无关的解,则称 $\boldsymbol{x}_1(t), \cdots, \boldsymbol{x}_n(t)$ 是(3.10)的一个**基本解组**;以这些 $\boldsymbol{x}_1(t), \cdots, \boldsymbol{x}_n(t)$ 为列所构成的矩阵称为(3.10)的一个**基本解矩阵**.

设 $\boldsymbol{X}(t) = (\boldsymbol{x}_1(t), \cdots, \boldsymbol{x}_n(t))$ 是(3.10)的一个基本解矩阵,定义 $\dfrac{\mathrm{d}}{\mathrm{d}t}\boldsymbol{X}(t) = (\dfrac{\mathrm{d}}{\mathrm{d}t}\boldsymbol{x}_1(t), \cdots, \dfrac{\mathrm{d}}{\mathrm{d}t}\boldsymbol{x}_n(t))$. 则显然有 $\dfrac{\mathrm{d}\boldsymbol{X}(t)}{\mathrm{d}t} = \boldsymbol{A}(t)\boldsymbol{X}(t)$.
又如果 $\boldsymbol{c}$ 是一个 n 维的任意常向量,则

$$\boldsymbol{x}(t) = \boldsymbol{X}(t)\boldsymbol{c} \tag{3.22}$$

是(3.10)的通解.

由定理 3.4 可见,为求(3.10)的通解,只要先求出(3.10)的一个基本解组(基本解矩阵),再由(3.20)或(3.22)就构成(3.10)的通解.那么齐次线性方程组(3.10)的基本解组是否一定存在呢?下面的定理回答了这个问题.

定理 3.5 (3.10)必存在且至多只存在 n 个线性无关的解,因而(3.10)的基本解组(基本解矩阵)必存在.

证明 考虑初值条件 $\boldsymbol{X}(t_0) = \boldsymbol{e}_i$,这里 $\boldsymbol{e}_i$ 是一个 n 维列向量,它的第 i 个分量是 1,其他分量都是零. 对于每一个 $i = 1, \cdots, n$,(3.10)分别存在唯一的解 $\boldsymbol{x}_i(t)$ 满足 $\boldsymbol{x}(t_0) = \boldsymbol{e}_i$. 由这 n 个解 $\boldsymbol{x}_1(t), \cdots, \boldsymbol{x}_n(t)$ 构成的朗斯基行列式在 $t = t_0$ 处的值为

$$W(t_0) = \begin{vmatrix} 1 & & & \boldsymbol{0} \\ & 1 & & \\ & & \ddots & \\ \boldsymbol{0} & & & 1 \end{vmatrix} = 1 \neq 0.$$

故知 $\boldsymbol{x}_1(t), \cdots, \boldsymbol{x}_n(t)$ 线性无关,它们构成一个基本解组,现由定理

3.4 知,(3.10) 的任意 $n+1$ 个解必线性无关. 故(3.10) 有且至多只有 n 个线性无关的解. 证毕.

二、非齐次线性微分方程的通解结构

定理 3.6   设 $x^*(t)$ 是非齐次线性方程组(3.8)的一个解,$X(t)c$ 是(3.8)所对应的齐次线性方程组(3.10)的通解,则

$$x = X(t)c + x^*(t)$$

是(3.8)的通解.

此定理是**非齐次线性微分方程组的通解结构定理**,其证明与定理 2.6 完全一样,故略.

类似地还有与定理 2.7,定理 2.8 相对应的定理,不再一一叙述.

§3   常系数线性微分方程组的解法

设(3.8)中系数矩阵 A 中的每一元素 $a_{ij}(i,j = 1,\cdots,n)$ 都是常数,则称

$$\frac{\mathrm{d}x}{\mathrm{d}t} = Ax + f(t) \tag{3.23}$$

为**常系数线性微分方程组**.

我们先介绍常系数齐次方程组

$$\frac{\mathrm{d}x}{\mathrm{d}t} = Ax \tag{3.24}$$

的解法,再讨论常系数非齐次方程组(3.23)的情况.

一、常系数齐次线性方程组的解法

与解常系数线性方程类似,根据方程组(3.24)是齐次、线性,A 是常数矩阵的特点,我们命

$$\boldsymbol{x} = \boldsymbol{v}\mathrm{e}^{\lambda t} \tag{3.25}$$

来试解,其中 $\boldsymbol{v}$ 是常向量,λ 是常数,二者都待求. 以(3.25)代入(3.24),得

$$\boldsymbol{v}\lambda\,\mathrm{e}^{\lambda t} = \boldsymbol{A}\boldsymbol{v}\mathrm{e}^{\lambda t}. \tag{3.26}$$

注意到 $\boldsymbol{v} = \boldsymbol{E}\boldsymbol{v}$,$\boldsymbol{E}$ 是单位矩阵:

$$\boldsymbol{E} = \begin{pmatrix} 1 & & & \mathbf{0} \\ & 1 & & \\ & & \ddots & \\ \mathbf{0} & & & 1 \end{pmatrix},$$

将(3.26)移项,并约去非零因子 $\mathrm{e}^{\lambda t}$,有

$$(\boldsymbol{A} - \lambda\boldsymbol{E})\boldsymbol{v} = \mathbf{0}. \tag{3.27}$$

这是一个齐次线性代数方程组,$\boldsymbol{v}$ 的各分量是未知数.由线性代数知道,(3.27)有非零解 $\boldsymbol{v}$(即 $\boldsymbol{v}$ 的各分量不全为零)的充分必要条件是(3.27)的系数行列式等于零,即

$$\det(\boldsymbol{A} - \lambda\boldsymbol{E}) = 0. \tag{3.28}$$

或

$$D(\lambda) = \begin{vmatrix} a_{11} - \lambda & a_{12} & \cdots & a_{1n} \\ a_{21} & a_{22} - \lambda & \cdots & a_{2n} \\ \vdots & \vdots & & \vdots \\ a_{n1} & a_{n2} & \cdots & a_{nn} - \lambda \end{vmatrix} = 0.$$

在线性代数中,称方程(3.28)为矩阵 $\boldsymbol{A}$ 的**特征方程**,称它的根为 $\boldsymbol{A}$ 的**特征根**(或称**特征值**).与此类似,我们称(3.28)和它的根为常系数齐次线性方微分程组(3.24)的**特征方程**和**特征根**.

如果 $\lambda = \lambda_k$ 是(3.24)的一个特征根,则将它代入(3.27),可求得相应的非零解 $\boldsymbol{v} = \boldsymbol{v}_k$.在线性代数中称这种非零向量 $\boldsymbol{v}_k$ 为矩阵 $\boldsymbol{A}$ 属于 λ_k 的**特征向量**,从而

$$\boldsymbol{x}(t) = \boldsymbol{v}_k\mathrm{e}^{\lambda_k t} \tag{3.29}$$

是(3.24)是一个解.

下面分别讨论特征根是单根和重根的两种情况.

(一)特征根都是单根

设矩 A 的特征根都是单根,即有 n 个不同的特征根 $\lambda_1,\cdots,\lambda_n$. 又设 v_i 是属于特征根 λ_i 的特征向量 $(i = 1,\cdots,n)$,则方程组 (3.24)有 n 个不同的解:

$$v_1 \mathrm{e}^{\lambda_1 t},v_2 \mathrm{e}^{\lambda_2 t},\cdots,v_n \mathrm{e}^{\lambda_n t}. \tag{3.30}$$

由 §2 例1知,它们在区间 $(-\infty,+\infty)$ 内线性无关,因而它们构成(3.24)的一个基本解组. 于是

$$x = \sum_{i=1}^{n} c_i v_i \mathrm{e}^{\lambda_i t} \tag{3.31}$$

是(3.24)的通解,其中 $c_i(i = 1,\cdots,n)$ 是 n 个任意常数.

例 1 解方程组

$$\begin{cases} \dfrac{\mathrm{d}x_1}{\mathrm{d}t} = -3x_1 + 4x_2 - 2x_3, \\[2mm] \dfrac{\mathrm{d}x_2}{\mathrm{d}t} = x_1 + x_3, \\[2mm] \dfrac{\mathrm{d}x_3}{\mathrm{d}t} = 6x_1 - 6x_2 + 5x_3. \end{cases}$$

解 由特征方程

$$\begin{aligned} D(\lambda) &= \begin{vmatrix} -3-\lambda & 4 & -2 \\ 1 & 0-\lambda & 1 \\ 6 & -6 & 5-\lambda \end{vmatrix} \\ &= -(\lambda^3 - 2\lambda^2 - \lambda + 2) \\ &= -(\lambda - 2)(\lambda - 1)(\lambda + 1) = 0 \end{aligned}$$

解出特征根 $\lambda_1 = 2,\lambda_2 = 1,\lambda_3 = -1$,它们都是单根.

设属于 $\lambda_1 = 2$ 的特征向量是

$$\boldsymbol{v}_1 = \begin{pmatrix} \alpha_1 \\ \beta_1 \\ \gamma_1 \end{pmatrix},$$

它应满足

$$\begin{pmatrix} -3-\lambda_1 & 4 & -2 \\ 1 & -\lambda_1 & 1 \\ 6 & -6 & 5-\lambda_1 \end{pmatrix} \begin{pmatrix} \alpha_1 \\ \beta_1 \\ \gamma_1 \end{pmatrix} = 0,$$

即

$$\begin{cases} -5\alpha_1 + 4\beta_1 - 2\gamma_1 = 0, \\ \alpha_1 - 2\beta_1 + \gamma_1 = 0, \\ 6\alpha_1 - 6\beta_1 + 3\gamma_1 = 0. \end{cases}$$

由线性代数知,只要取第一、第二两个方程求解即可,即得

$$\alpha_1 : \beta_1 : \gamma_1 = \begin{vmatrix} 4 & -2 \\ -2 & 1 \end{vmatrix} : \begin{vmatrix} -2 & -5 \\ 1 & 1 \end{vmatrix} : \begin{vmatrix} -5 & 4 \\ 1 & -2 \end{vmatrix}$$

$$= 0 : 3 : 6.$$

故可取

$$\begin{pmatrix} \alpha_1 \\ \beta_1 \\ \gamma_1 \end{pmatrix} = \begin{pmatrix} 0 \\ 1 \\ 2 \end{pmatrix}.$$

于是得到原方程的一个解

$$\begin{pmatrix} x_1 \\ x_2 \\ x_3 \end{pmatrix} = \begin{pmatrix} 0 \\ 1 \\ 2 \end{pmatrix} e^{2t}.$$

类似地可分别求得属于 $\lambda_2 = 1$ 和 $\lambda_3 = -1$ 的特征向量

$$\boldsymbol{v}_2 = \begin{pmatrix} 1 \\ 1 \\ 0 \end{pmatrix}, \quad \boldsymbol{v}_3 = \begin{pmatrix} 1 \\ 0 \\ -1 \end{pmatrix}.$$

由此可得到原方程相应的两个解:

$$\begin{pmatrix} x_1 \\ x_2 \\ x_3 \end{pmatrix}_2 = \begin{pmatrix} 1 \\ 1 \\ 0 \end{pmatrix} \mathrm{e}^t, \quad \begin{pmatrix} x_1 \\ x_2 \\ x_3 \end{pmatrix}_3 = \begin{pmatrix} 1 \\ 0 \\ -1 \end{pmatrix} \mathrm{e}^{-t}.$$

因此原方程的通解是

$$\begin{pmatrix} x_1 \\ x_2 \\ x_3 \end{pmatrix} = c_1 \begin{pmatrix} 0 \\ 1 \\ 2 \end{pmatrix} \mathrm{e}^{2t} + c_2 \begin{pmatrix} 1 \\ 1 \\ 0 \end{pmatrix} \mathrm{e}^t + c_3 \begin{pmatrix} 1 \\ 0 \\ -1 \end{pmatrix} \mathrm{e}^{-t}.$$

即

$$\begin{cases} x_1 = c_2 \mathrm{e}^t + c_3 \mathrm{e}^{-t}, \\ x_2 = c_1 \mathrm{e}^{2t} + c_2 \mathrm{e}^t, \\ x_3 = 2c_1 \mathrm{e}^{2t} - c_3 \mathrm{e}^{-t}. \end{cases}$$

若特征方程(3.28)有复数根,现设 A 是实数矩阵,则复数特征根必共轭地成对出现. 如 $\lambda_1 = \alpha + \mathrm{i}\beta$ 是(3.28)是一个特征根, $v_1 = p + \mathrm{i}q$ 是属于 λ_1 的一个特征向量,则 $\lambda_2 = \alpha - \mathrm{i}\beta$ 也是(3.28)的一个特征根,且 $v_2 = \bar{v}_1 = p - \mathrm{i}q$ 是属于 λ_2 的一个特征向量. 因而方程组(3.24)有两个复值解

$$\begin{aligned} x_1(t) &= (p + \mathrm{i}q) \mathrm{e}^{(\alpha + \mathrm{i}\beta)t} \\ &= \mathrm{e}^{\alpha t} (p\cos\beta t - q\sin\beta t) + \mathrm{i}\mathrm{e}^{\alpha t} (p\sin\beta t + q\cos\beta t) \\ x_2(t) &= (p - \mathrm{i}q) \mathrm{e}^{(\alpha - \mathrm{i}\beta)t} \\ &= \mathrm{e}^{\alpha t} (p\cos\beta t - q\sin\beta t) - \mathrm{i}\mathrm{e}^{\alpha t} (p\sin\beta t + q\cos\beta t). \end{aligned}$$

由类似于定理2.8的定理知(见习题5),上述解的实部和虚部

$$\mathrm{e}^{\alpha t} (p\cos\beta t - q\sin\beta t) \quad \text{和} \quad \mathrm{e}^{\alpha t} (p\sin\beta t + q\cos\beta t)$$

分别是(3.24)的两个实值解. 在基本解组(3.30)中, λ_1 和 λ_2 所对应的两个复值解用这两个实值解来代替,则所得到的解组仍是一个基本解组(参见习题1).

例2 解方程组

$$\frac{\mathrm{d}}{\mathrm{d}t}\begin{bmatrix} x \\ y \\ z \end{bmatrix} = \begin{bmatrix} 2 & 1 & 0 \\ 1 & 3 & -1 \\ -1 & 2 & 3 \end{bmatrix}\begin{bmatrix} x \\ y \\ z \end{bmatrix}.$$

解 由特征方程

$$D(\lambda) = \begin{vmatrix} 2-\lambda & 1 & 0 \\ 1 & 3-\lambda & -1 \\ -1 & 2 & 3-\lambda \end{vmatrix}$$

$$= -(\lambda^3 - 8\lambda^2 + 22\lambda - 20)$$

$$= -(\lambda - 2)(\lambda^2 - 6\lambda + 10) = 0$$

可解得特征根 $\lambda_1 = 2, \lambda_{2,3} = 3 \pm \mathrm{i}$.

设 $\lambda_1 = 2$ 所对应的特征向量是

$$\boldsymbol{v}_1 = \begin{bmatrix} \alpha_1 \\ \beta_1 \\ \gamma_1 \end{bmatrix}.$$

它应满足

$$\begin{bmatrix} 0 & 1 & 0 \\ 1 & 1 & -1 \\ -1 & 2 & 1 \end{bmatrix}\begin{bmatrix} \alpha_1 \\ \beta_1 \\ \gamma_1 \end{bmatrix} = 0,$$

即

$$\begin{cases} \beta_1 = 0, \\ \alpha_1 + \beta_1 - \gamma_1 = 0, \\ -\alpha_1 + 2\beta_1 + \gamma_1 = 0. \end{cases}$$

由此求得一组非零解

$$\alpha_1 = 1, \ \beta_1 = 0, \ \gamma_1 = 1.$$

于是,求得原方程的一个解

$$\begin{bmatrix} x \\ y \\ z \end{bmatrix}_1 = \begin{bmatrix} 1 \\ 0 \\ 1 \end{bmatrix} \mathrm{e}^{2t}$$

类似地,设属于 $\lambda_2 = 3 + i$ 的特征向量 $\boldsymbol{v}_1 = \begin{pmatrix} \alpha_2 \\ \beta_2 \\ \gamma_2 \end{pmatrix}$,它应满足

$$\begin{pmatrix} -1-i & 1 & 0 \\ 1 & -i & -1 \\ -1 & 2 & -i \end{pmatrix} \begin{pmatrix} \alpha_2 \\ \beta_2 \\ \gamma_2 \end{pmatrix} = 0,$$

即

$$\begin{cases} (-1-i)\alpha_2 + \beta_2 = 0, \\ \alpha_2 - i\beta_2 - \gamma_2 = 0, \\ -\alpha_2 + 2\beta_2 - i\gamma_2 = 0. \end{cases}$$

取其中两个方程,例如后两个方程,则可以解得

$$\alpha_2 : \beta_2 : \gamma_2 = \begin{vmatrix} -i & -1 \\ 2 & -i \end{vmatrix} : \begin{vmatrix} -1 & 1 \\ -i & -1 \end{vmatrix} : \begin{vmatrix} 1 & -i \\ -1 & 2 \end{vmatrix}$$

$$= 1 : (1+i) : (2-i).$$

于是得原方程的一个复值解

$$\begin{pmatrix} x \\ y \\ z \end{pmatrix}_2 = \begin{pmatrix} 1 \\ 1+i \\ 2-i \end{pmatrix} e^{(3+i)t}$$

$$= \begin{pmatrix} \cos t \\ \cos t - \sin t \\ 2\cos t + \sin t \end{pmatrix} e^{3t} + i \begin{pmatrix} \sin t \\ \cos t + \sin t \\ 2\sin t - \cos t \end{pmatrix} e^{3t}$$

(另一个特征根 $\lambda_3 = 3-i$ 所对应的复值解不必再求).取它们的实部和虚部就分别得到原方程的两个解,再连同上面已求得的 $\lambda_1 = 2$ 所对应的一个解,于是可得微分方程的通解:

$$\begin{pmatrix} x \\ y \\ z \end{pmatrix} = c_1 \begin{pmatrix} 1 \\ 0 \\ 1 \end{pmatrix} e^{2t} + c_2 \begin{pmatrix} \cos t \\ \cos t - \sin t \\ 2\cos t + \sin t \end{pmatrix} e^{3t}$$

$$+ c_3 \begin{pmatrix} \sin t \\ \cos t + \sin t \\ 2\sin t - \cos t \end{pmatrix} \mathrm{e}^{3t}$$

（二）特征根有重根

如果矩阵 A 的特征根有重根,则不一定能得到形如（3.30）的 n 个线性无关的解. 但有下述引理.

引理 3.1 设矩阵 A 的特征方程（3.28）有 k 重特征根 λ_0,则对应于 λ_0,方程组（3.24）有下述形式的 k 个线性无关的解：

$$\boldsymbol{x}(t) = \left(\boldsymbol{v}_0 + \frac{t}{1!} \boldsymbol{v}_1 + \frac{t^2}{2!} \boldsymbol{v}_2 + \cdots + \frac{t^{k-1}}{(k-1)!} \boldsymbol{v}_{k-1} \right) \mathrm{e}^{\lambda_0 t},$$

$$\text{(3.32)}$$

其中 $\boldsymbol{v}_i (i = 0, 1, \cdots, k-1)$ 是某些常向量.

证明 为证（3.24）有形如（3.32）的解,将（3.32）代入（3.24）两端,得

$$\Big[\boldsymbol{v}_1 + \frac{t}{1!} \boldsymbol{v}_2 + \frac{t^2}{2!} \boldsymbol{v}_3 + \cdots + \frac{t^{k-2}}{(k-2)!} \boldsymbol{v}_{k-1}$$

$$+ \lambda_0 \left(\boldsymbol{v}_0 + \frac{t}{1!} \boldsymbol{v}_1 + \frac{t^2}{2!} \boldsymbol{v}_2 + \cdots + \frac{t^{k-1}}{(k-1)!} \boldsymbol{v}_{k-1} \right) \Big] \mathrm{e}^{\lambda_0 t}$$

$$= \boldsymbol{A} \left(\boldsymbol{v}_0 + \frac{t}{1!} \boldsymbol{v}_1 + \frac{t^2}{2!} \boldsymbol{v}_2 + \cdots + \frac{t^{k-1}}{(k-1)!} \boldsymbol{v}_{k-1} \right) \mathrm{e}^{\lambda_0 t}$$

约去 $\mathrm{e}^{\lambda_0 t}$ 并比较 t 的同次幂系数,得到一系列方程组：

$$(\boldsymbol{A} - \lambda_0 \boldsymbol{E}) \boldsymbol{v}_0 = \boldsymbol{v}_1, \qquad\qquad\qquad (3.33)_1$$

$$(\boldsymbol{A} - \lambda_0 \boldsymbol{E}) \boldsymbol{v}_1 = \boldsymbol{v}_2, \qquad\qquad\qquad (3.33)_2$$

$$\cdots$$

$$(\boldsymbol{A} - \lambda_0 \boldsymbol{E}) \boldsymbol{v}_{k-2} = \boldsymbol{v}_{k-1}, \qquad\qquad (3.33)_{k-1}$$

$$(\boldsymbol{A} - \lambda_0 \boldsymbol{E}) \boldsymbol{v}_{k-1} = \boldsymbol{0}. \qquad\qquad\quad (3.33)_k$$

将（3.33）$_1$ 代入（3.33）$_2$,再代入（3.33）$_3$,$\cdots$,依次下去,最后代入（3.33）$_k$,得到

$$(\boldsymbol{A} - \lambda_0 \boldsymbol{E})^k \boldsymbol{v}_0 = \boldsymbol{0}, \qquad\qquad\qquad (3.34)$$

由线性代数理论知道（见蔡燧林编著《常微分方程（第二版）P. 201～P. 203（武汉大学）出版社》，从（3.34）可以求得并且至多只能求得 k 个线性无关的向量 $\boldsymbol{v}_0$。

对于上述求得的每一个向量 $\boldsymbol{v}_0$，代入方程组（3.33）$_1$，求得相应的 $\boldsymbol{v}_1$，再将 $\boldsymbol{v}_1$ 代入（3.33）$_2$ 求得 $\boldsymbol{v}_2$，$\cdots$，直至求得相应的 $\boldsymbol{v}_{k-1}$（也可能从某个 r 开始，$\boldsymbol{v}_r = \boldsymbol{v}_{r+1} = \cdots = \boldsymbol{v}_{k-1} = \boldsymbol{0}$）. 将它们一齐代入（3.32），从而得到对应于这个 $\boldsymbol{v}_0$ 的一个向量函数 $\boldsymbol{x}(t)$. 由上面的推理过程知道，此 $\boldsymbol{x}(t)$ 是（3.24）的一个解. 对于上述 k 个 $\boldsymbol{v}_0$ 都如此处理，就求得（3.24）的 k 个解向量. 由于这 k 个 $\boldsymbol{v}_0$ 线性无关，故 k 个解向量也必定线性无关（为什么?）. 引理证毕.

再对于不同的特征根都按如上处理，就可得下述定理.

定理 3.7 设方程组

$$\frac{\mathrm{d}\boldsymbol{x}}{\mathrm{d}t} = \boldsymbol{A}\boldsymbol{x} \tag{3.24}$$

的系数矩阵 $\boldsymbol{A}$ 有不同的特征根 $\lambda_1, \cdots, \lambda_s$，其重数分别为 $n_1, \cdots, n_s$，$n_1 + \cdots + n_s = n$. 则

（1）对应于每一个根 λ_i，方程组（3.24）存在形如

$$\boldsymbol{p}_i^{(j)}(t)\mathrm{e}^{\lambda_i t} \quad (j = 1, 2, \cdots, n_i) \tag{3.35$_i$}$$

n_i 个线性无关的解，其中 $\boldsymbol{p}_i^{(j)}(t)$ 是向量函数，其分量为 t 的次数不超过 $n_i - 1$ 的多项式;

（2）对于 $i = 1, \cdots, s$，由（3.35）$_i$ 得到（3.34）的 n 个解，这 n 个解是线性无关的，从而构成一个基本解组;

（3）方程组（3.24）的通解为

$$\boldsymbol{x}(t) = \sum_{i=1}^{s} \sum_{j=1}^{n_i} c_{ij} \boldsymbol{p}_i^{(j)}(t)\mathrm{e}^{\lambda_i t}, \tag{3.36}$$

其中 $c_{ij}(i = 1, \cdots, s; j = 1, \cdots, n_i)$ 是任意常数.

证明 易知，只要证（2）就可以了. 为此，用反证法. 设存在 n 个不全为零的常数 $\alpha_{ij}(i = 1, \cdots, s; j = 1, \cdots, n_i)$，使成立恒等式

$$\sum_{j=1}^{n_1} \alpha_{1j} \boldsymbol{p}_1^{(j)}(t) \mathrm{e}^{\lambda_1 t} + \sum_{j=1}^{n_2} \alpha_{2j} \boldsymbol{p}_2^{(j)}(t) \mathrm{e}^{\lambda_2 t}$$

$$+ \cdots + \sum_{j=1}^{n_s} \alpha_{sj} \boldsymbol{p}_s^{(j)}(t) \mathrm{e}^{\lambda_s t} \equiv \boldsymbol{0}.$$

将上式改写为

$$\boldsymbol{q}_1 \mathrm{e}^{\lambda_1 t} + \boldsymbol{q}_2 \mathrm{e}^{\lambda_2 t} + \cdots + \boldsymbol{q}_s \mathrm{e}^{\lambda_s t} \equiv \boldsymbol{0},$$

因为对于固定的 i,向量函数组 $\{\boldsymbol{p}_i^{(j)}(t) \mathrm{e}^{\lambda_i t} \mid j = 1, 2, \cdots, n_i\}$ 线性无关,因此 $\boldsymbol{q}_1(t), \boldsymbol{q}_2(t), \cdots, \boldsymbol{q}_s(t)$ 中至少有一个非零(因为如果都是零向量,则一切 $\alpha_{ij} = 0$).于是仿照引理 2.5 的证法,可以推得与上述恒等式相矛盾的结果.证毕.

由引理 3.1 及定理 3.7,我们可以按下述步骤求得方程组 (3.24) 的基本解组,从而获得通解.

1. 先求出系数矩阵 $\boldsymbol{A}$ 的各个相异的特征根 λ_i 以及它们的重数 $n_i(i = 1, \cdots, s)$, $n_1 + \cdots + n_s = n$.

2. 对于每个特征根,例如对于 k 重特征根 λ_0,写出方程组 (3.34),求出满足 (3.34) 的 k 个线性无关的常数向量 $\boldsymbol{v}_0$.对于每一个 $\boldsymbol{v}_0$,代入 $(3.33)_1$ 计算出 $\boldsymbol{v}_1$,再将 $\boldsymbol{v}_1$ 代入 $(3.33)_2$ 计算出 $\boldsymbol{v}_2$,依次下去,直至计算出 $\boldsymbol{v}_{k-1}$.将它们一齐代入 (3.32),得到与此 $\boldsymbol{v}_0$ 相对应的 (3.24) 的一个解 $\boldsymbol{x}(t)$.对于每一个 $\boldsymbol{v}_0$ 都如此,得到 k 个线性无关的解.

3. 再对于不同的特征根都按如上处理,就可得到 n 个线性无关的解向量.再按公式 (3.36),就得到方程组的通解.

例 3 解方程组

$$\frac{\mathrm{d}\boldsymbol{x}}{\mathrm{d}t} = \boldsymbol{A}\boldsymbol{x}, \ \boldsymbol{x} = \begin{pmatrix} x_1 \\ x_2 \\ x_3 \end{pmatrix}, \ \boldsymbol{A} = \begin{pmatrix} -1 & 1 & 0 \\ 0 & -1 & 4 \\ 1 & 0 & -4 \end{pmatrix}.$$

解 由特征方程

$$\det(\boldsymbol{A}-\lambda\boldsymbol{E}) = \begin{vmatrix} -1-\lambda & 1 & 0 \\ 0 & -1-\lambda & 4 \\ 1 & 0 & -4-\lambda \end{vmatrix}$$

$$=-\lambda(\lambda+3)^2 = 0$$

解出特征根 $\lambda_1 = 0$(单根),$\lambda_2 = -3$(二重根).

对于 $\lambda_1 = 0$,特征向量 $\boldsymbol{v}_0 = \begin{pmatrix} \alpha \\ \beta \\ \gamma \end{pmatrix}$ 应满足的方程是

$$\begin{cases} -\alpha + \beta = 0, \\ -\beta + 4\gamma = 0, \\ \alpha - 4\gamma = 0. \end{cases}$$

其中第 3 个方程可以由第 1、第 2 两方程相加而得到,故只要解第 1、第 2 两个方程即可. 不妨将 γ 移到右端,按通常解法,容易求得 $\alpha : \beta : \gamma = 4 : 4 : 1$,取

$$\boldsymbol{v}_0 = \begin{pmatrix} \alpha \\ \beta \\ \gamma \end{pmatrix} = \begin{pmatrix} 4 \\ 4 \\ 1 \end{pmatrix}.$$

于是 $\lambda_1 = 0$ 对应的原方程的一个解是

$$\begin{pmatrix} x_1 \\ x_2 \\ x_3 \end{pmatrix}_1 = \begin{pmatrix} 4 \\ 4 \\ 1 \end{pmatrix} \mathrm{e}^{0t} = \begin{pmatrix} 4 \\ 4 \\ 1 \end{pmatrix}.$$

对于二重根 $\lambda_2 = -3$,相应于(3.34)式的方程为

$$(\boldsymbol{A}+3\boldsymbol{E})^2\boldsymbol{v}_0 = \begin{pmatrix} 2 & 1 & 0 \\ 0 & 2 & 4 \\ 1 & 0 & -1 \end{pmatrix}^2 \begin{pmatrix} \alpha \\ \beta \\ \gamma \end{pmatrix}$$

$$= \begin{pmatrix} 4 & 4 & 4 \\ 4 & 4 & 4 \\ 1 & 1 & 1 \end{pmatrix} \begin{pmatrix} \alpha \\ \beta \\ \gamma \end{pmatrix} = \boldsymbol{0},$$

即得

$$\alpha + \beta + \gamma = 0. \tag{3.37}$$

从它可以求得两个线性无关的向量:

$$v_0^{(1)} = \begin{bmatrix} 1 \\ 0 \\ -1 \end{bmatrix}, \quad v_0^{(2)} = \begin{bmatrix} 0 \\ 1 \\ -1 \end{bmatrix}.$$

这里上标(1)和(2)表示不同的 v_0. 将 $v_0^{(1)}$ 代入相应的(3.33),求得

$$v_1^{(1)} = (A + 3E)v_0^{(1)}$$

$$= \begin{bmatrix} 2 & 1 & 0 \\ 0 & 2 & 4 \\ 1 & 0 & -1 \end{bmatrix} \begin{bmatrix} 1 \\ 0 \\ -1 \end{bmatrix} = \begin{bmatrix} 2 \\ -4 \\ 2 \end{bmatrix}.$$

因为 $\lambda_2 = -3$ 是二重特征根,所以对于这个 $v_0^{(1)}$ 求到 $v_1^{(1)}$ 就可以了. 将所求得的 $v_0^{(1)}$ 与 $v_1^{(1)}$ 代入相应的(3.32),得到一个解:

$$\begin{bmatrix} x_1 \\ x_2 \\ x_3 \end{bmatrix}_2 = (v_0^{(1)} + t v_1^{(1)}) e^{-3t}$$

$$= \left[\begin{bmatrix} 1 \\ 0 \\ -1 \end{bmatrix} + t \begin{bmatrix} 2 \\ -4 \\ 2 \end{bmatrix} \right] e^{-3t}.$$

对于另一个向量 $v_0^{(2)}$,按照上述办法,求得

$$v_1^{(2)} = (A + 3E)v_0^{(2)}$$

$$= \begin{bmatrix} 2 & 1 & 0 \\ 0 & 2 & 4 \\ 1 & 0 & -1 \end{bmatrix} \begin{bmatrix} 0 \\ 1 \\ -1 \end{bmatrix} = \begin{bmatrix} 1 \\ -2 \\ 1 \end{bmatrix}.$$

从而又得到一个解

$$\begin{pmatrix} x_1 \\ x_2 \\ x_3 \end{pmatrix}_3 = (\boldsymbol{v}_0^{(2)} + t\boldsymbol{v}_1^{(2)})e^{-3t}$$

$$= \left[\begin{pmatrix} 0 \\ 1 \\ -1 \end{pmatrix} + t \begin{pmatrix} 1 \\ -2 \\ 1 \end{pmatrix} \right] e^{-3t}.$$

于是按通解公式,得到方程组的通解为:

$$\begin{pmatrix} x_1 \\ x_2 \\ x_3 \end{pmatrix} = c_1 \begin{pmatrix} x_1 \\ x_2 \\ x_3 \end{pmatrix}_1 + c_2 \begin{pmatrix} x_1 \\ x_2 \\ x_3 \end{pmatrix}_2 + c_3 \begin{pmatrix} x_1 \\ x_2 \\ x_3 \end{pmatrix}_3$$

$$= c_1 \begin{pmatrix} 4 \\ 4 \\ 1 \end{pmatrix} + c_2 \left[\begin{pmatrix} 1 \\ 0 \\ -1 \end{pmatrix} + t \begin{pmatrix} 2 \\ -4 \\ 2 \end{pmatrix} \right] e^{-3t}$$

$$+ c_3 \left[\begin{pmatrix} 0 \\ 1 \\ -1 \end{pmatrix} + t \begin{pmatrix} 1 \\ -2 \\ 1 \end{pmatrix} \right] e^{-3t}.$$

注意,对于二重根 $\lambda_2 = -3$,也可以取满足(3.37)的另外两个线性无关的向量,例如取

$$\boldsymbol{v}_0^{(1)} = \begin{pmatrix} 1 \\ -2 \\ 1 \end{pmatrix}, \quad \boldsymbol{v}_0^{(2)} = \begin{pmatrix} 2 \\ -3 \\ 1 \end{pmatrix},$$

于是相应得到

$$\boldsymbol{v}_1^{(1)} = \begin{pmatrix} 2 & 1 & 0 \\ 0 & 2 & 4 \\ 1 & 0 & -1 \end{pmatrix} \begin{pmatrix} 1 \\ -2 \\ 1 \end{pmatrix} = \begin{pmatrix} 0 \\ 0 \\ 0 \end{pmatrix},$$

$$\boldsymbol{v}_1^{(2)} = \begin{pmatrix} 2 & 1 & 0 \\ 0 & 2 & 4 \\ 1 & 0 & -1 \end{pmatrix} \begin{pmatrix} 2 \\ -3 \\ 1 \end{pmatrix} = \begin{pmatrix} 1 \\ -2 \\ 1 \end{pmatrix}.$$

相应地得到两个线性无关的解：

$$\begin{bmatrix} x_1 \\ x_2 \\ x_3 \end{bmatrix}_2 = (\boldsymbol{v}_0^{(1)} + t\boldsymbol{v}_1^{(1)})\mathrm{e}^{-3t}$$

$$= \begin{bmatrix} 1 \\ -2 \\ 1 \end{bmatrix} \mathrm{e}^{-3t},$$

$$\begin{bmatrix} x_1 \\ x_2 \\ x_3 \end{bmatrix}_3 = (\boldsymbol{v}_0^{(2)} + t\boldsymbol{v}_1^{(2)})\mathrm{e}^{-3t}$$

$$= \left[\begin{bmatrix} 2 \\ -3 \\ 1 \end{bmatrix} + t \begin{bmatrix} 1 \\ -2 \\ 1 \end{bmatrix} \right] \mathrm{e}^{-3t}.$$

从而得到通解：

$$\begin{bmatrix} x_1 \\ x_2 \\ x_3 \end{bmatrix} = c_1' \begin{bmatrix} 4 \\ 4 \\ 1 \end{bmatrix} + c_2' \begin{bmatrix} 1 \\ -2 \\ 1 \end{bmatrix} \mathrm{e}^{-3t}$$

$$+ c_3' \left[\begin{bmatrix} 2 \\ -3 \\ 1 \end{bmatrix} + t \begin{bmatrix} 1 \\ -2 \\ 1 \end{bmatrix} \right] \mathrm{e}^{-3t}.$$

这里 c_1', c_2', c_3' 是任意常数. 由于所取的两个基本解组不一样,所以得到的通解其外表形式也不尽相同,但实质上是一样的.

例 4　解方程组

$$\begin{cases} \dfrac{\mathrm{d}x}{\mathrm{d}t} = -x + y + z \\[2mm] \dfrac{\mathrm{d}y}{\mathrm{d}t} = x - y + z, \\[2mm] \dfrac{\mathrm{d}z}{\mathrm{d}t} = x + y - z. \end{cases}$$

解　由特征方程

$$\begin{vmatrix} -1-\lambda & 1 & 1 \\ 1 & -1-\lambda & 1 \\ 1 & 1 & -1-\lambda \end{vmatrix}$$

$$= -(\lambda-1)(\lambda+2)^2$$

$$= 0$$

可求得特征根 $\lambda_1 = 1$(单根)，$\lambda_2 = -2$(二重根).

对于 $\lambda_1 = 1$，按照上述办法，容易求得属于它的特征向量

$$\boldsymbol{v}_0 = \begin{bmatrix} \alpha \\ \beta \\ \gamma \end{bmatrix} = \begin{bmatrix} 1 \\ 1 \\ 1 \end{bmatrix},$$

从而得到原方程的一个解

$$\begin{bmatrix} x \\ y \\ z \end{bmatrix}_1 = \begin{bmatrix} 1 \\ 1 \\ 1 \end{bmatrix} \mathrm{e}^t.$$

对于二重特征根 $\lambda_2 = -2$，设 $\boldsymbol{v}_0 = \begin{bmatrix} \alpha \\ \beta \\ \gamma \end{bmatrix}$，相应于(3.34)的方程

是

$$\begin{bmatrix} -1+2 & 1 & 1 \\ 1 & -1+2 & 1 \\ 1 & 1 & -1+2 \end{bmatrix}^2 \begin{bmatrix} \alpha \\ \beta \\ \gamma \end{bmatrix} = 0,$$

即

$$3\alpha + 3\beta + 3\gamma = 0.$$

由此可以求得两个线性无关的向量：

$$\boldsymbol{v}_0^{(1)} = \begin{bmatrix} 1 \\ 0 \\ -1 \end{bmatrix}, \qquad \boldsymbol{v}_0^{(2)} = \begin{bmatrix} 0 \\ 1 \\ -1 \end{bmatrix}.$$

分别代入相应的方程$(3.33)_1$,求得

$$\boldsymbol{v}_1{}^{(1)} = \begin{bmatrix} 0 \\ 0 \\ 0 \end{bmatrix}, \qquad \boldsymbol{v}_1{}^{(2)} = \begin{bmatrix} 0 \\ 0 \\ 0 \end{bmatrix}.$$

代入(3.32),得到$\lambda_2 = -2$对应的两个线性无关的解为

$$\begin{bmatrix} x \\ y \\ z \end{bmatrix}_2 = \begin{bmatrix} 1 \\ 0 \\ -1 \end{bmatrix} \mathrm{e}^{-2t},$$

$$\begin{bmatrix} x \\ y \\ z \end{bmatrix}_3 = \begin{bmatrix} 0 \\ 1 \\ -1 \end{bmatrix} \mathrm{e}^{-2t}.$$

通解为

$$\begin{bmatrix} x \\ y \\ z \end{bmatrix} = c_1 \begin{bmatrix} 1 \\ 1 \\ 1 \end{bmatrix} \mathrm{e}^{t} + c_2 \begin{bmatrix} 1 \\ 0 \\ -1 \end{bmatrix} \mathrm{e}^{-2t} + c_3 \begin{bmatrix} 0 \\ 1 \\ -1 \end{bmatrix} \mathrm{e}^{-2t}.$$

这个例子告诉我们,二重根λ不一定对应两个形如$(\boldsymbol{v}_0{}^{(1)} + t\boldsymbol{v}_1{}^{(1)})\mathrm{e}^{\lambda t}$和$(\boldsymbol{v}_0{}^{(2)} + t\boldsymbol{v}_1{}^{(2)})\mathrm{e}^{\lambda t}$的解,却可对应两个形如$\boldsymbol{v}_0{}^{(1)}\mathrm{e}^{\lambda t}$和$\boldsymbol{v}_0{}^{(2)}\mathrm{e}^{\lambda t}$的线性无关的解.

例 5 解方程组

$$\begin{cases} \dfrac{\mathrm{d}x}{\mathrm{d}t} = 2x + y + 2z, \\[2mm] \dfrac{\mathrm{d}y}{\mathrm{d}t} = -x + 4y + 2z, \\[2mm] \dfrac{\mathrm{d}z}{\mathrm{d}t} = 3z. \end{cases}$$

解 特征方程是

$$-(\lambda - 3)^3 = 0$$

特征根 $\lambda_1 = 3$(三重根). 设 $\boldsymbol{v}_0 = \begin{pmatrix} \alpha \\ \beta \\ \gamma \end{pmatrix}$,相应于(3.34)的方程是

$$\begin{pmatrix} 2-3 & 1 & 2 \\ -1 & 4-3 & 2 \\ 0 & 0 & 3-3 \end{pmatrix}^3 \begin{pmatrix} \alpha \\ \beta \\ \gamma \end{pmatrix}$$

$$= \begin{pmatrix} 0 & 0 & 0 \\ 0 & 0 & 0 \\ 0 & 0 & 0 \end{pmatrix} \begin{pmatrix} \alpha \\ \beta \\ \gamma \end{pmatrix} = \boldsymbol{0}.$$

由此可得 3 个线性无关的向量,例如取

$$\boldsymbol{v}_0^{(1)} = \begin{pmatrix} 1 \\ 0 \\ 0 \end{pmatrix}, \qquad \boldsymbol{v}_0^{(2)} = \begin{pmatrix} 0 \\ 1 \\ 0 \end{pmatrix}, \qquad \boldsymbol{v}_0^{(3)} = \begin{pmatrix} 0 \\ 0 \\ 1 \end{pmatrix}.$$

于是求得

$$\boldsymbol{v}_1^{(1)} = \begin{pmatrix} -1 \\ -1 \\ 0 \end{pmatrix}, \qquad \boldsymbol{v}_1^{(2)} = \begin{pmatrix} 1 \\ 1 \\ 0 \end{pmatrix}, \qquad \boldsymbol{v}_1^{(3)} = \begin{pmatrix} 2 \\ 2 \\ 0 \end{pmatrix}.$$

$$\boldsymbol{v}_2^{(1)} = \begin{pmatrix} 0 \\ 0 \\ 0 \end{pmatrix}, \qquad \boldsymbol{v}_2^{(2)} = \begin{pmatrix} 0 \\ 0 \\ 0 \end{pmatrix}, \qquad \boldsymbol{v}_2^{(3)} = \begin{pmatrix} 0 \\ 0 \\ 0 \end{pmatrix}.$$

从而得到 3 个线性无关的解为

$$\begin{pmatrix} x \\ y \\ z \end{pmatrix}_1 = \left[\begin{pmatrix} 1 \\ 0 \\ 0 \end{pmatrix} + t \begin{pmatrix} -1 \\ -1 \\ 0 \end{pmatrix} \right] \mathrm{e}^{3t},$$

$$\begin{pmatrix} x \\ y \\ z \end{pmatrix}_2 = \left[\begin{pmatrix} 0 \\ 1 \\ 0 \end{pmatrix} + t \begin{pmatrix} 1 \\ 1 \\ 0 \end{pmatrix} \right] \mathrm{e}^{3t},$$

$$\begin{bmatrix} x \\ y \\ z \end{bmatrix}_3 = \left[\begin{bmatrix} 0 \\ 0 \\ 1 \end{bmatrix} + t \begin{bmatrix} 2 \\ 2 \\ 0 \end{bmatrix} \right] \mathrm{e}^{3t}.$$

通解为

$$\begin{bmatrix} x \\ y \\ z \end{bmatrix} = \left[\begin{bmatrix} c_1 \\ c_2 \\ c_3 \end{bmatrix} + t \begin{bmatrix} 2c_3 + c_2 - c_1 \\ 2c_3 + c_2 - c_1 \\ 0 \end{bmatrix} \right] \mathrm{e}^{3t},$$

即

$$\begin{cases} x = \left[c_1 + (2c_3 + c_2 - c_1)t \right] \mathrm{e}^{3t}, \\ y = \left[c_2 + (2c_3 + c_2 - c_1)t \right] \mathrm{e}^{3t}, \\ z = c_3 \mathrm{e}^{3t}. \end{cases}$$

对于有复数的特征根,且是 k 重的情况,按上述方法,可先求得 k 对共轭复值解. 然后按本节例 2 前面所述的方法,用相应的 $2k$ 个实值解来代替从而得到基本解组. 对此不再详述.

二、常系数非齐次线性方程组的解法

对于右端特殊的常系数非齐次线性方程组,也可采用与线性方程类似的待定系数法求解. 但该法较繁琐,因此我们只介绍**变动任意常数法**解非齐次线性方程组. 这个方法也适用于变系数的情形.

考虑一般非齐次线性方程组

$$\frac{\mathrm{d}\boldsymbol{x}}{\mathrm{d}t} = \boldsymbol{A}(t)\boldsymbol{x} + \boldsymbol{f}(t). \tag{3.8}$$

设 $\boldsymbol{A}(t)$ 及 $\boldsymbol{f}(t)$ 在区间 (a,b) 内连续,并假设已知(3.8)对应的齐次线性方程组

$$\frac{\mathrm{d}\boldsymbol{x}}{\mathrm{d}t} = \boldsymbol{A}(t)\boldsymbol{x} \tag{3.10}$$

的一个基本解矩阵为 $\boldsymbol{X}(t)$,则

$$\boldsymbol{x} = \boldsymbol{X}(t)\boldsymbol{c} \qquad (3.22)$$

是(3.10)的通解,其中 $\boldsymbol{c}$ 是 n 维的任意常向量. 将 $\boldsymbol{c} = \boldsymbol{c}(t)$ 看成是未知的向量函数,并设

$$\boldsymbol{x} = \boldsymbol{X}(t)\boldsymbol{c}(t) \qquad (3.38)$$

是非齐次线性方程组(3.8)的解,于是

$$\frac{\mathrm{d}\boldsymbol{x}}{\mathrm{d}t} = \frac{\mathrm{d}\boldsymbol{X}(t)}{\mathrm{d}t}\boldsymbol{c}(t) + \boldsymbol{X}(t)\,\frac{\mathrm{d}\boldsymbol{c}(t)}{\mathrm{d}t}$$

$$= \boldsymbol{A}(t)\boldsymbol{X}(t)\boldsymbol{c} + \boldsymbol{X}(t)\,\frac{\mathrm{d}\boldsymbol{c}(t)}{\mathrm{d}t}. \qquad (3.39)$$

将(3.39)和(3.38)代入(3.8)得

$$\boldsymbol{X}(t)\boldsymbol{c}'(t) = \boldsymbol{f}(t). \qquad (3.40)$$

这是以 $\boldsymbol{c}'(t)$ 为未知向量的非齐次线性代数方程组,它的系数行列式是 $\boldsymbol{X}(t)$ 的朗斯基行列式,在区间 (a,b) 内该行列式处处不为零. 因此可按克莱姆(Cramer)法则求得它的解. 对于学过线性代数的读者,也可以采用逆矩阵的方法求解. 因为 $\det\boldsymbol{X}(t) \neq 0$,故 $\boldsymbol{X}(t)$ 的逆矩阵 $\boldsymbol{X}^{-1}(t)$ 存在,以 $\boldsymbol{X}^{-1}(t)$ 左乘(3.40)两端,可得到以逆矩阵形式表示的(3.40)的克莱姆法则的解:

$$\boldsymbol{c}'(t) = \boldsymbol{X}^{-1}(t)\boldsymbol{f}(t).$$

再从 t_0 到 t 积分, $t_0 \in (a,b)$, $t \in (a,b)$,并取 $\boldsymbol{c}(t_0) = 0$,即得

$$\boldsymbol{c}(t) = \int_{t_0}^{t} \boldsymbol{X}^{-1}(\tau)\boldsymbol{f}(\tau)\mathrm{d}\tau \qquad (3.41)$$

(向量函数的积分是一向量,它的各分量相应地是原来各分量的积分). 将此式代入(3.38)得到(3.8)的一个解

$$\boldsymbol{x}^* = \boldsymbol{X}(t)\int_{t_0}^{t} \boldsymbol{X}^{-1}(\tau)\boldsymbol{f}(\tau)\mathrm{d}\tau.$$

再由定理 3.6 就得到(3.8)的通解

$$\boldsymbol{x}(t) = \boldsymbol{X}(t)\boldsymbol{c} + \boldsymbol{X}(t)\int_{t_0}^{t} \boldsymbol{X}^{-1}(\tau)\boldsymbol{f}(\tau)\mathrm{d}\tau. \qquad (3.42)$$

其中 $\boldsymbol{c}$ 是 n 维的任意常向量, $t_0 \in (a,b)$ 可以任意取定.

当给定初值条件 $\boldsymbol{x}(t_0) = \boldsymbol{x}_0$ 时,将其代入(3.42),即得 $\boldsymbol{c} = \boldsymbol{X}^{-1}(t_0)\boldsymbol{x}_0$,从而得到初值问题

$$\frac{\mathrm{d}\boldsymbol{x}}{\mathrm{d}t} = \boldsymbol{A}(t)\boldsymbol{x} + \boldsymbol{f}(t) \tag{3.8}$$

$$\boldsymbol{x}(t_0) = \boldsymbol{x}_0, \quad t_0 \in (a,b) \tag{3.5}$$

的解为

$$\boldsymbol{x}(t) = \boldsymbol{X}(t)\boldsymbol{X}^{-1}(t_0)\boldsymbol{x}_0 + \boldsymbol{X}(t)\int_{t_0}^{t}\boldsymbol{X}^{-1}(\tau)\boldsymbol{f}(\tau)\mathrm{d}\tau,$$

$$t_0 \in (a,b). \tag{3.43}$$

由上所述,我们有如下的定理.

定理 3.8 设 $\boldsymbol{X}(t)$ 是(3.8)所对应的(3.10)的一个基本解矩阵,则(3.42)是(3.8)的通解,(3.43)是初值问题(3.8),(3.5)的特解.

例 6 试解初值问题

$$\frac{\mathrm{d}\boldsymbol{x}}{\mathrm{d}t} = \begin{bmatrix} 1 & 0 & 0 \\ 2 & 1 & -2 \\ 3 & 2 & 1 \end{bmatrix}\boldsymbol{x} + \begin{bmatrix} 0 \\ 0 \\ \mathrm{e}^t\cos 2t \end{bmatrix},$$

$$\boldsymbol{x}(0) = \begin{bmatrix} 0 \\ 0 \\ 1 \end{bmatrix}.$$

解 先求对应齐次方程组的通解. 为此,写出特征方程

$$\begin{vmatrix} 1-\lambda & 0 & 0 \\ 2 & 1-\lambda & -2 \\ 3 & 2 & 1-\lambda \end{vmatrix} = (1-\lambda)(\lambda^2 - 2\lambda + 5) = 0.$$

求出特征根 $\lambda_1 = 1, \lambda_2 = 1 + 2\mathrm{i}, \lambda_3 = 1 - 2\mathrm{i}$,它们都是单根.

对于 $\lambda_1 = 1$,特征向量 $\boldsymbol{v}_0 = \begin{bmatrix} \alpha \\ \beta \\ \gamma \end{bmatrix}$ 满足方程

$$\begin{pmatrix} 0 & 0 & 0 \\ 2 & 0 & -2 \\ 3 & 2 & 0 \end{pmatrix} \begin{pmatrix} \alpha \\ \beta \\ \gamma \end{pmatrix} = 0.$$

即

$$\begin{cases} 2\alpha - 2\gamma = 0, \\ 3\alpha + 2\beta = 0. \end{cases}$$

由此求得属于 $\lambda_1 = 1$ 的特征向量

$$\boldsymbol{v}_0 = \begin{pmatrix} \alpha \\ \beta \\ \gamma \end{pmatrix} = \begin{pmatrix} 2 \\ -3 \\ 2 \end{pmatrix}.$$

于是得到齐次方程的一个解

$$\boldsymbol{x}_1 = \begin{pmatrix} 2 \\ -3 \\ 2 \end{pmatrix} e^t.$$

对于 $\lambda_2 = 1 + 2i$,特征向量 $\boldsymbol{v}_0 = \begin{pmatrix} \alpha \\ \beta \\ \gamma \end{pmatrix}$ 满足方程

$$\begin{pmatrix} -2i & 0 & 0 \\ 2 & -2i & -2 \\ 3 & 2 & -2i \end{pmatrix} \begin{pmatrix} \alpha \\ \beta \\ \gamma \end{pmatrix} = 0.$$

由此求得属于 λ_2 的一个特征向量

$$\boldsymbol{v}_0 = \begin{pmatrix} \alpha \\ \beta \\ \gamma \end{pmatrix} = \begin{pmatrix} 0 \\ 1 \\ -i \end{pmatrix}.$$

于是得到齐次方程的一个复值解

$$\boldsymbol{x}_2 = \begin{pmatrix} 0 \\ 1 \\ -i \end{pmatrix} e^{(1+2i)t}$$

$$= e^t \begin{pmatrix} 0 \\ 1 \\ -i \end{pmatrix} (\cos 2t + i \sin 2t)$$

$$= e^t \left[\begin{pmatrix} 0 \\ \cos 2t \\ \sin 2t \end{pmatrix} + i \begin{pmatrix} 0 \\ \sin 2t \\ -\cos 2t \end{pmatrix} \right].$$

分别取它的实部和虚部,即得到齐次方程组的两个解.再连同前面已求得的一个解,就得到齐次方程组的一个基本解矩阵:

$$\boldsymbol{X}(t) = e^t \begin{pmatrix} 2 & 0 & 0 \\ -3 & \cos 2t & \sin 2t \\ 2 & \sin 2t & -\cos 2t \end{pmatrix}.$$

将其代入(3.40),得

$$e^t \begin{pmatrix} 2 & 0 & 0 \\ -3 & \cos 2t & \sin 2t \\ 2 & \sin 2t & -\cos 2t \end{pmatrix} \boldsymbol{c}'(t) = \begin{pmatrix} 0 \\ 0 \\ e^t \cos 2t \end{pmatrix}$$

由此可解得

$$\boldsymbol{c}'(t) = \begin{pmatrix} 0 \\ \sin 2t \cos 2t \\ -\cos^2 2t \end{pmatrix}.$$

故

$$\boldsymbol{c}(t) = \boldsymbol{c} + \int_0^t \begin{pmatrix} 0 \\ \sin 2\tau \cos 2\tau \\ -\cos^2 2\tau \end{pmatrix} d\tau$$

$$= \boldsymbol{c} + \begin{pmatrix} 0 \\ \dfrac{1}{8}(1 - \cos 4t) \\ -\dfrac{1}{2} - \dfrac{1}{8}\sin 4t \end{pmatrix}.$$

其中 c 是常向量. 将上式代入(3.42)即得通解

$$x(t) = \mathrm{e}^t \begin{pmatrix} 2 & 0 & 0 \\ -3 & \cos2t & \sin2t \\ 2 & \sin2t & -\cos2t \end{pmatrix} \left[c + \begin{pmatrix} 0 \\ \dfrac{1}{8}(1-\cos4t) \\ -\dfrac{t}{2} - \dfrac{1}{8}\sin4t \end{pmatrix} \right].$$

再由 $x(0) = \begin{pmatrix} 0 \\ 1 \\ 1 \end{pmatrix}$,得

$$\begin{pmatrix} 2 & 0 & 0 \\ -3 & 1 & 0 \\ 2 & 0 & -1 \end{pmatrix} c = \begin{pmatrix} 0 \\ 1 \\ 1 \end{pmatrix}.$$

所以

$$c = \begin{pmatrix} 0 \\ 1 \\ -1 \end{pmatrix}.$$

于是所给初值问题的解是

$$x(t) = \mathrm{e}^t \begin{pmatrix} 2 & 0 & 0 \\ -3 & \cos2t & \sin2t \\ 2 & \sin2t & -\cos2t \end{pmatrix} \begin{pmatrix} 0 \\ \dfrac{1}{8}(9-\cos4t) \\ -1 - \dfrac{t}{2} - \dfrac{1}{8}\sin4t \end{pmatrix}$$

$$= \mathrm{e}^t \begin{pmatrix} 0 \\ \cos2t - \left(1 + \dfrac{t}{2}\right)\sin2t \\ \left(1 + \dfrac{t}{2}\right)\cos2t + \dfrac{5}{4}\sin2t \end{pmatrix}.$$

对于高阶线性方程(3.9),按第二章 §4 中二的变动任意常数法得到的通解,与用变换(3.3)将(3.9)化成线性方程组(3.9)′之

后,按本节的变动任意常数法得到的通解(3.42)是一致的(其证明留在习题 19 中完成).

但是对于未知函数个数不多(例如 $n = 2$)的常系数齐次或非齐次方程组,我们也可以采取反其道而行之的办法,将它们化成高阶线性方程来求解,如下面的例 7、例 8.

例 7 求方程组

$$\begin{cases} \dfrac{\mathrm{d}x}{\mathrm{d}t} = x + 2y + \mathrm{e}^t, \\[2mm] \dfrac{\mathrm{d}y}{\mathrm{d}t} = 4x + 3y \end{cases}$$

的通解.

解 与解二元线性代数方程组的消元法相类似,我们设法消去一个未知函数. 例如消去 y,为此在第 1 式中解出 y,得

$$y = \frac{1}{2}\left(\frac{\mathrm{d}x}{\mathrm{d}t} - x - \mathrm{e}^t\right),$$

代入第 2 式得

$$\frac{1}{2}\,\frac{\mathrm{d}}{\mathrm{d}t}\left(\frac{\mathrm{d}x}{\mathrm{d}t} - x - \mathrm{e}^t\right) = 4x + \frac{3}{2}\left(\frac{\mathrm{d}x}{\mathrm{d}t} - x - \mathrm{e}^t\right),$$

即

$$\frac{\mathrm{d}^2 x}{\mathrm{d}t^2} - 4\,\frac{\mathrm{d}x}{\mathrm{d}t} - 5x = -2\mathrm{e}^t.$$

它的通解为

$$x = c_1 \mathrm{e}^{5t} + c_2 \mathrm{e}^{-t} + \frac{1}{4}\mathrm{e}^t.$$

代入 y 的表达式中得 $y = 2c_1 \mathrm{e}^{5t} - c_2 \mathrm{e}^{-t} - \dfrac{1}{2}\mathrm{e}^t$,即得所求方程的通解为

$$\begin{pmatrix} x \\ y \end{pmatrix} = c_1 \begin{pmatrix} 1 \\ 2 \end{pmatrix} \mathrm{e}^{5t} + c_2 \begin{pmatrix} 1 \\ -1 \end{pmatrix} \mathrm{e}^{-t} + \begin{pmatrix} \dfrac{1}{4} \\[2mm] \dfrac{-1}{2} \end{pmatrix} \mathrm{e}^t.$$

例 8 求方程组

$$
\begin{cases}
2\dfrac{\mathrm{d}x}{\mathrm{d}t} + \dfrac{\mathrm{d}y}{\mathrm{d}t} + y - t = 0, \\[2mm]
\dfrac{\mathrm{d}x}{\mathrm{d}t} + \dfrac{\mathrm{d}y}{\mathrm{d}t} - x - y - 2t = 0
\end{cases}
$$

的通解.

解 为了消去 y,先消去 $\dfrac{\mathrm{d}y}{\mathrm{d}t}$,得

$$
\frac{\mathrm{d}x}{\mathrm{d}t} + x + 2y + t = 0,
$$

即有

$$
y = -\frac{1}{2}\left(\frac{\mathrm{d}x}{\mathrm{d}t} + x + t\right),
$$

代入原给方程组的第 2 式并经整理,得

$$
\frac{\mathrm{d}^2 x}{\mathrm{d}t^2} - 2\frac{\mathrm{d}x}{\mathrm{d}t} + x = -3t - 1.
$$

由此解得 $x = c_1 \mathrm{e}^t + c_2 t\mathrm{e}^t - 3t - 7$,从而得 $y = -c_1 \mathrm{e}^t - c_2(\frac{1}{2} + t)\mathrm{e}^t + t + 5$,于是得原方程的通解:

$$
x = c_1 \mathrm{e}^t + c_2 t\mathrm{e}^t - 3t - 7,
$$
$$
y = -c_1 \mathrm{e}^t - c_2(\frac{1}{2} + t)\mathrm{e}^t + t + 5.
$$

习　　题

1. 将第二章习题 $1 \sim 3$ 中的"函数"改成"向量函数",则这些命题仍成立,试叙述并证明这些命题.

2. 对于非齐次线性方程组,叙述并证明与第二章习题 4 相应的习题.

3. 设 $\boldsymbol{X}(t)$ 是齐次线性方程组 $\dfrac{\mathrm{d}\boldsymbol{x}}{\mathrm{d}t} = \boldsymbol{A}(t)\boldsymbol{x}$ 的一个基本解矩阵,

$A(t)$ 在区间 (a,b) 内连续,$W(t)$ 是 $X(t)$ 的朗斯基行列式. 试证明下述刘维尔公式:

$$W(t) = W(t_0) e^{\int_{t_0}^{t} \sum_{i=1}^{n} a_{ii}(\tau) d\tau}, t_0 \in (a,b), t \in (a,b).$$

并证明:如果所给的齐次线性方程组是由高阶齐次线性方程经变换(3.3)得到的,则上述刘维尔公式与第二章习题5的刘维尔公式一致.

4. 设 $\boldsymbol{x}_1(t)$ 和 $\boldsymbol{x}_2(t)$ 分别是 $\dfrac{\mathrm{d}\boldsymbol{x}}{\mathrm{d}t} - A(t)\boldsymbol{x} = \boldsymbol{f}_1(t)$ 和 $\dfrac{\mathrm{d}\boldsymbol{x}}{\mathrm{d}t} - A(t)\boldsymbol{x} = \boldsymbol{f}_2(t)$ 的解,试证明 $\boldsymbol{x}_1(t) + \boldsymbol{x}_2(t)$ 是 $\dfrac{\mathrm{d}\boldsymbol{x}}{\mathrm{d}t} - A(t)\boldsymbol{x} = \boldsymbol{f}_1(t) + \boldsymbol{f}_2(t)$ 的解.

5. 设 $A(t)$ 是实矩阵,t 是实变量,$\boldsymbol{x}(t) = \boldsymbol{u}(t) + \mathrm{i}\boldsymbol{v}(t)$ 是方程 $\dfrac{\mathrm{d}\boldsymbol{x}}{\mathrm{d}t} - A(t)\boldsymbol{x} = \boldsymbol{\varphi}(t) + \mathrm{i}\boldsymbol{\psi}(t)$ 的解,其中 $\boldsymbol{u}(t), \boldsymbol{v}(t), \boldsymbol{\varphi}(t)$ 和 $\boldsymbol{\psi}(t)$ 都是实函数,$\mathrm{i} = \sqrt{-1}$ 是虚单位. 试证明 $\boldsymbol{u}(t)$ 和 $\boldsymbol{v}(t)$ 分别满足 $\dfrac{\mathrm{d}\boldsymbol{u}(t)}{\mathrm{d}t} - A(t)\boldsymbol{u}(t) = \boldsymbol{\varphi}(t)$ 和 $\dfrac{\mathrm{d}\boldsymbol{v}(t)}{\mathrm{d}t} - A(t)\boldsymbol{v}(t) = \boldsymbol{\psi}(t)$.

求下列方程组的解(6 ~ 20):

6. $\begin{cases} \dfrac{\mathrm{d}x}{\mathrm{d}t} = y - 3x, \\ \dfrac{\mathrm{d}y}{\mathrm{d}t} = 8x - y. \end{cases}$

7. $\begin{cases} \dfrac{\mathrm{d}x}{\mathrm{d}t} = x - y, \\ \dfrac{\mathrm{d}y}{\mathrm{d}t} = x + y, \end{cases}$

8. $\begin{cases} \dfrac{\mathrm{d}x}{\mathrm{d}t} = \alpha x + \beta y, \\ \dfrac{\mathrm{d}y}{\mathrm{d}t} = -\beta x + \alpha y, \ \alpha,\beta \text{ 为常数}, \beta > 0. \end{cases}$

9. $\begin{cases} \dfrac{\mathrm{d}x}{\mathrm{d}t} = x - y \\ \dfrac{\mathrm{d}y}{\mathrm{d}t} = x + 3y. \end{cases}$

10. $\begin{cases} \dfrac{\mathrm{d}x}{\mathrm{d}t} = y + z, \\ \dfrac{\mathrm{d}y}{\mathrm{d}t} = z + x, \\ \dfrac{\mathrm{d}z}{\mathrm{d}t} = x + y. \end{cases}$

11. $\begin{cases} \dfrac{\mathrm{d}x}{\mathrm{d}t} = x + y - z, \\ \dfrac{\mathrm{d}y}{\mathrm{d}t} = -x + y + z, \\ \dfrac{\mathrm{d}z}{\mathrm{d}t} = x - y + z. \end{cases}$

12. $\begin{cases} \dfrac{\mathrm{d}x}{\mathrm{d}t} - \dfrac{\mathrm{d}y}{\mathrm{d}t} - \dfrac{\mathrm{d}z}{\mathrm{d}t} + x - 2z = 0, \\ \dfrac{\mathrm{d}x}{\mathrm{d}t} - \dfrac{\mathrm{d}y}{\mathrm{d}t} + \dfrac{\mathrm{d}z}{\mathrm{d}t} + x = 0, \\ \dfrac{\mathrm{d}x}{\mathrm{d}t} + \dfrac{\mathrm{d}y}{\mathrm{d}t} - \dfrac{\mathrm{d}z}{\mathrm{d}t} + x + 2y = 0 \end{cases}$

13. $\begin{cases} \dfrac{\mathrm{d}^2 x}{\mathrm{d}t^2} = y, \\ \dfrac{\mathrm{d}^2 y}{\mathrm{d}t^2} = x. \end{cases}$

14.
$$\begin{cases} \dfrac{\mathrm{d}x}{\mathrm{d}t} = 2y - 5x + \mathrm{e}^t \\ \dfrac{\mathrm{d}y}{\mathrm{d}t} = x - 6y + \mathrm{e}^{-2t}. \end{cases}$$

15.
$$\begin{cases} \dfrac{\mathrm{d}x}{\mathrm{d}t} + \dfrac{\mathrm{d}y}{\mathrm{d}t} = -x + y + 3, \\ \dfrac{\mathrm{d}x}{\mathrm{d}t} - \dfrac{\mathrm{d}y}{\mathrm{d}t} = x + y - 3, \end{cases}$$

16.
$$\begin{cases} \dfrac{\mathrm{d}x}{\mathrm{d}t} = 2x + 4y - \mathrm{e}^{-t}, \\ \dfrac{\mathrm{d}y}{\mathrm{d}t} = -x + 2y - 4\mathrm{e}^{-t}. \end{cases}$$

17.
$$\begin{cases} \dfrac{\mathrm{d}x}{\mathrm{d}t} + 5x + y = \mathrm{e}^t \\ \dfrac{\mathrm{d}y}{\mathrm{d}t} - x + 3y = \mathrm{e}^{2t} \end{cases}$$

18.
$$\begin{cases} \dfrac{\mathrm{d}x}{\mathrm{d}t} + \dfrac{\mathrm{d}y}{\mathrm{d}t} - x + 2y = 1 + \mathrm{e}^t, \\ \dfrac{\mathrm{d}y}{\mathrm{d}t} + \dfrac{\mathrm{d}z}{\mathrm{d}t} + 2y + z = 2 + \mathrm{e}^t, \\ \dfrac{\mathrm{d}x}{\mathrm{d}t} + \dfrac{\mathrm{d}z}{\mathrm{d}t} - x + z = 3 + \mathrm{e}^t. \end{cases}$$

19. 试证明,对于高阶线性方程(3.9),按第二章 §4 中二的变动任意常数法得到的通解,与用变换(3.3)将(3.9)化成线性方程组(3.9)′之后,按本节的变动任意常数法得到的通解(3.42)是一致的(以 $n = 2$ 情形证明之).

20. 飞机在空中沿水平方向等速飞行,速度为 v_0,一重为 mg 的炸弹从飞机上下落,设空气的阻力为 R(常数),试求炸弹运动规律.

21. 设 二电流回路如图 3-1,电动势 E 为常数. 若开始时电流 $i_1 = i_2 = 0$,试求电流 $i_1(t), i_2(t)$ 随时间 t 的变化规律.

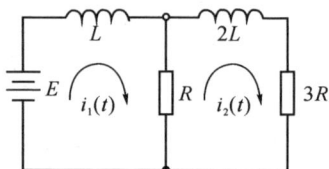

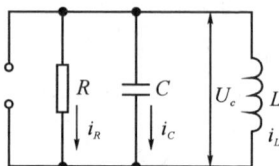

图 3-1 图 3-2

22. 一电路如图 3-2 所示,输入电压为零,电路参数 $C=1$ 法, $L=1$ 亨,$R=1$ 欧. 试写出以电容上的电压 U_C 和电感上的电流 i_L 为未知函数,以时间 t 为自变量的微分方程组. 并设 $U_c(0)=U_{C_0}$, $i_L(0)=i_{L_0}$,求方程组的特解.

23. 质量为 m_1 和 m_2 的两个小球,穿在一光滑水平杆上,由一轻质弹簧连接,且可沿杆移动. 当弹簧不受力时,两小球重心间的距离为 l. 若用 x_1,x_2 分别表示两小球的位移,并设 $x_1(0)=0$, $\dot{x}_1(0)=v_0,x_2(0)=l,\dot{x}_2(0)=0$. 试求两球的运动规律(这里的记号 $\cdot$ 表示 $\dfrac{\mathrm{d}}{\mathrm{d}t}$).

第4章　稳定性与定性理论初步

从 17 世纪到 19 世纪后半期这一段相当长的时期内,人们试图以各种方法寻求用初等函数及其积分表示微分方程的通解.但是这种愿望无法完全实现.在第一章中我们已经指出过,即使对于形状甚为简单的黎卡提方程 $y' = p(x)y^2 + q(x)y + r(x)$,除了其中某些特殊情形外,一般也是不能用初等方法求解的(刘维尔,1841).而科学技术的发展,又提出了大量的常微分方程问题,这就要求人们寻找新的途经来解决它.在这种情况下,法国数学家庞加莱(H. Poincaré)创建了常微分方程定性理论.与此同时,俄国数学家李雅普诺夫(A. M. Lyaponov)创建了稳定性理论.这些理论的特点是,在不求出解的情况下,根据微分方程本身的特点,研究解的性质.

本章将分别介绍稳定性理论、定性理论初步等内容.

§1　稳定性概念与一次近似理论

一、李雅普诺夫稳定性概念

为方便起见,仍采用向量记号.

设 y 是 n 维向量,$\psi(t, y)$ 是定义在 $D = I^+ \times G$ 上的 n 维连续向量函数,其中 $I^+ = [0, +\infty)$,G 是 n 维空间 R^n 中的某一区域.

考虑微分方程组

$$\frac{\mathrm{d}y}{\mathrm{d}t} = \psi(t, y),\tag{4.1}$$

设它在 D 的任一与坐标面平行的长方体内,满足附录中定理 A 的初值问题解的存在唯一性条件.

设某个运动过程由微分方程组(4.1)的某个解来描述,这个解满足一定的初值条件.但初值条件不可避免地会有误差,因此人们自然要问:初值的微小变化,对所求的解的影响如何?如果不论初值的变化多少,对应的解总要产生明显的变化,则此种解的实用价值,就多少要受到一些限制.因此寻求这样的条件是很重要的:在这些条件下,只要初值的变化足够小,解的变化就可以小于事先指定的程度.李雅普诺夫研究了这个问题,并引入了稳定性概念.

例 1 设 λ 是常数,x 是标量.容易验证,满足微分方程及相应初值条件

$$\frac{\mathrm{d}x}{\mathrm{d}t} = \lambda(1 - x^2), x(t_0) = x_0 \quad (t_0 \geqslant 0) \tag{4.2}$$

的解是

$$x(t) = \frac{(1 + x_0)\mathrm{e}^{2\lambda(t - t_0)} - (1 - x_0)}{(1 + x_0)\mathrm{e}^{2\lambda(t - t_0)} + (1 - x_0)}. \tag{4.3}$$

现在研究当初值由 $x_0 = 1$ 改变到 $x_0 \neq 1$ 时,它们分别对应的解的改变情况.

当 $x_0 = 1$ 时,初值问题(4.2)的解(4.3)为 $x = 1$.将这个解记为 $\varphi(t)$,即

$$x = \varphi(t) \equiv 1 \quad (\varphi(t_0) = 1).$$

设 $\lambda > 0$.当 $x(t_0) = x_0 \neq 1$ 但 $|x_0 - 1|$ 很小(例如 $|x_0 - 1| < 1$)时,则对一切 $t \in [t_0, +\infty)$,(4.3)的分母

$$(1 + x_0)\mathrm{e}^{2\lambda(t - t_0)} + (1 - x_0) > 1 + x_0 + 1 - x_0 = 2 > 2.$$

因此解 $x(t)$ 在区间 $t_0 \leqslant t < +\infty$ 上存在,且

$$|x(t) - \varphi(t)| = \left| \frac{2(x_0 - 1)}{(1 + x_0)\mathrm{e}^{2\lambda(t - t_0)} + (1 - x_0)} \right|$$

$$< |x_0 - 1|. \tag{4.4}$$

于是对于任意给定的 $\varepsilon > 0$ 和 $t_0 \geqslant 0$,取

$$\delta = \delta(\varepsilon, t_0) \equiv \min(\varepsilon, 1).$$

当 $x(t)$ 的初值 $x(t_0) = x_0$ 与 $\varphi(t)$ 的初值 $\varphi(t_0) = 1$ 的差的绝对值

$$| x_0 - 1 | < \delta \tag{4.5}$$

时,由(4.4)可知,它们分别对应的解的差的绝对值

$$| x(t) - \varphi(t) | < \varepsilon. \tag{4.6}$$

不但如此,当 $| x_0 - 1 | < 1$ 时,由(4.4)还可推知

$$\lim_{t \to +\infty} | x(t) - \varphi(t) | = 0 \tag{4.7}$$

如果 $\lambda = 0$,那么由(4.5)仍可推出(4.6),但(4.7)并不成立.

如果 $\lambda < 0$,则情况就不一样了.下面分两种情形来讨论.

若 $x_0 > 1$,则不论 $| x_0 - 1 |$ 多么小,由(4.3)知,当 $t \to t_0 + \dfrac{1}{2\lambda} \ln \dfrac{x_0 - 1}{x_0 + 1} (> t_0)$ 时,$x(t) \to +\infty$. 即解 $x(t)$ 不在整个区间 $t_0 \leqslant t < +\infty$ 上有定义. 所以根本谈不上在区间 $t_0 \leqslant t < +\infty$ 上 $| x(t) - \varphi(t) |$ 改变多么小的问题.

若 $x_0 < 1$,虽然解 $x(t)$ 在整个区间 $t_0 \leqslant t < +\infty$ 上存在,但对于给定的 $\varepsilon_0 (0 < \varepsilon_0 < 2)$,不论 $| x_0 - 1 |$ 多么小,只要 x_0 取定(从而解 $x(t)$ 也就定了),则当

$$t > t_0 + \frac{1}{2\lambda} \ln \left(\frac{1 - x_0}{1 + x_0} \cdot \frac{2 - \varepsilon_0}{\varepsilon_0} \right)$$

时,就有

$$| x(t) - \varphi(t) | = \left| \frac{2(x_0 - 1)}{(1 + x_0) \mathrm{e}^{2\lambda(t - t_0)} + (1 - x_0)} \right| > \varepsilon_0.$$

所以,对于 $\lambda < 0$ 的情况,不论上述两种情形的哪一种,当初值"失之毫厘"时,在区间 $t_0 \leqslant t < +\infty$ 上的解会发生"谬以千里"的情况.

由例1可见,对于 $\lambda > 0, = 0, < 0$ 三种不同情形,在无限区间 $t_0 \leqslant t < +\infty$ 上,初值的变化对解 $x = \varphi(t)$ 的影响是不一样的.

以下我们引入李雅普诺夫意义下（4.1）的解 $\boldsymbol{y} = \boldsymbol{\varphi}(t)$ 是稳定，渐近稳定或不稳定的概念，为此总假设解 $\boldsymbol{y} = \boldsymbol{\varphi}(t)$ 在区间 $0 \leqslant t < +\infty$ 上存在.

定义 4.1 如果对于任意给定的 $\varepsilon > 0$ 和 $t_0 \geqslant 0$，存在相应的 $\delta = \delta(\varepsilon, t_0) > 0$，使得当

$$\| \boldsymbol{y}_0 - \boldsymbol{\varphi}(t_0) \| < \delta \tag{4.8}$$

时，（4.1）满足 $\boldsymbol{y} \mid_{t=t_0} = \boldsymbol{y}_0$ 的解 $\boldsymbol{y} = \boldsymbol{y}(t, t_0, \boldsymbol{y}_0)$ 都在区间 $t_0 \leqslant t < +\infty$ 上存在，并且在该区间上成立不等式

$$\| \boldsymbol{y}(t, t_0, \boldsymbol{y}_0) - \boldsymbol{\varphi}(t) \| < \varepsilon, \tag{4.9}$$

则称（4.1）的解 $\boldsymbol{y} = \boldsymbol{\varphi}(t)$ 是在李雅普诺夫意义下稳定的.

如果解 $\boldsymbol{\varphi}(t)$ 不仅稳定，而且对于任意给定的 $t_0 \geqslant 0$，存在 $\delta_1 = \delta_1(t_0) > 0$，使得当

$$\| \boldsymbol{y}_0 - \boldsymbol{\varphi}(t_0) \| < \delta_1$$

时，（4.1）满足 $\boldsymbol{y} \mid_{t=t_0} = \boldsymbol{y}_0$ 的解 $\boldsymbol{y} = \boldsymbol{y}(t, t_0, \boldsymbol{y}_0)$ 成立等式

$$\lim_{t \to +\infty} [\boldsymbol{y}(t, t_0, \boldsymbol{y}_0) - \boldsymbol{\varphi}(t)] = \boldsymbol{0}, \tag{4.10}$$

则称解 $\boldsymbol{y} = \boldsymbol{\varphi}(t)$ 是在**李雅普诺夫意义下渐近稳定的**.

如果（4.1）的解 $\boldsymbol{y} = \boldsymbol{\varphi}(t)$ 不是稳定的，即如果存在 $\varepsilon_0 > 0$ 和 $t_0 \geqslant 0$，不论 $\delta > 0$ 多么小，总存在 $\boldsymbol{y}_0$ 和 $t_1 \geqslant t_0$，虽然 $\| \boldsymbol{y}_0 - \boldsymbol{\varphi}(t_0) \| < \delta$，但是（4.1）的以 $\boldsymbol{y} \mid_{t=t_0} = \boldsymbol{y}_0$ 为初值条件的解 $\boldsymbol{y} = \boldsymbol{y}(t, t_0, \boldsymbol{y}_0)$ **在 $t = t_1$，时有**

$$\| \boldsymbol{y}(t_1, t_0, \boldsymbol{y}_0) - \boldsymbol{\varphi}(t_1) \| \geqslant \varepsilon_0,$$

则称解 $\boldsymbol{y} = \boldsymbol{\varphi}(t)$ 是在**李雅普诺夫意义不稳定**的.

这里 $\| \boldsymbol{x} \|$ 是向量的范数，定义见附录.

以后，用到上述定义时，"李雅普诺夫意义下"几个字常省去.

注意，（4.1）的解 $\boldsymbol{y} = \boldsymbol{\varphi}(t)$ 稳定，是指在（4.8）条件下（4.9）成立，它等价于：对于任意给定的 $t_0 \geqslant 0$，在 $t_0 \leqslant t < +\infty$ 上一致地成立

$$\lim_{\substack{y_0 \to \varphi(t_0)}} \big[y(t,t_0,y_0) - \varphi(t) \big] = 0. \tag{4.9'}$$

显然,(4.9′)与等式(4.10)不是一回事. 解 $y = \varphi(t)$ 渐近稳定是要求(4.9′)和(4.10)同时成立.

对照定义 4.1 可知,在例 1 中如果 $\lambda > 0$,则解 $x = \varphi(t) \equiv 1$ 是渐近稳定的;如果 $\lambda < 0$,则解 $x = \varphi(t)$ 是不稳定的;如果 $\lambda = 0$,则解 $x = \varphi(t)$ 是稳定但不渐近稳定的. 这是因为当 $x_0 \neq 1$ 时

$$\lim_{t \to +\infty} \big[x(t) - \varphi(t) \big] = x_0 - 1 \neq 0,$$

(4.10)不成立.

通常,将对系数(4.1)的解 $y = \varphi(t)$ 的稳定性的研究转化为对零解的稳定性的研究. 为此,引入新的向量函数 x 以替代 y,即令

$$x = y - \varphi(t)$$

则有

$$\begin{aligned}
\frac{\mathrm{d}x}{\mathrm{d}t} &= \frac{\mathrm{d}y}{\mathrm{d}t} - \frac{\mathrm{d}\varphi(t)}{\mathrm{d}t} \\
&= \psi(t,y) - \psi(t,\varphi(t)) \\
&= \psi(t,x+\varphi(t)) - \psi(t,\varphi(t)) \\
&\xupto{\text{记为}} f(t,x).
\end{aligned} \tag{4.11}$$

显然,

$$f(t,0) = \psi(t,\varphi(t)) - \psi(t,\varphi(t)) \equiv 0,$$

这样,就把系统(4.1)的解 $y = \varphi(t)$ 化为系统

$$\frac{\mathrm{d}x}{\mathrm{d}t} = f(t,x) \tag{4.12}$$

的零解 $x = 0$;把(4.1)的关于解 $y = \varphi(t)$ 的稳定性问题,化为(4.12)关于零解 $x = 0$ 的稳定性问题了. 这里,(4.12)中的 f 满足

$$f(t,0) \equiv 0. \tag{4.13}$$

只要将定义 4.1 中的 $y - \varphi(t)$ 换成 x,$y_0 - \varphi(t_0)$ 换成 x_0,系统(4.1)换成(4.12),就可写出系统(4.12)分别关于它的零解 $x = 0$ 的稳定性,渐近稳定性和不稳定性的定义,在此从略.

如果(4.12)右边不明显含 t,我们将这种系统写为

$$\frac{\mathrm{d}\boldsymbol{x}}{\mathrm{d}t} = \boldsymbol{f}(\boldsymbol{x}) \tag{4.14}$$

并称它为**自治系统**,此时,相应的(4.13)成为

$$\boldsymbol{f}(\boldsymbol{0}) = \boldsymbol{0} \tag{4.15}$$

如果(4.12)右边的确含 t,则称该系统为**非自治系统**.

二、一次近似理论

以下我们仅研究满足(4.15)的自治系统(4.14)的零解的稳定性问题.

先研究常系数齐次线性系统

$$\frac{\mathrm{d}\boldsymbol{x}}{\mathrm{d}t} = \boldsymbol{A}\boldsymbol{x} \tag{4.16}$$

的零解 $\boldsymbol{x} = \boldsymbol{0}$ 的稳定性问题. 其中 A 是常数矩阵. 由第三章(3.36)式知,(4.16)的通解是

$$\boldsymbol{x}(t) = \sum_{i=1}^{s} \sum_{j=1}^{n_i} c_{ij} \boldsymbol{p}_i^{(j)}(t) \mathrm{e}^{\lambda_i t}, \tag{4.17}$$

这里所用的记号的意义见第三章定理3.7. 由通解形式(4.17),我们有下述定理.

定理4.1 (1)如果 A 的一切特征根的实部都是负的,则系统(4.16)的零解是渐近稳定的;

(2)如果 A 的特征根中至少有一个根的实部是正的,则系统(4.16)的零解是不稳定的;

(3)如果 A 的一切特征根的实部都不是正的,但有零实部,则系统(4.16)的零解可能是不稳定的,也可能是稳定的,但总不会是渐近稳定的.

由定理4.1可得到下述理论:系统(4.16)的零解为渐近稳定的充分必要条件是 A 的一切特征的实部都是负的.

此推论的充分性可由定理 4.1 的(1)推知,关于必要性可以这样考虑:如果(4.16)的零解为渐近稳定,则由定理 4.1 的(2)和(3)知,A 既不可能有正实部的特征根,也不可能有零实部的特征根,所以 A 的一切特征根的实部只能都是负的.于是必要性得证.

为使读者更好地理解定理 4.1 的(3),我们举两个例子.

例 2 系统
$$\begin{cases} \dfrac{\mathrm{d}x}{\mathrm{d}t} = -3x - 2y + 5z, \\[2mm] \dfrac{\mathrm{d}y}{\mathrm{d}t} = 3x - 2y - z, \\[2mm] \dfrac{\mathrm{d}z}{\mathrm{d}t} = 3x - 2y - z. \end{cases}$$

的特征方程是
$$\begin{vmatrix} -3-\lambda & -2 & 5 \\ 3 & -2-\lambda & -1 \\ 3 & -2 & -1-\lambda \end{vmatrix} = -\lambda^2(\lambda+6) = 0.$$

它的一个特征根是 -6,另两个特征根都是零.易知系统的通解是
$$\begin{bmatrix} x \\ y \\ z \end{bmatrix} = c_1 \begin{bmatrix} 1 \\ 1 \\ 1 \end{bmatrix} + c_2 \begin{bmatrix} 1+4t \\ -1+4t \\ 1+4t \end{bmatrix} + c_3 \begin{bmatrix} 1 \\ -1 \\ 1 \end{bmatrix} \mathrm{e}^{-6t}.$$

由于含有 t 的多项式,可见系统的零解是不稳定的.

例 3 系统
$$\begin{cases} \dfrac{\mathrm{d}x}{\mathrm{d}t} = -7x - 7y + 3u + 3v, \\[2mm] \dfrac{\mathrm{d}y}{\mathrm{d}t} = 5x + 5y - 3u - 3v, \\[2mm] \dfrac{\mathrm{d}u}{\mathrm{d}t} = -6u - 6v, \\[2mm] \dfrac{\mathrm{d}v}{\mathrm{d}t} = x + y + 3u + 3v. \end{cases}$$

的特征方程是 $\lambda^2(\lambda+2)(\lambda+3)=0$. 四个特征根分别是 $0,0,-2$, -3. 易知通解为

$$
\begin{pmatrix} x \\ y \\ u \\ v \end{pmatrix} = c_1 \begin{pmatrix} 1 \\ -1 \\ 0 \\ 0 \end{pmatrix} + c_2 \begin{pmatrix} 0 \\ 0 \\ 1 \\ -1 \end{pmatrix}
$$

$$
+ c_3 \begin{pmatrix} -2 \\ 1 \\ -3 \\ 2 \end{pmatrix} \mathrm{e}^{-2t} + c_4 \begin{pmatrix} 1 \\ -1 \\ -2 \\ 1 \end{pmatrix} \mathrm{e}^{-3t}.
$$

于是推知零解是稳定但非渐近稳定的.

前面讨论的是线性系统,如果(4.14)不是线性系统,我们就称它为**非线性系统**. 现在研究满足条件(4.15)的一般非线性自治系统(4.14)的零解的稳定性问题. 设 $f(x)$ 在 $x=0$ 的某邻域内连续,并有直至二阶连续偏导数(如果仅是为了使用下面的定理4.2,那么由该定理可见,用不到如此强的条件),则由多元函数的麦克劳林公式,可将 $f(x)$ 展开成

$$
f(x) = Ax + R(x),
$$

其中

$$
A = \begin{pmatrix} \dfrac{\partial f_1}{\partial x_1} & \cdots & \dfrac{\partial f_1}{\partial x_n} \\ \vdots & & \vdots \\ \dfrac{\partial f_n}{\partial x_1} & \cdots & \dfrac{\partial f_n}{\partial x_n} \end{pmatrix}_{x=0}
$$

是一个常数矩阵,

$$
f(x) = \begin{pmatrix} f_1(x) \\ \vdots \\ f_n(x) \end{pmatrix}, \quad x = \begin{pmatrix} x_1 \\ \vdots \\ x_n \end{pmatrix},
$$

和 $R(x)$ 都是向量函数,且

$$\lim_{\|x\|\to 0} \frac{\|R(x)\|}{\|x\|} = 0. \tag{4.18}$$

于是,(4.14) 可写成

$$\frac{\mathrm{d}x}{\mathrm{d}t} = Ax + R(x). \tag{4.19}$$

系统

$$\frac{\mathrm{d}x}{\mathrm{d}t} = Ax \tag{4.20}$$

称为(4.19)的**一次近似系统**. 最早,人们以为总可以用一次近似系统来代替所研究的原系统. 但后来人们发现,这种看法是错误的,或者至少说是不全面的. 人们发现,非线性系统中的许多性质,在它的一次近似系统中不再保留. 即使像零解稳定性这样一个问题,也要在一定条件下,才可用它的一次近似系统代替原系统来研究. 关于这个问题,我们有下述定理:

定理 4.2 设 $R(x)$ 满足条件(4.18),那么:

(1)如果 A 的一切特征根的实部都是负的,则(4.19)的零解是渐近稳定的;

(2)如果 A 的特征根中至少有一个根的实部是正的,则(4.19)的零解是不稳定的.

(证略)

由定理 4.2 可知,当 A 的一切特征根的实部都是负的,或者至少有一个特征根的实部是正的时,则可以用(4.19)的一次近似系统代替原系统来研究它的零解稳定性,在这种情况下,系统(4.19)的零解与它的一次近似系统(4.20)的零解或同为渐近稳定,或同为不稳定. 这种情形就是人们通常说的系统(4.19)可以"线性化".

定理 4.2 中没有提到矩阵 A 的一切特征根的实部都不是正的,但有零实部的情形. 这种情形相当复杂. 此时非线性系统

(4.19) 的零解可能稳定,可能不稳定,也可能渐近稳定,要由 $R(x)$ 决定.

由定理 4.2 可知,在研究零解的稳定性问题中,判定矩阵 A 的一切特征根的实部是否都是负的,是十分重要的. 霍尔维茨 (Hurwitz) 证明了下述定理,解决了判定一个 n 次代数方程一切根的实部是否都是负数的问题.

定理 4.3　实系数的 n 次代数方程
$$p_0 \lambda^n + p_1 \lambda^{n-1} + \cdots + p_{n-1} \lambda + p_n = 0 \quad (p_0 > 0)$$
的一切根的实部都是负数的充分必要条件是下列**霍尔维茨行列式**

$$\Delta_1 = p_1, \quad \Delta_2 = \begin{vmatrix} p_1 & p_3 \\ p_0 & p_2 \end{vmatrix}, \quad \Delta_3 = \begin{vmatrix} p_1 & p_3 & p_5 \\ p_0 & p_2 & p_4 \\ 0 & p_1 & p_3 \end{vmatrix},$$

$$\cdots, \quad \Delta_n = \begin{vmatrix} p_1 & p_3 & \cdots & p_{2n-1} \\ p_0 & p_2 & \cdots & p_{2n-2} \\ \vdots & \vdots & & \vdots \\ 0 & 0 & \cdots & p_n \end{vmatrix} = p_n \Delta_{n-1}$$

都大于零. 这里 Δ_n 中的第 i 行第 j 列的元素为 p_{2i-j},其中当 $k > n$ 或 $k < 0$ 时规定 $p_k = 0$. 而 $\Delta_1, \Delta_2, \Delta_3, \cdots$ 分别是 Δ_n 中取其左上角元素构成的 1 阶、2 阶、3 阶、 $\cdots$ 子行列式.(证略)

例 4　研究系统
$$\begin{cases} \dfrac{\mathrm{d}x}{\mathrm{d}t} = \tan(z - y) - 2x, \\[2mm] \dfrac{\mathrm{d}y}{\mathrm{d}t} = \sqrt{9 + 12x} - 3\mathrm{e}^y, \\[2mm] \dfrac{\mathrm{d}z}{\mathrm{d}t} = -3x. \end{cases}$$

的零解的稳定性.

解　为了写出上述系统的一次近似系统,将 $\tan(z - y)$,

$\sqrt{9+12x}$,e^y 按麦克劳林公式展开,则得

$$\begin{cases} \dfrac{\mathrm{d}x}{\mathrm{d}t} = -2x + z - y + \cdots, \\[2mm] \dfrac{\mathrm{d}y}{\mathrm{d}t} = 3\left(1 + \dfrac{2}{3}x + \cdots\right) - 3(1 + y + \cdots) \\[2mm] \qquad = 2x - 3y + \cdots, \\[2mm] \dfrac{\mathrm{d}z}{\mathrm{d}t} = -3x. \end{cases}$$

取一次近似,得

$$\begin{cases} \dfrac{\mathrm{d}x}{\mathrm{d}t} = -2x - y + z, \\[2mm] \dfrac{\mathrm{d}y}{\mathrm{d}t} = 2x - 3y, \\[2mm] \dfrac{\mathrm{d}z}{\mathrm{d}t} = -3x. \end{cases}$$

它的特征方程是

$$\lambda^3 + 5\lambda^2 + 11\lambda + 9 = 0.$$

其霍尔维茨行列式是

$$\Delta_1 = 5,\ \Delta_2 = \begin{vmatrix} 5 & 9 \\ 1 & 11 \end{vmatrix} = 46,\ \Delta_2 = 414.$$

故 $\Delta_1 > 0, \Delta_2 > 0, \Delta_3 > 0$. 由定理 4.3 知,一切特征根的实部都是负数. 由定理 4.2 知,原系统的零解是渐近稳定的.

例 5 判定系统

$$\begin{cases} \dfrac{\mathrm{d}x}{\mathrm{d}t} = e^x - e^{-3z}, \\[2mm] \dfrac{\mathrm{d}y}{\mathrm{d}t} = 4z - 3\sin(x + y), \\[2mm] \dfrac{\mathrm{d}z}{\mathrm{d}t} = \ln(1 + z - 3x). \end{cases}$$

零解的稳定性.

解 一次近似系统是

$$\begin{cases} \dfrac{\mathrm{d}x}{\mathrm{d}t} = x + 3z, \\[2mm] \dfrac{\mathrm{d}y}{\mathrm{d}t} = -3x - 3y + 4z, \\[2mm] \dfrac{\mathrm{d}z}{\mathrm{d}t} = -3x + z. \end{cases}$$

它的特征方程是

$$\lambda^3 + \lambda^2 + 4\lambda + 30 = 0.$$

计算它的霍尔维茨行列式,得 $\Delta_1 = 1, \Delta_2 = -26$,由此知特征根的实部不全是负的. 为了研究稳定性,需要求出特征根. 它们分别是 $-3, 1 \pm 3i$. 其中有实部为正的根,故由定理 4.2 知,原系统的零解是不稳定的.

§2 李雅普诺夫直接方法

除了上述用一次近似系统判定零解的稳定性外,李雅普诺夫还创建了判定稳定性的所谓第二方法,或称直接法. 它不需要寻求方程的解,这个方法在控制论、自动化、电力系统,甚至生态系统等许多领域中得到广泛的应用,并引起学者们的很大兴趣,发展甚为迅速. 下面简单介绍这个方法的基本理论及应用.

一、定正(定负)函数、常正(常负)函数、变号函数

以下总假定 $x \in \mathbf{R}^n$ 的函数 $V(x)$ 在原点 $x = \mathbf{0}$ 的某邻域 Ω 内连续,并有连续的一阶偏导数.

定义 4.2 (1) 如果存在 $h > 0$,当 $x \in C_h = \{x \mid 0 < \|x\| \leqslant h, x \in \mathbf{R}^n\} \subset \Omega$ 时 $V(x) > 0 (< 0)$,且 $V(\mathbf{0}) = 0$,则称函数 $V(x)$ 在 C_h 内为定正(定负)函数. 定正函数与定负函数统称为定号函数.

(2) 如果存在 $h>0$, 当 $\boldsymbol{x} \in C_h$(C_h 的意义同(1))时 $V(\boldsymbol{x}) \geqslant 0 (\leqslant 0)$, 且 $V(\boldsymbol{0}) = 0$, 则称函数 $V(\boldsymbol{x})$ 在 C_h 内为常正(常负)函数. 常正函数与常负函数统称为常号函数.

(3) 如果不论 $h>0$ 多么小, 当 $\boldsymbol{x} \in C_h$(C_h 的意义同(1))时 $V(\boldsymbol{x})$ 既可取到正值, 又可取到负值, 则称 $V(\boldsymbol{x})$ 为变号函数.

显然, 若 $V(\boldsymbol{x})$ 为变号函数, 则 $V(\boldsymbol{0}) = 0$.

举几个例子. 在 $\boldsymbol{R}^3$ 中,

(1) $V(x,y,z) = x^2 + 2y^2 + 3z^2$ 在全空间 $\boldsymbol{R}^3$ 中是定正函数;

(2) $V(x,y,z) = x^2 + y^2 + z^2 - (x^2 + y^2 + z^2)^2$ 在 $x^2 + y^2 + z^2 < 1$ 中是定正函数, 在全空间 $\boldsymbol{R}^3$ 中不是定正函数;

(3) $V(x,y,z) = x^2 + y^2$ 在 $\boldsymbol{R}^3$ 中是常号函数. 因为在点 $(0,0,z_0)$, $z_0 \neq 0$, $V(0,0,z_0) = 0$, 并且 $V(x,y,z) \geqslant 0$.

(4) $V(x,y,z) = x^2 + y^2 - z^2$ 在点 $O(0,0,0)$ 任意小的邻域内, 是变号函数. 因为取 $\delta>0$, $V(0,\delta,2\delta) = -3\delta^2 < 0$, $V(0,2\delta,\delta) = 3\delta^2 > 0$.

但应注意, $V(x,y) = x^2 + y^2$ 在 $\boldsymbol{R}^2$ 中是定正函数, 前面(3)中已见到 $V(x,y,z) = x^2 + y^2$ 在 $\boldsymbol{R}^3$ 中不是定正而只是常正函数. 所以考虑定正还是常正, 应注意空间的维数.

下面对定正函数作一几何解释. 在理解李雅鲁诺夫直接方法时是有好处的. 以 $n = 3$ 的情形来说明.

设 $V(\boldsymbol{x})$ 是定义在 $\|\boldsymbol{x}\| \leqslant h$ 上的定正函数. 考虑曲面
$$V(\boldsymbol{x}) = C.$$
当 $C = 0$ 时, 由定正函数的定义知, 只有 $\boldsymbol{x} = \boldsymbol{0}$ 适合 $V(\boldsymbol{x}) = 0$. 即曲面 $V(\boldsymbol{x}) = 0$ 退化为一点 $\boldsymbol{x} = \boldsymbol{0}$.

下面证明, 当 $C > 0$ 且适当小, 则 $V(\boldsymbol{x}) = C$ 是一族包围原点的封闭曲面族(见图 4-1), 且彼此互不相交. 为证此, 命
$$l = \min_{\|\boldsymbol{x}\| = h} V(\boldsymbol{x}).$$
由于 $V(\boldsymbol{x})$ 在 $\|\boldsymbol{x}\| \leqslant h$ 上为定正, 故 $l > 0$. 对于 $\|\boldsymbol{x}\| = h$ 上任

意一点 $\boldsymbol{x}_0$,用任意一条完全在 $\|\boldsymbol{x}\| \leqslant h$ 内的连续曲线 Γ,将点 $\boldsymbol{x}_0$ 与原点 O 联结起来.在 Γ 上,$V(\boldsymbol{x})$ 是 Γ 上点的坐标的连续函数.但因 $V(\boldsymbol{0}) - C = 0 - C < 0$,$V(\boldsymbol{x}_0)$ $- C \geqslant l - C$.故对于满足 $0 < C < l$ 的任意固定的 C,在 $\boldsymbol{x} = \boldsymbol{0}$ 到 $\boldsymbol{x} = \boldsymbol{x}_0$ 的弧段 Γ 上,至少有一点 $\boldsymbol{x}^*$ 使 $V(\boldsymbol{x}^*) - C = 0$,即 $V(\boldsymbol{x}^*) = C$.即 Γ 总与曲面 $V(\boldsymbol{x}) = C$ 相交.可见 $V(\boldsymbol{x}) = C$ 必定是封闭曲面,且包围原点在其内部.如果将 C 的值由零变化

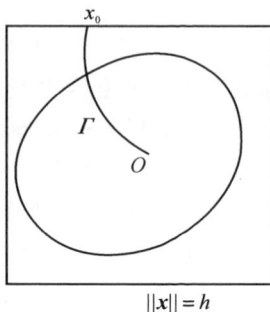

图 4-1

到某一足够小的正数,则得到一族封闭曲面.由于 $V(\boldsymbol{x})$ 是单值函数,故在任一点 $\boldsymbol{x}_0^*$ 处,$V(\boldsymbol{x}_0^*)$ 只能取到一个值,譬如 C_0^*.故点 $\boldsymbol{x}_0^*$ 只能在一个曲面 $V(\boldsymbol{x}) = C_0^*$ 上.故曲面族 $V(\boldsymbol{x}) = C$ 中各曲面彼此不相交.

二、相空间与相轨线

用李雅普诺夫第二方法讨论自治系统

$$\frac{\mathrm{d}\boldsymbol{x}}{\mathrm{d}t} = \boldsymbol{f}(\boldsymbol{x}) \tag{4.14}$$

时,采用相空间与相轨线是十分有用也是十分方便的.在 §3 及 §4 讨论平面自治系统的奇点与极限环时,也要在相平面中讨论.

空间 $\boldsymbol{R}^n$ 中的点集

$$\{\boldsymbol{x} \mid \boldsymbol{x} = \boldsymbol{x}(t) \text{ 满足}(4.14), t \in (\alpha,\beta)\}$$

称为(4.14)的**相轨线**,简称**轨线**.其中 (α,β) 是解 $\boldsymbol{x} = \boldsymbol{x}(t)$ 的定义区间.空间 $\boldsymbol{x} \in \boldsymbol{R}^n$ 称为**相空间**.$n = 2$ 时,$\boldsymbol{x} \in \boldsymbol{R}^2$ 称为**相平面**.(4.14)的所有轨线的分布图,称为**相图**.

轨线可以按 t 的增加方向定义它的正向.

系统(4.14)的解 $\boldsymbol{x} = \boldsymbol{x}(t)$ 在空间 $(t,\boldsymbol{x})$ 中所对应的曲线,称

为该系统的**积分曲线**. 容易知道,解 $x = x(t)$ 所对应的积分曲线在相空间 $x \in \mathbf{R}^n$ 上的投影,就是 $x = x(t)$ 所对应的相轨线.

例如 $n = 2$ 中,系统

$$\frac{\mathrm{d}x}{\mathrm{d}t} = -y, \quad \frac{\mathrm{d}y}{\mathrm{d}t} = x \tag{4.21}$$

的满足初值条件 $x(0) = x_0, y(0) = y_0$ 的解是

$$x = r_0\cos(t + \varphi_0), \quad y = r_0\sin(t + \varphi_0). \tag{4.22}$$

其中 $r_0 = \sqrt{x_0^2 + y_0^2}$, $\sin\varphi_0 = \dfrac{y_0}{r_0}$, $\cos\varphi_0 = \dfrac{x_0}{r_0}$,当 $r_0 \in (0, +\infty)$,$\varphi_0 \in [0, 2\pi)$ 时,在空间 (t, x, y) 中,解 (4.22) 对应的积分曲线是一条螺旋曲线 (见图 4-2). 由 (4.22) 消去 t 得 $x^2 + y^2 = r_0^2$,故知对任意的 $\varphi_0 \in [0, 2\pi)$,这些螺旋曲线都在同一个柱面 $x^2 + y^2 = r_0^2$ 上. 在相平面中,解 (4.22) 所对应的轨线都是同一个圆周,它的中心在原点,半径为 r_0,轨线正向是逆时针方向 (见图 4-3). 当 $r_0 = 0$ 时,(4.22) 在空间 (t, x, y) 中对应的积分曲线是 t 轴,在相平面中对应的轨线是一点 $(x, y) = (0, 0)$. 这种轨线不能定义正向.

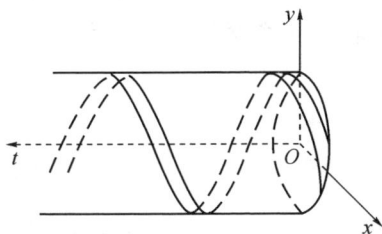

图 4-2

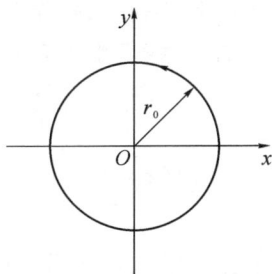

图 4-3

由上例还可看出,相平面 (x, y) 中的一条轨线,可以对应原系统的无限多个解. 这在自治系统中是个普遍的规律,但它并不影响人们利用轨线来研究解的性态.

三、李雅普诺夫第二方法关于零解稳定性的几个定理

考虑系统

$$\frac{\mathrm{d}\boldsymbol{x}}{\mathrm{d}t} = f(\boldsymbol{x}), \tag{4.14}$$

其中

$$f(\boldsymbol{0}) = \boldsymbol{0}. \tag{4.15}$$

设 $\boldsymbol{x} = \boldsymbol{x}(t)$ 是(4.14)的非零解. 沿着轨线 $\boldsymbol{x} = \boldsymbol{x}(t)$, 函数 $V(\boldsymbol{x})$ 是 t 的函数 $V(\boldsymbol{x}(t))$, 它对 t 的全导数是

$$\begin{aligned}
\frac{\mathrm{d}V(\boldsymbol{x}(t))}{\mathrm{d}t} &= \sum_{i=1}^{n} \frac{\partial V(\boldsymbol{x}(t))}{\partial x_i} \frac{\mathrm{d}x_i(t)}{\mathrm{d}t} \\
&= \sum_{i=1}^{n} \frac{\partial V(\boldsymbol{x}(t))}{\partial x_i} f_i(\boldsymbol{x}(t)).
\end{aligned} \tag{4.23}$$

将来,除了要用到函数 $V(\boldsymbol{x})$ 外,还要用到 $\boldsymbol{x}$ 的下述函数:

$$\sum_{i=1}^{n} \frac{\partial V(\boldsymbol{x})}{\partial x_i} f_i(\boldsymbol{x}). \tag{4.24}$$

它在形式上与(4.23)右边类似,将 $\boldsymbol{x} = \boldsymbol{x}(t)$ 代入(4.24),便得 (4.23)右边. 我们也称它为函数 $V(\boldsymbol{x})$ 关于系统(4.14)对于 t 的全导数,并记为 $\dfrac{\mathrm{d}V(\boldsymbol{x})}{\mathrm{d}t}$ 或 $\dfrac{\mathrm{d}V}{\mathrm{d}t}$:

$$\frac{\mathrm{d}V(\boldsymbol{x})}{\mathrm{d}t} = \sum_{i=1}^{n} \frac{\partial V(\boldsymbol{x})}{\partial x_i} f_i(\boldsymbol{x}). \tag{4.25}$$

李雅普诺夫用函数 $V(\boldsymbol{x})$ 和 $\dfrac{\mathrm{d}V(\boldsymbol{x})}{\mathrm{d}t}$, 建立了关于零解的稳定性、渐近稳定性和不稳定性的下列定理. 适用于下列定理的函数 $V(\boldsymbol{x})$ 称为**李雅普诺夫函数**或 **V 函数**。

定理 4.4 设系统(4.14)满足(4.15)及附录一中的解的初值问题存在唯一性条件. 如果存在 C_h(C_h 的意义见定义 4.2)上的定正函数 $V(\boldsymbol{x})$, 它关于系统(4.14)对于 t 的全导数(4.25)是常负

函数,则(4.14)的**零解是稳定的**.

证明 任给 $\varepsilon,0<\varepsilon<h$. 记

$$l=\min_{\|x\|=\varepsilon}V(x).$$

由于 $V(x)$ 是定正函数,故 $l>0$. 又因 $V(x)$ 在 $x=\mathbf{0}$ 连续,且 $V(\mathbf{0})=0$,故对于这个 $l>0$,存在 $\delta>0$,(不妨取 $\delta<\varepsilon$),当 $\|x\|<\delta$ 时,

$$V(x)<l \tag{4.26}$$

对于任给的 t_0 和满足 $\|x_0\|<\delta$ 的 x_0,初值问题

$$\frac{\mathrm{d}x}{\mathrm{d}t}=f(x),\ x(t_0)=x_0$$

的解记为 $x=x(t)$. 今证明:对一切 $t\geqslant t_0$,均有

$$\|x(t)\|<\varepsilon, \tag{4.27}$$

事实上,由 $\|x(t_0)\|=\|x_0\|<\delta<\varepsilon$ 知,当 $t\geqslant t_0$ 且接近于 t_0 时,必有 $\|x(t)\|<\varepsilon$. 如果存在 $T>t_0$,当 $t_0\leqslant t<T$ 时 $\|x(t)\|<\varepsilon$,但 $\|x(T)\|=\varepsilon$. 则由 $t_0\leqslant t\leqslant T$ 时 $\|x(t)\|\leqslant\varepsilon<h$ 及 $\dfrac{\mathrm{d}V(x)}{\mathrm{d}t}$ 是常负函数,推得

$$\frac{\mathrm{d}V(x(t))}{\mathrm{d}t}\leqslant 0,$$

所以当 $t_0\leqslant t\leqslant T$ 时

$$V(x(t))\leqslant V(x(t_0))=V(x_0)<l. \tag{4.28}$$

于是

$$V(x(T))<l,\ (\|x(T)\|=\varepsilon).$$

与 l 的定义

$$\|x\|=\varepsilon\ \text{时},V(x)\geqslant l$$

矛盾. 这矛盾证明了不存在这种 $T>t_0$ 使 $\|x(T)\|=\varepsilon$. 换言之,对一切 $t\geqslant t_0$,均有 $\|x(t)\|<\varepsilon$. 证毕.

考察第二章 §1 例 4 中的单摆运动(见图 2-2).

例 1　已知单摆运动的方程为

$$\frac{\mathrm{d}^2\theta}{\mathrm{d}t^2} + \frac{g}{l}\sin\theta = 0.$$

为简单起见，命 $\frac{g}{l} = a^2(a > 0)$，并引入 ω，化为方程组

$$\begin{cases} \dfrac{\mathrm{d}\theta}{\mathrm{d}t} = \omega, \\ \dfrac{\mathrm{d}\omega}{\mathrm{d}t} = -a^2\sin\theta. \end{cases} \tag{4.29}$$

考察它的零解 $(\theta = 0, \omega = 0)$ 的稳定性. 即单摆位于下垂状态并处于静止时的平衡态的稳定性.

作李雅普诺夫函数

$$V(\theta, \omega) = \frac{1}{2}\omega^2 + a^2(1 - \cos\theta),$$

在点 $(\theta = 0, \omega = 0)$ 的邻域，$V(\theta, \omega)$ 为定正函数.

$$\begin{aligned} \frac{\mathrm{d}V}{\mathrm{d}t} &= \frac{\partial V}{\partial \theta}\frac{\mathrm{d}\theta}{\mathrm{d}t} + \frac{\partial V}{\partial \omega}\frac{\mathrm{d}\omega}{\mathrm{d}t} \\ &= a^2\sin\theta \cdot \omega + \omega(-a^2\sin\theta) \equiv 0, \end{aligned}$$

为常负函数（当然也可说是常正函数，但无法使用定理了），故知零解 $(\theta = 0, \omega = 0)$ 是稳定的. 即给零解以微小扰动，对应的解

$$\theta = \theta(t), \quad \omega = \omega(t)$$

虽然无法求得它的明显的表达式，但由定理 4.4 知，当 $t \geqslant t_0$ 时，偏差

$$\max\{|\theta(t) - 0|, |\omega(t) - 0|\}$$

一直可以保持很小，即摆始终在下垂平衡态附近摆动. 此与实际（无阻力）情况是吻合的.

举一个人为的例子

例 2　设

$$f(x, y) = \begin{cases} (x^2 + y^2)^2\sin^2\dfrac{1}{x^2 + y^2}, & \text{当}(x, y) \neq (0, 0); \\ 0, & \text{当}(x, y) = (0, 0). \end{cases}$$

考虑微分方程组

$$\begin{cases} \dfrac{\mathrm{d}x}{\mathrm{d}t} = -y - xf(x,y), \\[3mm] \dfrac{\mathrm{d}y}{\mathrm{d}t} = x - yf(x,y). \end{cases} \tag{4.30}$$

易知,在点 $O(0,0)$ 邻域方程组(4.30)满足初值问题解的存在唯一性定理条件.为研究(4.30)的零解 $x=0,y=0$ 的稳定性.作李雅普诺夫函数

$$V(x,y) = x^2 + y^2,$$

沿(4.30)的解对 t 求导,

$$\begin{aligned} \frac{\mathrm{d}V}{\mathrm{d}t} &= 2x(-y-xf(x,y)) + 2y(x-yf(x,y)) \\ &= -2(x^2+y^2)f(x,y). \end{aligned}$$

由于 $f(x,y) \geqslant 0, f(0,0) = 0$,且当 $x^2 + y^2 = \dfrac{1}{k\pi}(k=1,2,\cdots)$ 时 $f(x,y) = 0$.故在点 $O(0,0)$ 的任意小的邻域,均有点使 $f(x,y) = 0$.所以

$$\frac{\mathrm{d}V}{\mathrm{d}t} \leqslant 0,$$

从而推知(4.30)的零解是稳定的.

现在对定理 4.4 作一几何解释.考虑初值为 $\boldsymbol{x}(t_0) = \boldsymbol{x}_0$ 的解 $\boldsymbol{x}(t)$ 对应的相轨线.记 $V(\boldsymbol{x}_0) = V_0$.定理 4.4 表明,当 $t \geqslant t_0$ 时,

$$V((t)) \leqslant V(\boldsymbol{x}(t_0)) = V(\boldsymbol{x}_0) = V_0.$$

表明相轨线 $\boldsymbol{x} = \boldsymbol{x}(t)$ 总停留在闭区域 $V(\boldsymbol{x}) \leqslant V_0$ 之内.对于任意给定的 $\varepsilon > 0$,只要 $\|\boldsymbol{x}_0\|$ 充分小,V_0 就很小,闭

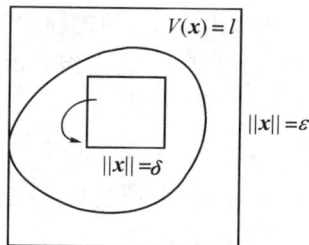

图 4-4

区域 $V(\boldsymbol{x}) \leqslant V_0$ 可以包含在闭区域 $\|\boldsymbol{x}\| \leqslant \varepsilon$ 之内(见图4-4),因

而零解是稳定的. 由此可见, 从几何观点来看, 用李雅普诺夫第二方法证明零解稳定性, 归结为建立一族封闭曲面 $V(\boldsymbol{x}) = C$, 这族封闭曲面具有性质: 它包围坐标原点, 且当 $C \to 0$ 时, $V(\boldsymbol{x}) = C$ 缩小为原点一点; 对于充分小的 C, 当相轨线与 $V(\boldsymbol{x}) = C$ 相遇后, 就永远停留在 $V(\boldsymbol{x}) \leqslant C$ 之内.

下面是关于渐近稳定的一个充分条件.

定理 4.5 设系统(4.14)满足(4.15)及附录一中解的初值问题存在唯一性条件, 如果存在 C_h 上的定正函数 $V(\boldsymbol{x})$, 它关于系统(4.14)对于 t 的全导数(4.25)是定负函数, 则(4.14)的零解是**渐近稳定的**.

证明 由定理 4.4 知, 零解是稳定的, 取 $\delta_1(t_0) > 0$, 当 $\| \boldsymbol{x}_0 \| < \delta_1(t_0)$ 时, $\| \boldsymbol{x}(t) \| < h$. 今证, 在本定理条件下, 对于这种 $\boldsymbol{x}(t)$, 有

$$\lim_{t \to +\infty} V(\boldsymbol{x}(t)) = 0.$$

事实上, 由本定理条件知, 当 $t \geqslant t_0$ 时, t 的函数 $V(\boldsymbol{x}(t))$ 严格单调减少且 $V(\boldsymbol{x}(t)) \geqslant 0$, 从而

$$\lim_{t \to +\infty} V(\boldsymbol{x}(t)) \xrightarrow{存在, 记为} l,$$

知 $l \geqslant 0$. 又下证 $l = 0$. 反证法, 设 $l > 0$, 则当 $t \geqslant t_0$ 时 $V(\boldsymbol{x}(t)) \geqslant l > 0$. 由 $V(\boldsymbol{x})$ 的连续性及 $V(\boldsymbol{0}) = 0$, 故存在 $\beta > 0$, 当 $\| \boldsymbol{x} \| < \beta$ 时, $0 \leqslant V(\boldsymbol{x}) < l$, 因此由 $t \geqslant t_0$ 时 $V(\boldsymbol{x}(t)) \geqslant l$ 推知 $\| \boldsymbol{x}(t) \| \geqslant \beta$. 即有

$$\beta \leqslant \| \boldsymbol{x}(t) \| \leqslant h.$$

又由 $\dfrac{\mathrm{d}V(\boldsymbol{x}(t))}{\mathrm{d}t}$ 是定负函数, 因此存在 $b > 0$, 在闭区域 $\beta \leqslant \| \boldsymbol{x} \| \leqslant h$ 上 $\dfrac{\mathrm{d}V(\boldsymbol{x})}{\mathrm{d}t} \leqslant -b$. 于是当 $t \geqslant t_0$ 时有

$$\frac{\mathrm{d}V(\boldsymbol{x}(t))}{\mathrm{d}t} \leqslant -b.$$

两边从 t_0 到 t 积分,得

$$V(\boldsymbol{x}(t)) \leqslant V(\boldsymbol{x}(t_0)) - b(t - t_0).$$

命 $t \to +\infty$,右边趋于 $-\infty$,左边不小于 l,矛盾.故 $l = 0$.即证明了

$$\lim_{t \to +\infty} V(\boldsymbol{x}(t)) = 0.$$

下面证明

$$\lim_{t \to +\infty} \boldsymbol{x}(t) = \boldsymbol{0}. \tag{4.31}$$

用反证法.设 $\lim\limits_{t \to +\infty} \boldsymbol{x}(t)$ 不存在或虽存在但极限不为零.于是存在 $\varepsilon_0 > 0$,不论 T 如何大,总有 $t_1 > T$ 但 $\| \boldsymbol{x}(t_1) \| \geqslant \varepsilon_0$.但由于已证零解是稳定的,因此对一切 $t \geqslant t_0$,有 $\| \boldsymbol{x}(t) \| \leqslant h$.从而存在序列

$$\{t_k\},\ k \to \infty \text{ 时 } t_k \to +\infty, \text{但}$$

$$\lim_{t_k \to +\infty} \boldsymbol{x}(t_k) \xrightarrow{\text{存在记为}} \boldsymbol{x}^* \neq \boldsymbol{0}.$$

由于 $V(\boldsymbol{x})$ 为定正函数,故有

$$\lim_{t_k \to +\infty} V(\boldsymbol{x}(t_k)) = V(\boldsymbol{x}^*) \neq 0.$$

与

$$\lim_{t \to +\infty} V(\boldsymbol{x}(t)) = 0$$

矛盾.这就证明了 (4.31).证毕.

定理 4.5 的几何解释如下:在定理 4.4 的几何解释的基础上,如果 $\dfrac{\mathrm{d}V}{\mathrm{d}t}$ 是负定函数,那么 $V(\boldsymbol{x}(t))$ 是 t 的严格单调函数,随着 t 的增加,$V(\boldsymbol{x}(t))$ 不断地减小.推知每一条由坐标原点的足够小邻域出发的相轨线必然由外向里地与曲面 $V(\boldsymbol{x}) = C$ 中的每一个相交,无限地趋近坐标原点.

第二方法的关键之处是,不去考察 $\boldsymbol{x}(t)$ 的趋向,而是借助于 $V(\boldsymbol{x})$,考察 $V(\boldsymbol{x}(t))$ 的趋势.这就避免了求解 $\boldsymbol{x}(t)$,只要直接考察 (4.25) 即可,故称直接法.

其实定理 4.5 的条件可以放宽如下.

定理 4.6 设系统(4.14)满足(4.15)及附录一中的解的初值问题存在唯一性条件,如果存在 C_h 上的定正函数 $V(\boldsymbol{x})$,它关于系统(4.14)对于 t 的全导数(4.25)是常负函数,但使 $\dfrac{\mathrm{d}V}{\mathrm{d}t}=0$ 的 $\boldsymbol{x}$ 的集合中,不包含(4.14)的整条轨线(轨线 $\boldsymbol{x}=\boldsymbol{0}$ 除外),则(4.14)的零解是渐近稳定的.

这一定理的证明,要用到较多的数学知识,在此从略.

例 3 考察有阻尼的单摆运动,此时运动方程可写为

$$ml\,\frac{\mathrm{d}^2\theta}{\mathrm{d}t^2}+kl\,\frac{\mathrm{d}\theta}{\mathrm{d}t}+mg\sin\theta=0,\quad k>0.$$

引入 ω 化为方程组:

$$\begin{cases} \dfrac{\mathrm{d}\theta}{\mathrm{d}t}=\omega, \\[2mm] \dfrac{\mathrm{d}\omega}{\mathrm{d}t}=-\dfrac{g}{l}\sin\theta-\dfrac{k}{m}\omega. \end{cases} \tag{4.32}$$

作 V 函数

$$V(\theta,\omega)=\frac{1}{2}\omega^2+\frac{g}{l}(1-\cos\theta).$$

在点 $(\theta=0,\omega=0)$ 的邻域,$V(\theta,\omega)$ 为定正函数.

$$\begin{aligned} \frac{\mathrm{d}V}{\mathrm{d}t} &=\frac{\partial V}{\partial\theta}\frac{\mathrm{d}\theta}{\mathrm{d}t}+\frac{\partial V}{\partial\omega}\frac{\mathrm{d}\omega}{\mathrm{d}t} \\[2mm] &=\frac{g}{l}\sin\theta\cdot\omega+\omega\left(-\frac{g}{l}\sin\theta-\frac{k}{m}\omega\right) \\[2mm] &=-\frac{k}{m}\omega^2\leqslant 0. \end{aligned}$$

使 $\dfrac{\mathrm{d}V}{\mathrm{d}t}=0$ 的集合为 $\omega=0$. 但 $\omega=0,\theta\neq 0$ 不是(4.32)的解,由定理 4.5 知,(4.32)的零解是渐近稳定的.

改用一次近似判定法,将(4.32)右边按麦克劳林级数展开:

$$\begin{cases} \dfrac{\mathrm{d}\theta}{\mathrm{d}t} = \omega, \\ \dfrac{\mathrm{d}\omega}{\mathrm{d}t} = -\dfrac{g}{l}\theta - \dfrac{k}{m}\omega + \dfrac{g}{l}\left(\dfrac{1}{3!}\theta^3 - \dfrac{1}{5!}\theta^5 + \cdots\right), \end{cases} \quad (4.33)$$

取其一次近似

$$\begin{cases} \dfrac{\mathrm{d}\theta}{\mathrm{d}t} = \omega, \\ \dfrac{\mathrm{d}\omega}{\mathrm{d}t} = -\dfrac{g}{l}\theta - \dfrac{k}{m}\omega, \end{cases}$$

特征方程

$$\begin{vmatrix} 0-\lambda & \omega \\ -\dfrac{g}{l} & -\dfrac{k}{m}-\lambda \end{vmatrix} = \lambda^2 + \dfrac{k}{m}\lambda + \dfrac{g}{l} = 0,$$

特征根

$$\lambda_{1,2} = -\dfrac{k}{m} \pm \sqrt{\left(\dfrac{k}{m}\right)^2 - \dfrac{4g}{l}},$$

可见两根均小于零,或两根实部均小于零. 由一次近似理论判知,当 $|\theta|$ 与 $|\omega|$ 足够小时,(4.33) 的零解是渐近稳定的.

对此例来说,两种判定法都可用,结论当然一致:即在点 $(\theta = 0, \omega = 0)$ 的足够小邻域内的其他解(相当于单摆的垂直下垂状态邻近摆动),当 $t \to +\infty$ 时,它最终趋于 $(\theta = 0, \omega = 0)$,即单摆趋于静止下垂状态.

定理 4.7 设系统 (4.14) 满足 (4.15) 及附录一中的解的初值问题存在唯一性条件,如果存在 C_h 上的函数 $V(x)$,它关于系统 (4.14) 对于 t 的全导数 (4.18) 是定正(定负)函数,而在原点的任意一个邻域内 $V(x)$ 总可取到正值(负值),且 $V(0) = 0$. 则系统 (4.14) 的**零解是不稳定的**.

证略. 简单叙述一下定理 4.7 的几何意义. 以 2 维情形且设 $V(x, y)$ 是闭正方形 $C_h = \{(x, y) \mid |x| + |y| \leqslant h\}$ 上的变号函数

为例说明之. 在 C_h 内存在 $V(x,y) > 0$ 的区域 ψ, ψ 在 C_h 内部的边界是通过坐标原点 $O(0,0)$ 的曲线 $V(x,y) = 0$, 如图 4-5 的 $\overset{\frown}{OA}$, $\overset{\frown}{OB}$. 考虑从原点任意小邻域内且在 ψ 内部的点(例如)M 出发的轨线, 因为 $\dfrac{\mathrm{d}V}{\mathrm{d}t}$ 为定正函数, 所以这条轨线

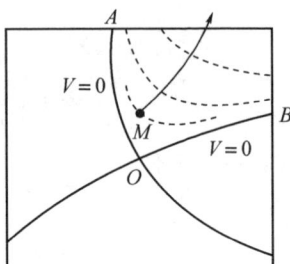

图 4-5

在 t 增加时, 必然对应于 C 增加方向与 $V(x,y) = C(C > 0)$ 相交. 因此不可能从 C_h 内部的曲线 $V(x,y) = 0$ 弧上越出 ψ. 但当 t 增加时, $V(x(t),y(t))$ 在 $\psi \bigcap C_h$ 内以不小于 $\dfrac{\mathrm{d}V}{\mathrm{d}t}\Big|_M = \alpha_0 > 0$ 的正速率增大着, 因此过了一段时间之后, 该轨线必然要越出 C_h.

例 4　设想单摆的摆锤与支点是用一根能自由地在铅垂平面上转动的细杆相连接, 无摩擦及空气阻力. 讨论当摆锤点 m 位于支点 O 的正上方平衡时的稳定性(见图 4-6).

解　转角 θ 如图 4-6 所示的正向单摆运动方程仍为

$$ml \frac{\mathrm{d}^2\theta}{\mathrm{d}t^2} + mg\sin\theta = 0.$$

即

$$\frac{\mathrm{d}^2\theta}{\mathrm{d}t^2} + a^2\sin\theta = 0, \quad a^2 = \frac{g}{l} > 0.$$

引入 ω,

$$\begin{cases} \dfrac{\mathrm{d}\theta}{\mathrm{d}t} = \omega, \\[2mm] \dfrac{\mathrm{d}\omega}{\mathrm{d}t} = -a^2\sin\theta. \end{cases} \tag{4.29}$$

图 4-6

如图 4-6 的状态对应的解为 $\theta = \pi, \omega = 0$. 讨论这个解的稳定性. 应先将解化为零解. 为此作变换

$$\psi = \theta - \pi, \quad \omega = \omega,$$

将(4.29)化为考虑方程组

$$\frac{\mathrm{d}\psi}{\mathrm{d}t} = \omega, \quad \frac{\mathrm{d}\omega}{\mathrm{d}t} = a^2 \sin\psi \tag{4.34}$$

的零解 $\psi = 0, \omega = 0$.

作李雅普诺夫函数

$$V(\psi, \omega) = \omega\psi,$$

$$\frac{\mathrm{d}}{\mathrm{d}t}V(\psi,\omega) = \omega \frac{\mathrm{d}\psi}{\mathrm{d}t} + \psi \frac{\mathrm{d}\omega}{\mathrm{d}t} = \omega^2 + a^2 \psi\sin\psi,$$

在点 $(\psi = 0, \omega = 0)$ 的小邻域内 $\dfrac{\mathrm{d}V}{\mathrm{d}t}$ 为定正函数. 而 $V(\psi,\omega)$ 为变号函数, 由定理 4.7 知, 零解 $(\psi = 0, \omega = 0)$ 是不稳定的. 即 (4.29) 的解 $(\theta = \pi, \omega = 0)$ 的解是不稳定的, 这与实际情况是吻合的: 图 4-6 中 m 所处的平衡状态 $(\theta = \pi, \omega = 0)$ 是不稳定的, 只要稍有点干扰 (即初始值由 $\theta = \pi, \omega = 0$ 略有扰动), 运动就会远离状态 $\theta = \pi, \omega = 0$.

用李雅普诺夫第二方法判断零解的稳定性关键在于作满足定理条件的李雅普诺夫函数. 作李雅普诺夫函数有许多方法, 有的有相当的技巧. 本书不可能作详细探讨, 下面只是举几个简单的例子.

例 5 用 V 函数研究系统

$$\frac{\mathrm{d}x}{\mathrm{d}t} = ax + by, \quad \frac{\mathrm{d}y}{\mathrm{d}t} = cx + dy \tag{4.35}$$

的零解的稳定性, 其中 $ad - bc \neq 0$.

解 作函数

$$V(x, y) = \alpha x^2 + 2\beta xy + \gamma y^2,$$

使得它关于所给系统对于 t 的全导数为

$$\frac{\mathrm{d}V}{\mathrm{d}t} = k(x^2 + y^2).$$

其中 k 是常数.这种用二次型作为 V 函数是常用的办法.

由于

$$\frac{\mathrm{d}V}{\mathrm{d}t} = \frac{\partial V}{\partial x}\frac{\mathrm{d}x}{\mathrm{d}t} + \frac{\partial V}{\partial y}\frac{\mathrm{d}y}{\mathrm{d}t}$$

$$= 2(\alpha x + \beta y)(ax + by) + 2(\beta x + \gamma y)(cx + dy)$$

$$\xlongequal{\text{命}} k(x^2 + y^2),$$

由待定系数法,可确定 α,β,γ. 为避免出现分式,取 $k = 2(a + d)(ad - bc)$,于是求得唯一的 α,β,γ. 再经配方整理,得

$$V(x,y) = (ad - bc)(x^2 + y^2) + (cx - ay)^2$$
$$+ (dx - by)^2, \tag{4.36}$$

$$\frac{\mathrm{d}V}{\mathrm{d}t} = 2(a + d)(ad - bc)(x^2 + y^2).$$

下面分几种情形讨论.

(1) 设 $ad - bc > 0, a + d < 0$. 则 V 是定正函数,而 $\frac{\mathrm{d}V}{\mathrm{d}t}$ 是定负函数,由定理 4.5 知,(4.35) 的零解是渐近稳定的.

(2) 设 $ad - bc > 0, a + d > 0$. 则 V 与 $\frac{\mathrm{d}V}{\mathrm{d}t}$ 都是定正函数,由定理 4.7 知,(4.35) 的零解是不稳定的.

(3) 设 $ad - bc > 0, a + c = 0$,则 V 是定正函数,$\frac{\mathrm{d}V}{\mathrm{d}t} \equiv 0$(可以看成常负函数). 由定理 4.4 知,(4.35) 的零解是稳定的.

(4) 设 $ad - bc < 0, a + d \neq 0$. 则 V 是变号函数,在原点的任意一个邻域内它既可取到正值,又可取到负值. 而 $\frac{\mathrm{d}V}{\mathrm{d}t}$ 是定号函数. 由定理 4.7 知,(4.35) 的零解是不稳定的.

(5) 设 $ad - bc < 0, a + d = 0$. 则上述 (4.36) 的 V 不适用 ((4.36) 及 $\frac{\mathrm{d}V}{\mathrm{d}t}$ 不满足以上诸定理的条件). 取

$$V_1(x, y) = ax^2 + (b+c)xy - ay^2,$$

有

$$\frac{\mathrm{d}V_1}{\mathrm{d}t} = (ax + by)^2 + (cx + ay)^2 + (a^2 + bc)(x^2 + y^2).$$

因为 $0 > ad - bc = -(a^2 + bc)$，所以 $\dfrac{\mathrm{d}V_1}{\mathrm{d}t}$ 是定正函数. 又因为 $(b+c)^2 - 4a(-a) = (b+c)^2 + 4a^2 > (b+c)^2 - 4bc = (b-c)^2 \geqslant 0$，因此 $V_1(x, y)$ 是变号函数. 由定理 4.7 知,(4.35)的零解是不稳定的.

例 6 判定系统

$$\frac{\mathrm{d}x}{\mathrm{d}t} = -x - y + y(x + y), \quad \frac{\mathrm{d}y}{\mathrm{d}t} = x - x(x + y) \quad (4.37)$$

的零解的稳定性.

解 取它的一次近似系统,按例 5 的情形(1),作

$$V(x, y) = x^2 + 2y^2 + (x + y)^2,$$

对(4.37)求全导数,有

$$\frac{\mathrm{d}V}{\mathrm{d}t} = -2(x^2 + y^2) + 2(x + y)(y^2 - xy - x^2).$$

当 $|x|$，$|y|$ 充分小时,$\dfrac{\mathrm{d}V}{\mathrm{d}t}$ 为定负函数. 故(4.37)的零解是渐近稳定的.

例 7 判定系统

$$\frac{\mathrm{d}x}{\mathrm{d}t} = -y + x(x^2 + y^2), \quad \frac{\mathrm{d}y}{\mathrm{d}t} = x + y(x^2 + y^2)$$

$$(4.38)$$

的零解的稳定性.

解 取它的一次近似系统,按例 5 的情形(3),作

$$V(x, y) = x^2 + y^2,$$

于是对(4.38)的全导数为

$$\frac{\mathrm{d}V}{\mathrm{d}t} = 2(x^2 + y^2)^2.$$

函数 $V(x,y)$ 与 $\dfrac{\mathrm{d}V}{\mathrm{d}t}$ 都是定正函数,故(4.38)的零解是不稳定的.

例 8 判定系统

$$\frac{\mathrm{d}x}{\mathrm{d}t} = -x^5 - y^3, \quad \frac{\mathrm{d}y}{\mathrm{d}t} = -3x^3 + y^3 \tag{4.39}$$

的零解的稳定性.

解 取 $V(x,y) = Ax^4 + Cy^4$,有

$$\frac{\mathrm{d}V}{\mathrm{d}t} = -4Ax^8 - 4(A + 3C)x^3y^3 + 4Cy^6.$$

命 $A + 3C = 0$,取 $A = 3, C = -1$.有

$$V(x,y) = 3x^4 - y^4, \quad \frac{\mathrm{d}V}{\mathrm{d}t} = -12x^8 - 4y^6.$$

$\dfrac{\mathrm{d}V}{\mathrm{d}t}$ 为定负函数,$V(x,y)$ 为变号函数,故零解点不稳定的.

§3 2 维自治系统奇点分析

本节只研究 2 维自治系统,即只研究 $n = 2$ 时的(4.14).采用分量,我们将所考虑的系统写成

$$\begin{cases} \dfrac{\mathrm{d}x}{\mathrm{d}t} = X(x,y), \\ \dfrac{\mathrm{d}y}{\mathrm{d}t} = Y(x,y) \end{cases} \tag{4.40}$$

其中 $X(x,y)$ 和 $Y(x,y)$ 是 x 和 y 的已知函数,并设它们在平面 (x,y) 上的某区域 G 内连续,且满足初值问题解的存在唯一性定理(附录的定理 A)的条件.

定性理论的根本问题是研究给定的系统(4.40)的相图.如果此项任务能够完成,那么就可以从相图推断出全部轨线以及个别

轨线的性态. 但是到目前为止,要作出给定系统(4.40)的相图,是非常困难的. 因而人们常常只讨论给定系统的局部相图,揭示局部的性态. 下面将要介绍的奇点和它邻域内的局部相图,是解决得比较好的,也是工程技术中很有用的方法. 至于定性理论的其他重要概念和方法,限于篇幅,这里不介绍了.

定义 4.3　相平面(x,y)中满足

$$X(x,y) = 0, \qquad Y(x,y) = 0$$

的点(x,y)称为系统(4.40)的**奇点**.

如果(x_0,y_0)是(4.40)的奇点,则显然$x = x_0, y = y_0$是(4.40)的解. 这种解称为**常数解**. 反之,设(4.40)有常数解$x = x_0, y = y_0$,则点(x_0,y_0)显然是该系统的奇点. 奇点是仅由一点组成的轨线,它无法定义正向.

例如系统$\dfrac{\mathrm{d}x}{\mathrm{d}t} = -y, \dfrac{\mathrm{d}y}{\mathrm{d}t} = x$中的点$(0,0)$是奇点.

以下研究平面自治系统

$$\frac{\mathrm{d}x}{\mathrm{d}t} = X(x,y), \frac{\mathrm{d}y}{\mathrm{d}t} = Y(x,y) \qquad (4.40)$$

在奇点邻域内的相图. 不妨设坐标原点$(0,0)$是这个奇点. 因为若不然,则可通过坐标平移,将新坐标系统的原点移到此奇点上去(参见(4.11)式前面的推导). 这样一来,以后我们都不妨假设

$$X(0,0) = 0, \quad Y(0,0) = 0.$$

并设$X(x,y)$和$Y(x,y)$在点$(0,0)$的某邻域内连续,且有直到二阶的连续偏导数(如果仅仅为了使用下面的定理 4.8,那么由该定理可见,用不到如此强的条件). 由二元函数的麦克劳林公式,可将$X(x,y)$和$Y(x,y)$分别展开成

$$X(x,y) = ax + by + \varphi(x,y),$$
$$Y(x,y) = cx + dy + \psi(x,y).$$

其中

$$\begin{pmatrix} a & b \\ c & d \end{pmatrix} = \begin{pmatrix} \dfrac{\partial X}{\partial x} & \dfrac{\partial X}{\partial y} \\ \dfrac{\partial Y}{\partial x} & \dfrac{\partial Y}{\partial y} \end{pmatrix}_{(0,0)}$$

$\varphi(x,y)$ 和 $\psi(x,y)$ 分别是 $X(x,y)$ 和 $Y(x,y)$ 的展开式中 x,y 不低于二次幂项的全体. 于是(4.40)可写成

$$\begin{cases} \dfrac{\mathrm{d}x}{\mathrm{d}t} = ax + by + \varphi(x,y), \\ \dfrac{\mathrm{d}y}{\mathrm{d}t} = cx + dy + \psi(x,y). \end{cases} \qquad (4.40')$$

上述系统的一次近似系统是

$$\begin{cases} \dfrac{\mathrm{d}x}{\mathrm{d}t} = ax + by, \\ \dfrac{\mathrm{d}y}{\mathrm{d}t} = cx + dy. \end{cases} \qquad (4.41)$$

现在我们先来研究线性系统(4.41)在它的奇点$(0,0)$邻域内的轨线性态. 为此,写出(4.41)的特征方程

$$D(\lambda) = \begin{vmatrix} a - \lambda & b \\ c & d - \lambda \end{vmatrix} = \lambda^2 + p\lambda + q = 0, \qquad (4.42)$$

其中

$$p = -(a + d), \quad q = ad - bc. \qquad (4.43)$$

特征根

$$\lambda_{1,2} = -\frac{p}{2} \pm \frac{\sqrt{p^2 - 4q}}{2}. \qquad (4.44)$$

我们只讨论 $q \neq 0$ 的情形,这相当于(4.41)只有唯一的奇点$(0,0)$,也相当于特征方程(4.42)没有零根. 下面分几种情况来讨论.

一、几种典型类型的相图

类型 I 系统

$$\begin{cases} \dfrac{\mathrm{d}\xi}{\mathrm{d}t} = \lambda_1 \xi, \\ \dfrac{\mathrm{d}\eta}{\mathrm{d}t} = \lambda_2 \eta. \end{cases} \tag{4.45}$$

其中常数 $\lambda_1 \neq \lambda_2$, 且均不为零.

易知(4.45)的通解为

$$\begin{cases} \xi = c_1 \mathrm{e}^{\lambda_1 t}, \\ \eta = c_2 \mathrm{e}^{\lambda_2 t}. \end{cases} \tag{4.46}$$

若 $c_1 = c_2 = 0$, 则轨线为奇点 $O(0,0)$. 以下讨论的轨线上都不再含奇点, 并且不再一一注明.

(1) 设 $\lambda_1 < 0, \lambda_2 < 0$, 并且不妨设 $\lambda_1 < \lambda_2 < 0$(不然交换 ξ 与 η 即可).

若 $c_1 = 0, c_2 \neq 0$, 则轨线为 $\xi = 0$(即 η 轴), 当 $t \to +\infty$ 时 $\eta \to 0$.

若 $c_2 = 0, c_1 \neq 0$, 则轨线为 $\eta = 0$(即 ξ 轴), 当 $t \to +\infty$ 时 $\xi \to 0$.

若 $c_1 c_2 \neq 0$, 从(4.46)式消去 t, 得 $\dfrac{\xi}{c_1} = \left(\dfrac{\eta}{c_2}\right)^{\frac{\lambda_1}{\lambda_2}}$, 因 $\dfrac{\lambda_1}{\lambda_2} > 1$, 轨线像一族与 η 轴相切于原点的"抛物线", 且当 $t \to +\infty$ 时均有 $(\xi, \eta) \to (0,0)$.

图 4-7 中画的是 $\xi O \eta$ 平面上(4.45)的轨线的图形, 这种奇点称为**稳定结点**.

(2) 设 $\lambda_1 > 0, \lambda_2 > 0$, 并且不妨设 $\lambda_1 > \lambda_2 > 0$(不然交换 ξ 与 η 即可). 这种情形只要将(1)中的 t 改为 $-t$

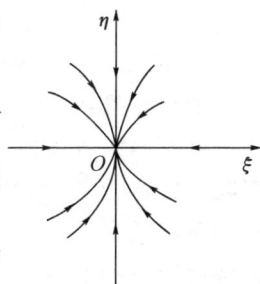

图 4-7

就可以了。图 4-8 中画的是 $\xi O \eta$ 平面上 (4.45) 的轨线的图形,这种奇点称为**不稳定结点**.

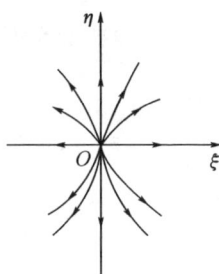

图 4-8

稳定(不稳定)结点的特征是:它存在一个邻域,在该邻域内,除该奇点外的一切轨线都在 $t \to +\infty$(都在 $t \to -\infty$)时趋于这个奇点,并且其中有两条轨线沿着一对相反的方向趋于此奇点,而其他的轨线沿着另一对相反的方向趋于此奇点.

(3) 设 $\lambda_1 \lambda_2 < 0$. 不妨设 $\lambda_1 < 0 < \lambda_2$(不然交换 ξ 与 η 即可).

若 $c_1 = 0, c_2 \neq 0$,则轨线为 $\xi = 0$(即 η 轴),当 $t \to -\infty$ 时 $\eta \to 0$.

若 $c_2 = 0, c_1 \neq 0$,则轨线为 $\eta = 0$(即 ξ 轴),当 $t \to +\infty$ 时 $\xi \to 0$.

若 $c_1 c_2 \neq 0$,从 (4.46) 式消去 t,得 $\dfrac{\xi}{c_1}$

$= \left(\dfrac{\eta}{c_2}\right)^{\frac{\lambda_1}{\lambda_2}}$,因 $\dfrac{\lambda_1}{\lambda_2} < 0$,它的图形像一族 "双曲线". 从 (4.46) 看出,当 $t \to +\infty$ 时,$\xi \to 0$,$\eta \to \infty$;当 $t \to -\infty$ 时,$\eta \to 0$,$\xi \to \infty$,如图 4-9. 这种奇点 O 称为**鞍点**.

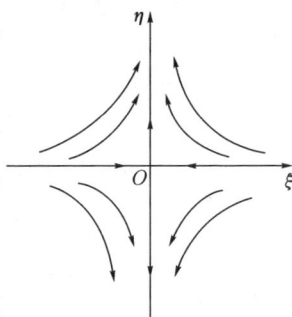

图 4-9

鞍点的特征是:它存在一个邻域,在邻域内恰好有两条轨线当 $t \to +\infty$ 时沿着一对相反的方向趋于此奇点;另外恰好又有两条轨线当 $t \to -\infty$ 时沿着一对相反的方向趋于此奇点. 邻域内除此奇点和上述轨线外,其他一切轨线当 t 增加和减少时都将离开此邻域.

类型 Ⅱ   系统

$$\begin{cases} \dfrac{\mathrm{d}\xi}{\mathrm{d}t} = \alpha\xi + \beta\eta, \\ \dfrac{\mathrm{d}\eta}{\mathrm{d}t} = -\beta\xi + \alpha\eta, \quad \beta > 0. \end{cases} \tag{4.47}$$

其中 α,β 均为常数.

由第 3 章习题 8 知,(4.47) 的通解为

$$\begin{cases} \xi = c\mathrm{e}^{\alpha t}\cos(\varphi - \beta t), \\ \eta = c\mathrm{e}^{\alpha t}\sin(\varphi - \beta t). \end{cases} \tag{4.48}$$

其中 c 与 φ 为任意常数.

在 $\xi O\eta$ 平面上引入极坐标 (r,θ):

$$\xi = r\cos\theta, \eta = r\sin\theta,$$

于是(4.48) 化为

$$r = c\mathrm{e}^{\alpha t}, \theta = -\beta t + \varphi. \tag{4.49}$$

常数 $c = 0$ 对应的轨线为奇点 $O(0,0)$,$c > 0$ 对应的轨线分三种情形讨论:

(1) 设 $\alpha = 0$. 此时(4.49) 成为

$$r = c, \theta = -\beta t + \varphi. \tag{4.50}$$

$c > 0$ 所对应的轨线是一族同心圆周. 当 $t \to +\infty$ 时 $\theta \to -\infty$,即在 $\xi O\eta$ 平面上按顺时针方向旋转. 如图 4-10.这种奇点称为**中心.中心的特征是**:它存在一个邻域,经过该邻域的除该奇点外的一切轨线,都是环绕该奇点的封闭曲线.

(2) 设 $\alpha < 0$. 由(4.49) 并由它消去 t 得

$$r = c\mathrm{e}^{-\frac{\alpha}{\beta}(\theta - \varphi)} \tag{4.51}$$

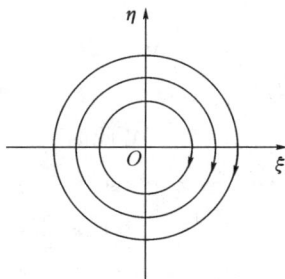

图 4-10

知,所对应的轨线为一族环绕原点的螺线. 当 $t \to +\infty$ 时,$\theta \to -\infty$,$r \to 0$. 即当 $t \to +\infty$ 时按顺时针旋转而趋于点 O. $\xi O \eta$ 平面上的轨线如图 4-11. 这种奇点称为**稳定焦点**.

（3）设 $\alpha > 0$. 由（4.49）及（4.51）知,当 $t \to -\infty$ 时 $\theta \to +\infty$,$r \to 0$. 即当 $t \to -\infty$ 时,$\xi O \eta$ 平面上的轨线是一族环绕原点而趋于原点的螺线,如图 4-12. 这种奇点称**不稳定焦点**.

稳定（不稳定）焦点的特征是:它存在一个邻域,经过该邻域内的除该奇点外的一切轨线都是环绕该奇点作无限次旋转并且都在 $t \to +\infty$（都在 $t \to -\infty$）时趋于该奇点.

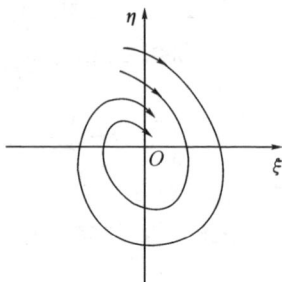

图 4-11

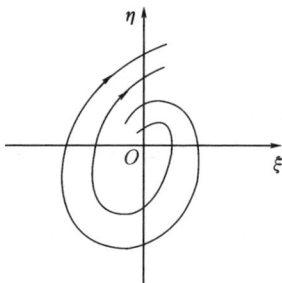

图 4-12

类型 Ⅲ　系统

$$\begin{cases} \dfrac{\mathrm{d}\xi}{\mathrm{d}t} = \lambda_1 \xi + \delta \eta, \\[2mm] \dfrac{\mathrm{d}\eta}{\mathrm{d}t} = \lambda_1 \eta. \end{cases} \qquad (4.52)$$

其中常数 $\lambda_1 \neq 0$,$\delta = 0$ 或 $\delta = 1$. 分两种情形:

（1）$\delta = 0$,此时（4.52）的通解为

$$\xi = c_1 \mathrm{e}^{\lambda_1 t}, \quad \eta = c_2 \mathrm{e}^{\lambda_1 t} \qquad (4.53)$$

其中 c_1 与 c_2 为任意常数.

$c_1 = c_2 = 0$ 所对应的轨线为奇点 O.

$c_1^2 + c_2^2 \neq 0$ 所对应的轨线为

$$c_2 \xi = c_1 \eta, \quad (\xi, \eta) \neq (0, 0), \qquad (4.54)$$

是一族以点 O 为端点的射线（但不包括点 O）. 若 $\lambda_1 < 0$,则当 $t \to$

$+\infty$ 时 $(\xi,\eta) \to (0,0)$；若 $\lambda_1 > 0$，则
当 $t \to -\infty$ 时，$(\xi,\eta) \to (0,0)$，分别
如图 4-13 与图 4-14. 这种奇点 O 分
别称为**稳定临界结点**与**不稳定临界
结点**.

　　**稳定(不稳定) 临界结点的特征
是**：它存在一个邻域，在该邻域内除
该奇点外的一切轨线都在 $t \to$
$+\infty$(都在 $t \to -\infty$) 时趋于奇点. 每

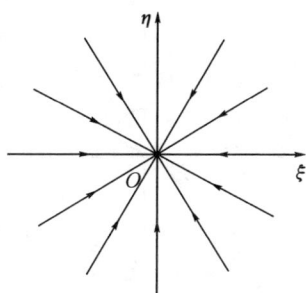

图 4-13

一轨线趋于奇点时，分别沿着一定的方向，并且每一方向仅有一条
轨线沿着它趋于奇点.

　　(2)$\delta = 1$,此时(4.52) 的通解为
$$\xi = (c_1 + c_2 t)\mathrm{e}^{\lambda_1 t}, \quad \eta = c_2 \mathrm{e}^{\lambda_1 t}.$$
$$(4.55)$$

　　当 $c_1 = c_2 = 0$,轨线是一点 O,即
奇点.

　　当 $c_1 \neq 0 = c_2$,轨线与 ξ 轴重合,
但除去点 O.

　　当 $c_2 \neq 0$,由(4.55) 消去 t 得
$$\xi = \left(\frac{c_1}{c_2} + \frac{1}{\lambda_1} \ln \frac{\eta}{c_2}\right)\eta.$$
$$(4.56)$$

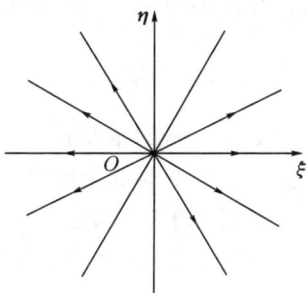

图 4-14

于是知轨线与 ξ 轴在点 O 相切. 若 $\lambda_1 < 0$,则当 $t \to +\infty$ 时轨线上
的点趋于点 O;若 $\lambda_1 > 0$,则当 $t \to -\infty$ 时轨线上的点趋于点 O. 这
两种情形的相图分别见图 4-15 与图 4-16. 奇点 O 分别称为**稳定退
化结点**与**不稳定退化结点**.

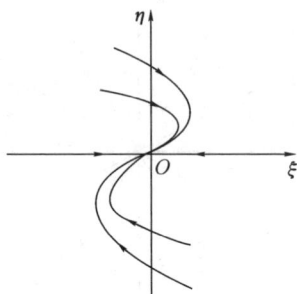

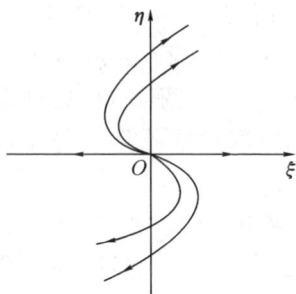

图 4-15   图 4-16

稳定(不稳定)退化结点的特征是：它存在一个邻域，邻域内除该奇点外的一切轨线都在 $t \to +\infty$（都在 $t \to -\infty$）时趋于奇点，并且分别沿着唯一的一对相反的方向.

二、几个引理

上面介绍的是几种典型类型的相图. 那么对于一般的(4.41)当其中 $q \neq 0$ 时的相图是怎样的呢？为此，先介绍下面两条引理.

引理 4.1　设(4.41)中 $q \neq 0$，则有下述结论：

(1) 若该系统的特征根是一对不相等的实数 λ_1 与 λ_2，则存在非奇异线性变换

$$\begin{pmatrix} x \\ y \end{pmatrix} = A \begin{pmatrix} \xi \\ \eta \end{pmatrix} \tag{4.57}$$

其中

$$A = \begin{bmatrix} \alpha_1 & \alpha_2 \\ \beta_1 & \beta_2 \end{bmatrix}, A \text{ 的行列式} \neq 0, \tag{4.58}$$

将(4.41)变换为(4.45).

(2) 若该系统的特征根是一对共轭复数根 $\lambda_{1,2} = \alpha \pm \beta i (\beta > 0)$，则存在(4.57)(连同(4.58))，将(4.41)变换为(4.47).

(3) 若该系统的特征根为二重根 λ_1，

① 如果 $b = c = 0$,则(4.41)就是(4.52)中 $\delta = 0$ 的情形,即 $\xi = x, \eta = y, \lambda_1 = a = d$.

② 如果 $b^2 + c^2 \neq 0$,则存在(4.57)(连同(4.58)),将(4.41)变换为(4.52)中 $\delta = 1$ 的情形.

本引理的证明只用到线性代数中特征向量的知识就够了,在此从略.

既然经非奇异线性变换能将(4.41)变换为典型类型,那么自然要问,经非奇异线性变换后,相图会有什么变化呢?下面引理4.2回答了这个问题.

引理 4.2 经非奇异变换(4.57)(连同(4.58)), xOy 平面上的轨线与相应的 $\xi O \eta$ 平面上的轨线对应关系如下:

① 原点变原点;

② 直线变直线;

③ 两相切曲线仍变为两相切曲线;

④ 封闭曲线仍变为封闭曲线;

⑤ $t \to +\infty$(或 $t \to -\infty$)的轨线仍变为 $t \to +\infty$(或 $t \to -\infty$)的轨线.

⑥ $t \to +\infty$(或 $t \to -\infty$)绕原点顺时针旋转的封闭或非封闭的轨线经变换后仍为 $t \to +\infty$(相应地 $t \to -\infty$)的封闭或非封闭的轨线,但顺时针可能仍为顺时针,也可能变为逆时针.

⑦ $t \to +\infty$(或 $t \to -\infty$)趋于奇点的轨线仍变为 $t \to +\infty$(或 $t \to -\infty$)趋于奇点的轨线.

证明要用到解析几何学中的仿射变换,从略.

由引理4.2可见,几种典型类型中所介绍的稳定(不稳定)结点,鞍点,中心,稳定(不稳定)焦点,稳定(不稳定)临界结点,稳定(不稳定)退化结点,经非奇异线性变换后,其特性不变,再由(4.42)～(4.44)系数 p、q 与特征根 λ_1、λ_2 对应的关系,有下述定理.

三、平面线性系统的奇点分析

定理 4.8 设线性系统(4.41)所对应的特征方程是(4.42)，λ_1 和 λ_2 是(4.42)的根,则当 $q \neq 0$ 时关于奇点 $O(0,0)$ 有下述结论:

(1)$\lambda_1\lambda_2 < 0$(即 $q < 0$) 时,O 是鞍点;

(2)$\lambda_1 < 0, \lambda_2 < 0, \lambda_1 \neq \lambda_2$(即 $p > 0, q > 0, p^2 - 4q > 0$) 时, O 是稳定结点;

(3)$\lambda_1 = \lambda_2 < 0$(即 $p > 0, q > 0, p^2 - 4q = 0$) 时,$O$ 或是稳定临界结点,或是稳定退化结点;

(4)$\lambda_{1,2} = \alpha \pm \beta\mathrm{i}, \alpha < 0, \beta > 0$(即 $p > 0, q > 0, p^2 - 4q < 0$) 时,$O$ 是稳定焦点;

(5)$\lambda_{1,2} = \pm\beta\mathrm{i}, \beta > 0$(即 $p = 0, q > 0, p^2 - 4q < 0$) 时,$O$ 是中心;

(6)$\lambda_{1,2} = \alpha \pm \beta\mathrm{i}, \alpha > 0, \beta > 0$(即 $p < 0, q > 0, p^2 - 4q < 0$) 时,$O$ 是不稳定焦点;

(7)$\lambda_1 = \lambda_2 > 0$(即 $p < 0, q > 0, p^2 - 4q = 0$) 时,$O$ 或是不稳定临界结点,或是不稳定退化结点;

(8)$\lambda_1 > 0, \lambda_2 > 0, \lambda_1 \neq \lambda_2$(即 $p < 0, q > 0, p^2 - 4q > 0$) 时, O 是不稳定结点.

在参数平面(p,q)上不同的区域对应的奇点类型示意图如图 4-17.

注 定理 4.8 的(3)与(7)中,在 $q > 0, p^2 - 4q = 0$ 的前提下,若 $b = c = 0$,则奇点 O 为临界结点;若 $b^2 + c^2 \neq 0$,则奇点 O 为退化结点.

例 1 指出系统

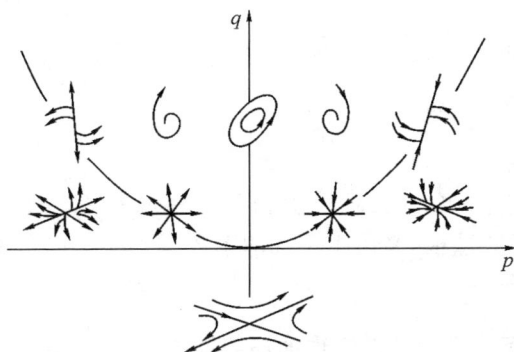

图 4-17

$$\begin{cases} \dfrac{\mathrm{d}x}{\mathrm{d}t} = 5x + 4y, \\ \dfrac{\mathrm{d}y}{\mathrm{d}t} = 2x + 7y. \end{cases}$$

的奇点类型.

解   奇点是 $O(0,0)$,对应的特征方程是

$$D(\lambda) = \begin{vmatrix} 5-\lambda & 4 \\ 2 & 7-\lambda \end{vmatrix} = \lambda^2 - 12\lambda + 27 = 0.$$

特征根 $\lambda_1 = 9, \lambda_2 = 3$,故知奇点是不稳定结点.

例 2   指出系统

$$\begin{cases} \dfrac{\mathrm{d}x}{\mathrm{d}t} = -2x + y, \\ \dfrac{\mathrm{d}y}{\mathrm{d}t} = -x - 2y \end{cases}$$

的奇点类型.

解   奇点 $O(0,0)$ 对应的特征方程是 $\lambda^2 + 4\lambda + 5 = 0, p = 4 > 0, q = 5 > 0, p^2 - 4q = -4 < 0$,所以奇点 O 是稳定焦点,轨线是一族环绕原点作无限旋转的螺线.

例 3   指出系统

$$\begin{cases} \dfrac{\mathrm{d}x}{\mathrm{d}t} = -3x - 2y, \\[2mm] \dfrac{\mathrm{d}y}{\mathrm{d}t} = 2x + y \end{cases}$$

的奇点类型.

解 奇点 $O(0,0)$ 对应的特征方程是 $\lambda^2 + 2\lambda + 1 = 0$,特征根 $\lambda_{1,2} = -1$ 是二重根. 又由于系统的系数 $b^2 + c^2 \neq 0$,故奇点 O 是稳定退化结点.

四、平面非线性系统奇点的局部性态

现在讨论非线性自治统系 $(4.40')$ 在它的奇点 O 的邻域内轨线的性态. 我们有下述定理.

定理 4.9 设非线性系统 $(4.40')$ 中的 $\varphi(x,y)$ 和 $\psi(x,y)$ 满足条件:

(1) 在点 O 的某邻域内存在连续的一阶偏导数;

(2) 存在常数 $\delta > 0$,使得

$$\lim_{r \to 0} \frac{\varphi(x,y)}{r^{1+\delta}} = \lim_{r \to 0} \frac{\psi(x,y)}{r^{1+\delta}} = 0 \quad (r = \sqrt{x^2 + y^2}).$$

又设系统 $(4.40')$ 的一次近似系统 (4.41) 的特征方程的根没有零实部,则 $(4.40')$ 与 (4.41) 的奇点 O 的类型相同,并有相同的稳定性或不稳定性;且进一步,如果一次近似系统 (4.41) 在奇点 O 的邻域内有一条(或多条)轨线具有确定的方向并趋于 O,则系统 $(4.40')$ 在奇点的邻域内亦有一条(或多条)轨线沿该方向趋于 O. 这里所说的"沿该方向趋于 O"是指轨线趋于 O 并与该方向的射线在 O 相切.

(证略).

注 (4.41) 的特征方程没有零实部的根的充分必要条件是 $q < 0$ 或者 $q > 0, p \neq 0$.

例 4 求系统

$$\begin{cases} \dfrac{\mathrm{d}x}{\mathrm{d}t} = x + 2y + \sin x, \\ \dfrac{\mathrm{d}y}{\mathrm{d}x} = 1 - y - \mathrm{e}^y \end{cases}$$

的奇点,确定它的类型.

解 由 $1 - y - \mathrm{e}^y = 0$ 得 $y = 0$. 代入 $x + 2y + \sin x = 0$ 中,
有 $x + \sin x = 0$. 故求得唯一的奇点 $x = 0, y = 0$.

将 $\sin x$ 与 e^y 在 $x = 0, y = 0$ 按泰勒公式展开,得

$$\begin{cases} \dfrac{\mathrm{d}x}{\mathrm{d}t} = x + 2y + x + \cdots = 2x + 2y + \cdots, \\ \dfrac{\mathrm{d}y}{\mathrm{d}t} = 1 - y - (1 + y + \cdots) = -2y + \cdots. \end{cases}$$

其中"$\cdots$"为至少从二次项开始的项.

上述系统的一次近似系统为

$$\begin{cases} \dfrac{\mathrm{d}x}{\mathrm{d}t} = 2x + 2y, \\ \dfrac{\mathrm{d}y}{\mathrm{d}t} = -2y. \end{cases}$$

它的特征方程、特征根和特征向量分别是

$$\lambda^2 - 4 = 0,$$
$$\lambda_1 = -2, \quad \lambda_2 = 2,$$
$$\begin{pmatrix} \alpha_1 \\ \beta_1 \end{pmatrix} = \begin{pmatrix} 1 \\ -2 \end{pmatrix}, \quad \begin{pmatrix} \alpha_2 \\ \beta_2 \end{pmatrix} = \begin{pmatrix} 1 \\ 0 \end{pmatrix}.$$

奇点 O 是鞍点. 由定理 4.9 知,原系统的奇点 O 也是鞍点.

现在我们举例说明前述理论的应用.

例 5 如图 4-18,考察有阻尼的单摆运动(见本章 §2 例 3),
单摆运动的方程为

$$ml \, \frac{\mathrm{d}^2\theta}{\mathrm{d}t^2} + kl \, \frac{\mathrm{d}\theta}{\mathrm{d}t} + mg \sin\theta = 0.$$

其中 θ 是摆对于向下铅直线的倾角,$k(>0)$ 是阻尼系数.

引入第二个变量 ω，并令 $\dfrac{\mathrm{d}\theta}{\mathrm{d}t}=\omega$，则单摆的运动方程化为方程组

$$\begin{cases} \dfrac{\mathrm{d}\theta}{\mathrm{d}t}=\omega, \\[2mm] \dfrac{\mathrm{d}\omega}{\mathrm{d}t}=-\dfrac{g}{l}\sin\theta-\dfrac{k}{m}\omega. \end{cases} \tag{4.32}$$

奇点 $(\theta=0,\omega=0)$ 对应于摆锤铅直向下并保持不动时的状态，力学上称它为平衡点 $(\theta=0,\omega=0)$．本章 §2 例 3 已研究了此零解 $(\theta=0,\omega=0)$ 的稳定性，现在要研究摆锤在平衡点 $(\theta=0,\omega=0)$ 附近来回运动的规律，在数学上就是求方程组（4.32）满足初值条件

$$\theta(0)=\theta_0, \quad \omega(0)=\omega_0$$

图 4-18

的解，其中 $|\theta_0|,|\omega_0|$ 甚小．但是方程组（4.32）满足上述初值条件的解是不能用初等函数来表示的，这就促使我们去研究它所对应的轨线的性态．初值 $|\theta_0|,|\omega_0|$ 甚小，就意味着在奇点 $(\theta=0,\omega=0)$ 邻域内考察．

将 $\sin\theta$ 在 $\theta=0$ 按泰勒公式展开，并取其一次项，即得到（4.32）的一次近似系统

$$\begin{cases} \dfrac{\mathrm{d}\theta}{\mathrm{d}t}=\omega, \\[2mm] \dfrac{\mathrm{d}\omega}{\mathrm{d}t}=-\dfrac{g}{l}\theta-\dfrac{k}{m}\omega. \end{cases} \tag{4.59}$$

它的特征方程是

$$\lambda^2+\frac{k}{m}\lambda+\frac{g}{l}=0.$$

设阻尼系数 $k(>0)$ 足够小，使

$$\left(\frac{k}{m}\right)^2-\frac{4g}{l}<0,$$

则系统（4.59）的奇点 $(\theta=0,\omega=0)$ 是稳定焦点，从而（4.32）的奇

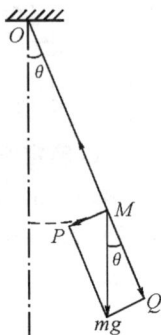

点($\theta = 0, \omega = 0$)也是稳定焦点. 轨线是一族环绕奇点($\theta = 0, \omega = 0$)作无限次旋转的螺线, 当 $t \to +\infty$ 时轨线趋于奇点. 这就是说, 当 $|\theta_0|$, $|\omega_0|$ 甚小时, 以 $\theta(0) = \theta_0, \omega(0) = \omega_0$ 为初值的运动是在平衡点($\theta = 0, \omega = 0$)附近的来回衰减摆动, 当 $t \to +\infty$ 时, 运动趋于平衡点($\theta = 0, \omega = 0$)而停止.

我们虽然没有求出(4.32)的解, 但已由上述方法获知解的某些性态, 这就是定性理论的实质.

§4   极限环

在 §3 中讨论了 2 维自治系统在奇点邻域内的性态. 本节讨论封闭轨线. 如果轨线是一条封闭曲线, 则称这种轨线为封闭轨线, 简称闭轨. 闭轨是一种十分重要的轨线, 它对应于系统的周期解. 事实上, 有下述定理.

定理 4.10   自治系统

$$\frac{\mathrm{d}\boldsymbol{x}}{\mathrm{d}t} = f(\boldsymbol{x}) \tag{4.14}$$

的轨线为闭轨的充分必要条件是该轨线所对应的解为非常数的周期解.

证明   先证充分性. 设 $\boldsymbol{x} = \boldsymbol{x}(t)$ 是(4.14)的任意一个非常数的周期解. 则存在常数 $T > 0$, 对任意 t, 有

$$\boldsymbol{x}(t + T) = \boldsymbol{x}(t).$$

即在相空间中对任何时刻 t 对应的 $\boldsymbol{x}$, 时间经过 T 之后, 又回到原来的位置. 从而知 $\boldsymbol{x} = \boldsymbol{x}(t)$ 所对应的轨线是闭轨.

再证必要性. 设 L 是(4.14)的闭轨. 在 L 上任取一点 A_0, 坐标为 $\boldsymbol{x}_0$, 设它对应于 $t = 0$. 这样所对应的解记为 $\boldsymbol{x} = \boldsymbol{x}(t, 0, \boldsymbol{x}_0)$. 让点沿 L 按 t 的增加方向连续运动, 至第二次到达 A_0 时, 设对应的时刻 $t = T$. 于是 $\boldsymbol{x}_0 = \boldsymbol{x}(T, 0, \boldsymbol{x}_0)$. 由解的唯一性知, $t = 0$ 时经过 $\boldsymbol{x}_0$

的解 $\boldsymbol{x}(t,0,\boldsymbol{x}_0)$,与 $t=T$ 时经过 $\boldsymbol{x}_0$ 的解一致,只是时间相差 T.
即有

$$\boldsymbol{x}(t+T,0,\boldsymbol{x}_0) = \boldsymbol{x}(t,0,\boldsymbol{x}(T,0,x_0))$$
$$= \boldsymbol{x}(t,0,\boldsymbol{x}_0)$$

说明解 $\boldsymbol{x}=\boldsymbol{x}(t,0,\boldsymbol{x}_0)$ 以 T 为周期. 证毕.

现在举几个周期解的例子.

例 1　系统

$$\frac{\mathrm{d}x}{\mathrm{d}t}=-y,\ \frac{\mathrm{d}y}{\mathrm{d}t}=x$$

的解是

$$\begin{cases} x=x_0\cos t-y_0\sin t,\\ y=x_0\sin t+y_0\cos t. \end{cases}$$

或写成

$$\begin{cases} x=r_0\cos(t+\varphi_0),\\ y=r_0\sin(t+\varphi_0). \end{cases}$$

其中 $r_0=\sqrt{x_0^2+y_0^2}$,$r_0\cos\varphi_0=x_0$,$r_0\sin\varphi_0=y_0$. 对任何 $r_0\neq0$ 和
φ_0,解是周期解. 对应的轨线是闭轨 $x^2+y^2=r_0^2$(见图 4-2).

例 2　系统

$$\frac{\mathrm{d}x}{\mathrm{d}t}=-y+x(1-x^2-y^2),\quad \frac{\mathrm{d}y}{\mathrm{d}t}=x+y(1-x^2-y^2)$$

化成极坐标后成为

$$\frac{\mathrm{d}\theta}{\mathrm{d}t}=1,\quad \frac{\mathrm{d}r}{\mathrm{d}t}=r(1-r^2).$$

解得

$$\begin{cases} \theta=t+\theta_0\\ r=r_0\left[(1-r_0^2)\mathrm{e}^{-2t}+r_0^2\right]^{-\frac{1}{2}},\ (r_0\neq1). \end{cases} \qquad (4.60)$$

其中 $r_0=r(0)$,$\theta_0=\theta(0)$. 当初值 $r_0=1$ 时,得到的解是 $r=r_0=$

1. 它是闭轨,此闭轨对应于周期解

$$x = \cos(t + \theta_0), \quad y = \sin(t + \theta_0).$$

当 $r_0 \neq 1$ 时,不论 $r_0 > 1$ 还是 $0 < r_0 < 1$,对应的解(4.60)不是闭轨,而是环绕 $r = 1$ 盘旋的螺线,当 t 增加时,它按逆针方向旋转,当 $t \to +\infty$ 时,$r \to 1$. 如图 4-19.

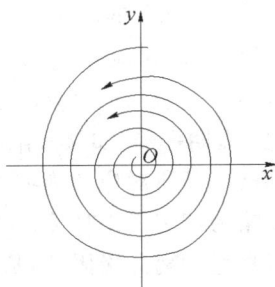

图 4-19

以上两个闭轨有不同的性质.如例 1 那样的闭轨,存在一个邻域,在此邻域内每一点,都有闭轨经过.而如例 2 那样,对于闭轨 $r = 1$,存在一个邻域,在此邻域内每一点(除 $r = 1$ 外),却只有非闭轨通过.这些非闭轨形如螺线,绕闭轨 $r = 1$ 而盘旋.除 $r = 1$ 外,该邻域内没有其他闭轨.例 2 这种孤立闭轨,无论在理论上还是在应用上,都有重大意义.

以下只限于讨论 2 维自治系统

$$\frac{\mathrm{d}x}{\mathrm{d}t} = X(x,y), \quad \frac{\mathrm{d}y}{\mathrm{d}t} = Y(x,y). \tag{4.40}$$

定义 4.4(极限环) 对于系统(4.40)的闭轨 L,如果存在 L 的某一外(内)侧邻域,该邻域内每一点都只有非闭轨通过,这些非闭轨形如螺线,当 $t \to +\infty$ 时环绕闭轨 L 盘旋而接近 L,则称 L 这**外侧(内侧)稳定极限环**.

如将上述 $t \to +\infty$ 改为 $t \to -\infty$,则该闭轨称为**外侧(内侧)不稳定极限环**.

外侧稳定(不稳定)极限环,内侧稳定(不稳定)极限环,都称为**极限环**.双侧都稳定(都不稳定)的极限环,称为**稳定(不稳定)极限环**,一侧稳定,另一侧不稳定的极限环,称为**半稳定极限环**.图 4-20 中画的是稳定极限环.

稳定极限环在实际上有重要的意义.(4.40)存在极限环 L,相当于(4.40)存在周期解. 如果这个极限环是稳定的,则当初值取在 L 的内、外侧的某一个环形域内是,(4.40) 的解 $x = x(t), y = y(t)$,当 t 充分大时,它们对应的轨线逼近于 L,即当 t 充分大时,$x = x(t), y = y(t)$ 实际上表现为(L 所对应的)周期振荡. 如果极限环 L 是不稳定的,那么,

图 4-20

此极限环所对应的周期振荡,在实际上是不会产生的. 因为只要初值略为偏离极限环 L(在实际上这总是可能的),那么相应的轨线就永远远离此极限环,从而对应的解不表现为周期振荡.

给定一个系统(4.40),如何来判定它是否存在极限环? 首先,我们给出判定不存在闭轨(当然也就不存在极限环)的一个定理.

定理 4.11 设系统(4.40)中的函数 $X(x,y)$ 和 $Y(x,y)$ 在单连通区域 G 内一阶连续可微,且存在一阶连续可微函数 $B(x,y)$,使在 G 内恒有

$$\frac{\partial}{\partial x}(BX) + \frac{\partial}{\partial y}(BY) \geqslant 0, (\text{或} \leqslant 0), \qquad (4.61)$$

但在 G 的任一子区域内,$\frac{\partial}{\partial x}(BX) + \frac{\partial}{\partial y}(BY) \not\equiv 0$. 则系统(4.40)不存在整个位于 G 内的闭轨.

证明 用反证法. 设(4.40)存在整个位于 G 内的闭轨 L. 设当 t 增加时 L 是按逆时针方向旋转,L 所围的区域是 G'. 由于 G 是单连通区域,故 $G' \subset G$. 在 G' 上使用格林公式,有

$$\oint_L BX \mathrm{d}y - BY \mathrm{d}x = \iint_{G'} \left[\frac{\partial}{\partial x}(BX) + \frac{\partial}{\partial y}(BY) \right] \mathrm{d}\sigma.$$

$$(4.62)$$

由条件(4.61)及条件 $\frac{\partial}{\partial x}(BX) + \frac{\partial}{\partial y}(BY) \not\equiv 0$(在 G' 上),故(4.62)右边大于零(或小于零). 而另一方面,(4.62)左边

$$\oint_L BX \mathrm{d}y - BY \mathrm{d}x = \oint_L (BXY - BYX) \mathrm{d}t = 0.$$

这是一个矛盾. 故知(4.40)不存在整个位于 G 内的正向闭轨. 同样可证(4.40)也不存在整个位于 G 内的负向闭轨.

推论 设系统(4.40)右端函数 $X(x,y)$ 和 $Y(x,y)$ 在单连通区域 G 内一阶连续可微,且在 G 内

$$\frac{\partial X}{\partial x} + \frac{\partial Y}{\partial y} \geqslant 0, (或 \leqslant 0), \tag{4.61'}$$

但在 G 内的任一子区域内, $\frac{\partial X}{\partial x} + \frac{\partial Y}{\partial y} \not\equiv 0.$ 则系统(4.40)不存在整个位于 G 内的闭轨.

例 3 设有系统

$$\frac{\mathrm{d}x}{\mathrm{d}t} = x + 2xy + x^3,$$

$$\frac{\mathrm{d}y}{\mathrm{d}t} = -y^2 + x^2 y.$$

将方程右端函数分别记为 $X(x,y)$ 和 $Y(x,y)$,即有

$$\frac{\partial X}{\partial x} + \frac{\partial Y}{\partial y} = 1 + 4x^2 > 0.$$

故在全平面不存在闭轨.

我们不加证明地介绍存在极限环的一个充分条件,这是一个十分重要的基本定理.

定理 4.12 (Poincaré-Bendixson) 设 G 为两条封闭曲线所围成的环形区域(如图 4-21),在其中不含(4.40)的奇点. 若(4.40)的凡是与 G 的边界相遇的轨线,当 t 增大时都从 G 外进入 G 内(或都从 G 内走出 G 外),则 G 内至少有(4.40)的一条外侧稳定极限环和一条内侧稳定极限环(或一条外侧不稳定极限环和一条内侧不稳定极限环),且 G 的内边界整个位于这两条极限环的内部. 这两条单侧稳定

图 4-21

（不稳定）极限环也可能重合成一条稳定（不稳定）极限环.

图 4-21 画的是满足定理 4.12 括号外条件的情形的示意图. 环形区域 G 简称**环域**.

例 4 试证明系统

$$
\begin{cases}
\dfrac{\mathrm{d}x}{\mathrm{d}t} = -2y + 4x - x(x^2 + 4y^2), \\[2mm]
\dfrac{\mathrm{d}y}{\mathrm{d}t} = 2x + 4y - y(x^2 + 4y^2)
\end{cases}
$$

存在极限环

证明 考虑环域

$$
G: \frac{1}{4} < x^2 + y^2 < 4.
$$

取函数 $V(x,y) = x^2 + y^2$. 于是 G 的内、外边界分别为 $V(x,y) = \dfrac{1}{4}$ 和 $V(x,y) = 4$. 沿着所给系统的轨线 $x = x(t), y = y(t), V = V(x(t), y(t))$ 是 t 的函数. 现在求函数 V 对 t 的导数, 得

$$
\begin{aligned}
\frac{\mathrm{d}V(x(t), y(t))}{\mathrm{d}t} &= \frac{\partial V}{\partial x}\frac{\mathrm{d}x}{\mathrm{d}t} + \frac{\partial V}{\partial y}\frac{\mathrm{d}y}{\mathrm{d}t} \\
&= 2x(-2y + 4x - x(x^2 + 4y^2)) \\
&\quad + 2y(2x + 4y - y(x^2 + 4y^2)) \\
&= (x^2 + y^2)(8 - 2x^2 - 8y^2).
\end{aligned}
$$

在 G 的外边界 $x^2 + y^2 = 4$ 上,

$$
\frac{\mathrm{d}V}{\mathrm{d}t} = 4[8 - 2(4 - y^2) - 8y^2] = -24y^2 \leqslant 0.
$$

这说明在 G 的外边界 $V(x,y) = 4$ 上, 当 t 增加时, 轨线指向 V 减少方向, 即指向 G 内. 在 G 的内边界 $x^2 + y^2 = \dfrac{1}{4}$ 上,

$$
\frac{\mathrm{d}V}{\mathrm{d}t} = \frac{1}{4}\left[8 - 2\left(\frac{1}{4} - y^2\right) - 8y^2\right]
$$

$$= \frac{1}{4}\left(\frac{15}{2} - 6y^2\right) \geqslant \frac{1}{4}\left(\frac{15}{2} - \frac{6}{4}\right) = \frac{3}{2} > 0.$$

这说明在 G 的两边界 $V(x,y) = \frac{1}{4}$ 上,当 t 增加时,轨线指向 V 增加方向,即也指向 G 内. 于是由定理 4.12 知,该系统在 G 内至少存在一个极限环. 故知该系统至少存在一个极限环.

最后,我们指出,具体使用定理 4.12,即找出满足定理 4.12 条件的环域 G,是十分困难的事,需要高度技巧.

§5 3 维及 n 维自治线性系统的李雅普诺夫函数的公式

早在 1959 年,本书作者已构造出 n 维自治线性系统的李雅普诺函数公式,秦元勋、王联、王慕秋三位在《运动稳定性理论与应用》(科学出版社,1981,P.149 ~ P.460)一书中全文转载了《数学学报》1959 年第 4 期 P.455 ~ P.467 上发表的该论文. 钱学森、宋健著的《工程控制论(修订本)》下册 P.900 参考文献 [164] 中也提到此文. 由于我们现在这本书是非数学专业用的基础课教材,只就 $n = 3$ 时给出此公式及其证明,以飨读者,有兴趣的读者可对照 $n = 3$ 去理解上述文献中一般 n 的表述及其证明.

设 $n = 3$ 时的常系数线性系统齐次微分方程为

$$\frac{\mathrm{d}x_i}{\mathrm{d}t} = \sum_{j=1}^{3} a_{ij}x_j, \quad (i = 1, 2, 3) \tag{4.63}$$

系数矩阵 $(a_{ij})(i = 1, 2, 3, j = 1, 2, 3)$ 的特征方程为

$$\det(a_{ij} - \lambda\delta_{ij}) = \begin{vmatrix} a_{11} - \lambda & a_{12} & a_{13} \\ a_{21} & a_{22} - \lambda & a_{23} \\ a_{31} & a_{32} & a_{33} - \lambda \end{vmatrix}$$

$$= -(\lambda^3 + p_1\lambda^2 + p_2\lambda + p_3) = 0 \tag{4.64}$$

其中

$$\delta_{ij} = \begin{cases} 1, & i=j, \\ 0, & i\neq j. \end{cases} \quad p_1 = -\sum_{i=1}^{3} a_{ii} = -(a_{11}+a_{22}+a_{33}),$$

$$p_2 = \begin{vmatrix} a_{11} & a_{12} \\ a_{21} & a_{22} \end{vmatrix} + \begin{vmatrix} a_{11} & a_{13} \\ a_{31} & a_{33} \end{vmatrix} + \begin{vmatrix} a_{22} & a_{23} \\ a_{32} & a_{33} \end{vmatrix},$$

$$p_3 = -\begin{vmatrix} a_{11} & a_{12} & a_{13} \\ a_{21} & a_{22} & a_{23} \\ a_{31} & a_{32} & a_{33} \end{vmatrix}. \tag{4.65}$$

作霍尔维茨行列式如下,下式中 $p_0 = 1$,

$$\Delta_1 = p_1, \quad \Delta_2 = \begin{vmatrix} p_1 & p_3 \\ p_0 & p_2 \end{vmatrix} = p_1 p_2 - p_3,$$

$$\Delta_3 = \begin{vmatrix} p_1 & p_3 & 0 \\ p_0 & p_2 & 0 \\ 0 & p_1 & p_3 \end{vmatrix} = (p_1 p_2 - p_3)p_3, \tag{4.66}$$

由定理 4.3 知,特征方程(4.64)的一切特征根均具负实部的充要条件是霍尔维茨行列式均大于零.

定理 4.9 对于 $n=3$ 的线性齐次微分方程(4.63),作李雅普诺夫函数如下:

$$v(x_1, x_2, x_3) = v_1(x_1, x_2, x_3) + v_2(x_1, x_2, x_3) + v_3(x_1, x_2, x_3),$$

其中

$$v_1 = p_3(p_1 p_2 - p_3)(x_1^2 + x_2^2 + x_3^2) = p_3(p_1 p_2 - p_3)\sum_{i=1}^{3} x_i^2,$$

$$v_2 = p_1 p_3 \Bigg[\left(\begin{vmatrix} x_1 & a_{12} \\ x_2 & a_{22} \end{vmatrix} + \begin{vmatrix} x_1 & a_{13} \\ x_3 & a_{33} \end{vmatrix} \right)^2 + \left(\begin{vmatrix} a_{11} & x_1 \\ a_{21} & x_2 \end{vmatrix} + \begin{vmatrix} x_2 & a_{23} \\ x_3 & a_{33} \end{vmatrix} \right)^2$$

$$+ \left(\begin{vmatrix} a_{11} & x_1 \\ a_{31} & x_3 \end{vmatrix} + \begin{vmatrix} a_{22} & x_2 \\ a_{32} & x_3 \end{vmatrix} \right)^2 \Bigg],$$

$$v_3 = \left[\left(p_3 x_1 - p_1 \begin{vmatrix} x_1 & a_{12} & a_{13} \\ x_2 & a_{22} & a_{23} \\ x_3 & a_{32} & a_{33} \end{vmatrix} \right)^2 + \left(p_3 x_2 - p_1 \begin{vmatrix} a_{11} & x_1 & a_{13} \\ a_{21} & x_2 & a_{23} \\ a_{31} & x_3 & a_{33} \end{vmatrix} \right)^2 \right.$$

$$\left. + \left(p_3 x_3 - p_1 \begin{vmatrix} a_{11} & a_{12} & x_1 \\ a_{21} & a_{22} & x_2 \\ a_{31} & a_{32} & x_3 \end{vmatrix} \right)^2 \right], \tag{4.67}$$

则对(4.63)的积分曲线的 t 求导数,有

$$\frac{\mathrm{d}v}{\mathrm{d}t} = -2 p_1 (p_1 p_2 - p_3) p_3 \sum_{i=1}^{3} x_i^2. \tag{4.68}$$

在证明定理之前,先证明若干引理.

引理 4.3 (1)$\sum_{i=1}^{3} \sum_{j=1}^{3} a_{ij} x_j x_i = -p_1 \sum_{i=1}^{3} x_i^2 + \sum_{i=1}^{3} \sum_{j=1}^{3} \begin{vmatrix} x_j & a_{jj} \\ x_i & a_{ij} \end{vmatrix} x_i.$ (4.69)

(2)$(p_1 p_2 - p_3) \sum_{i=1}^{3} \sum_{j=1}^{3} \begin{vmatrix} x_j & a_{jj} \\ x_i & a_{ij} \end{vmatrix} x_i + p_3 \sum_{i=1}^{3} \sum_{j=1}^{3} a_{ij} x_j x_i + p_1 p_3 \sum_{i=1}^{3} x_i^2$

$$= p_1 p_2 \sum_{i=1}^{3} \sum_{j=1}^{3} \begin{vmatrix} x_j & a_{jj} \\ x_i & a_{ij} \end{vmatrix} x_i \tag{4.70}$$

证明 (1)对固定的 i,

$$\sum_{j=1}^{3} a_{ij} x_j x_i = (a_{11} + a_{22} + a_{33}) x_i^2 + (a_{i1} x_1 + a_{i2} x_2 + a_{i3} x_3) x_i$$

$$- (a_{11} + a_{22} + a_{33}) x_i^2$$

$$= -p x_i^2 + \begin{vmatrix} x_1 & a_{11} \\ x_i & a_{i1} \end{vmatrix} x_i + \begin{vmatrix} x_2 & a_{22} \\ x_i & a_{i2} \end{vmatrix} x_i + \begin{vmatrix} a_3 & a_{33} \\ a_i & a_{i3} \end{vmatrix} x_i$$

$$= -p_1 x_i^2 + \sum_{j=1}^{3} \begin{vmatrix} x_j & a_{ii} \\ x_i & a_{ij} \end{vmatrix} x_i,$$

从而知(4.69)成立,(1)证毕.

(2)将欲证的(2)改写为欲证

$$-2 p_3 \sum_{i=1}^{3} \sum_{j=1}^{3} \begin{vmatrix} x_j & a_{jj} \\ x_i & a_{ij} \end{vmatrix} x_i + 2 p_3 \sum_{i=1}^{3} \sum_{j=1}^{3} a_{ij} x_j x_i + 2 p_2 p_3 \sum_{i=1}^{3} x_i^2 = 0.$$

由(4.69)知,上式是成立的,证毕.

引理 4.4 以 $\dfrac{\mathrm{d}}{\mathrm{d}t}$ 表示沿(4.6.3)的积分曲线对 t 求导数,则有

$$(1)\ \frac{\mathrm{d}}{\mathrm{d}t}\left(\begin{vmatrix} x_1 & a_{12} \\ x_2 & a_{22} \end{vmatrix} + \begin{vmatrix} x_1 & a_{13} \\ x_3 & a_{33} \end{vmatrix}\right) = p_2 x_1 - \begin{vmatrix} x_1 & a_{12} & a_{13} \\ x_2 & a_{22} & a_{23} \\ x_3 & a_{32} & a_{33} \end{vmatrix},$$

$$(2)\ \frac{\mathrm{d}}{\mathrm{d}t}\left(\begin{vmatrix} a_{11} & x_1 \\ a_{21} & x_2 \end{vmatrix} + \begin{vmatrix} x_2 & a_{23} \\ x_3 & a_{33} \end{vmatrix}\right) = p_2 x_2 - \begin{vmatrix} a_{11} & x_1 & a_{13} \\ a_{21} & x_2 & a_{23} \\ a_{31} & x_3 & a_{33} \end{vmatrix},$$

$$(3)\ \frac{\mathrm{d}}{\mathrm{d}t}\left(\begin{vmatrix} a_{11} & x_1 \\ a_{31} & x_3 \end{vmatrix} + \begin{vmatrix} a_{22} & x_2 \\ a_{32} & x_3 \end{vmatrix}\right) = p_2 x_3 - \begin{vmatrix} a_{11} & a_{12} & x_1 \\ a_{22} & a_{22} & x_2 \\ a_{32} & a_{33} & x_3 \end{vmatrix}.$$

证明 (1) $\dfrac{\mathrm{d}}{\mathrm{d}t}\left(\begin{vmatrix} x_1 & a_{12} \\ x_2 & a_{22} \end{vmatrix} + \begin{vmatrix} x_1 & a_{13} \\ x_3 & a_{33} \end{vmatrix}\right) = \begin{vmatrix} x'_1 & a_{12} \\ x'_2 & a_{22} \end{vmatrix} + \begin{vmatrix} x'_1 & a_{13} \\ x'_3 & a_{33} \end{vmatrix}$

$$= \begin{vmatrix} \sum\limits_{j=1}^{3} a_{1j}x_j & a_{12} \\ \sum\limits_{j=1}^{3} a_{2j}x_j & a_{22} \end{vmatrix} + \begin{vmatrix} \sum\limits_{j=1}^{3} a_{1j}x_j & a_{13} \\ \sum\limits_{j=1}^{3} a_{3j}x_j & a_{33} \end{vmatrix}$$

$$= \begin{vmatrix} a_{11} & a_{12} \\ a_{21} & a_{22} \end{vmatrix} x_1 + \begin{vmatrix} a_{13} & a_{12} \\ a_{23} & a_{22} \end{vmatrix} x_3 + \begin{vmatrix} a_{11} & a_{13} \\ a_{31} & a_{33} \end{vmatrix} x_1 + \begin{vmatrix} a_{12} & a_{13} \\ a_{32} & a_{33} \end{vmatrix} x_2$$

$$= \left(\begin{vmatrix} a_{11} & a_{12} \\ a_{21} & a_{22} \end{vmatrix} + \begin{vmatrix} a_{11} & a_{13} \\ a_{31} & a_{33} \end{vmatrix} + \begin{vmatrix} a_{22} & a_{23} \\ a_{32} & a_{33} \end{vmatrix}\right) x_1$$

$$+ \left(-\begin{vmatrix} a_{12} & a_{13} \\ a_{22} & a_{23} \end{vmatrix} x_3 + \begin{vmatrix} a_{12} & a_{13} \\ a_{32} & a_{33} \end{vmatrix} x_2 - \begin{vmatrix} a_{22} & a_{23} \\ a_{32} & a_{33} \end{vmatrix} x_1\right)$$

$$= p_2 x_1 - \begin{vmatrix} x_1 & a_{12} & a_{13} \\ x_2 & a_{22} & a_{23} \\ x_3 & a_{32} & a_{33} \end{vmatrix},\ (1) 证毕.\ (2)、(3) 是类似的.$$

证毕.

引理 4.5　(1) $\dfrac{\mathrm{d}}{\mathrm{d}t}\begin{vmatrix} x_1 & a_{12} & a_{13} \\ x_2 & a_{22} & a_{23} \\ x_3 & a_{32} & a_{33} \end{vmatrix}=-p_3 x_1,$

$\qquad\qquad$ (2) $\dfrac{\mathrm{d}}{\mathrm{d}t}\begin{vmatrix} a_{11} & x_1 & a_{13} \\ a_{21} & x_2 & a_{23} \\ a_{31} & x_3 & a_{33} \end{vmatrix}=-p_3 x_2,$

$\qquad\qquad$ (3) $\dfrac{\mathrm{d}}{\mathrm{d}t}\begin{vmatrix} a_{11} & a_{12} & x_1 \\ a_{21} & a_{22} & x_2 \\ a_{31} & a_{32} & x_3 \end{vmatrix}=-p_3 x_3,$

证明　(1) $\dfrac{\mathrm{d}}{\mathrm{d}t}\begin{vmatrix} x_1 & a_{12} & a_{13} \\ x_2 & a_{22} & a_{23} \\ x_3 & a_{32} & a_{33} \end{vmatrix}=\begin{vmatrix} x_1' & a_{12} & a_{13} \\ x_2' & a_{22} & a_{23} \\ x_3' & a_{32} & a_{33} \end{vmatrix}$

$$=\begin{vmatrix} \sum_{j=1}^{3}a_{1j}x_j & a_{12} & a_{13} \\ \sum_{j=1}^{3}a_{2j}x_j & a_{22} & a_{23} \\ \sum_{j=1}^{3}a_{3j}x_j & a_{32} & a_{33} \end{vmatrix}=x_1(-p_3)=-p_3 x_1,(1)证毕.$$

(2)、(3)是类似的.

引理 4.6　由 $v_1(x_1,x_2,x_3)=p_3(p_1 p_2-p_3)\sum_{i=1}^{3}x_i^2$,则 v_1 对(4.63)
的积分曲线的 t 求导数,有

$$\frac{\mathrm{d}v_1}{\mathrm{d}t}=-2p_3(p_1 p_2-p_3)p_1\sum_{i=1}^{3}x_i^2+2p_1(p_1 p_2-p_3)\sum_{i=1}^{3}\sum_{j=1}^{3}\begin{vmatrix} x_j & a_{ij} \\ x_i & a_{ij} \end{vmatrix}x_i.$$

$$(4.70)$$

证明　$\dfrac{\mathrm{d}v_1}{\mathrm{d}t}=2p_3(p_1 p_2-p_3)\sum_{i=1}^{3}x_i\left(\sum_{j=1}^{3}a_{ij}x_j\right)$

$$=2p_3(p_1 p_2-p_3)\sum_{i=1}^{3}\sum_{j=1}^{3}a_{ij}x_j x_i,$$

再由(4.69)知(4.70)成立.证毕.

引理 4.7 $\dfrac{\mathrm{d}v_2}{\mathrm{d}t} =$

$$2p_1p_3\left[\left(\begin{vmatrix} x_1 & a_{12} \\ x_2 & a_{22} \end{vmatrix}+\begin{vmatrix} x_1 & a_{13} \\ x_3 & a_{33} \end{vmatrix}\right)\left(p_2x_1-\begin{vmatrix} x_1 & a_{12} & a_{13} \\ x_2 & a_{22} & x_{23} \\ x_3 & a_{32} & a_{33} \end{vmatrix}\right)\right.$$

$$+\left(\begin{vmatrix} a_{11} & x_1 \\ a_{21} & x_2 \end{vmatrix}+\begin{vmatrix} x_2 & a_{23} \\ x_3 & a_{33} \end{vmatrix}\right)\left(p_2x_2-\begin{vmatrix} a_{11} & x_1 & a_{13} \\ a_{21} & x_2 & x_{23} \\ a_{31} & x_3 & a_{33} \end{vmatrix}\right)$$

$$\left.+\left(\begin{vmatrix} a_{11} & x_1 \\ a_{31} & x_3 \end{vmatrix}+\begin{vmatrix} a_{22} & x_2 \\ a_{32} & x_3 \end{vmatrix}\right)\left(p_2x_3-\begin{vmatrix} a_{11} & a_{12} & x_1 \\ a_{21} & a_{22} & x_2 \\ a_{31} & a_{32} & x_3 \end{vmatrix}\right)\right].$$

证明 由 v_2 的表达式,两边对 t 求得,得

$$\frac{\mathrm{d}v_2}{\mathrm{d}t}=2p_1p_3\left[\left(\begin{vmatrix} x_1 & a_{12} \\ x_2 & a_{22} \end{vmatrix}+\begin{vmatrix} x_1 & a_{13} \\ x_3 & a_{33} \end{vmatrix}\right)\frac{\mathrm{d}}{\mathrm{d}t}\left(\begin{vmatrix} x_1 & a_{12} \\ x_2 & a_{22} \end{vmatrix}+\begin{vmatrix} x_1 & a_{13} \\ x_3 & a_{33} \end{vmatrix}\right)\right.$$

$$+\left(\begin{vmatrix} a_{11} & x_1 \\ a_{21} & x_2 \end{vmatrix}+\begin{vmatrix} x_2 & a_{23} \\ x_3 & a_{33} \end{vmatrix}\right)\frac{\mathrm{d}}{\mathrm{d}t}\left(\begin{vmatrix} a_{11} & x_1 \\ a_{21} & x_2 \end{vmatrix}+\begin{vmatrix} x_2 & a_{23} \\ x_3 & a_{33} \end{vmatrix}\right)$$

$$\left.+\begin{vmatrix} a_{11} & x_1 \\ a_{31} & x_3 \end{vmatrix}+\begin{vmatrix} a_{22} & x_2 \\ a_{32} & x_3 \end{vmatrix}\frac{\mathrm{d}}{\mathrm{d}t}\left(\begin{vmatrix} a_{11} & x_1 \\ a_{31} & x_3 \end{vmatrix}+\begin{vmatrix} a_{22} & x_2 \\ a_{32} & x_3 \end{vmatrix}\right)\right]$$

再由引理 4.4 即得本引理要得的结果.证毕.

引理 4.8 $\dfrac{\mathrm{d}v_3}{\mathrm{d}t}=2p_3^2\displaystyle\sum_{i=1}^{3}\sum_{j=1}^{3}\begin{vmatrix} x_j & a_{jj} \\ x_i & a_{ij} \end{vmatrix}x_i$

$$-2p_2p_3\left[\begin{vmatrix} x_1 & a_{12} & a_{13} \\ x_2 & a_{22} & a_{23} \\ x_3 & a_{32} & a_{33} \end{vmatrix}\sum_{j=1}^{3}a_{1j}x_j+\begin{vmatrix} a_{11} & x_1 & a_{13} \\ a_{21} & x_2 & a_{23} \\ a_{31} & x_3 & a_{33} \end{vmatrix}\sum_{j=1}^{3}a_{2j}x_j+\begin{vmatrix} a_{11} & a_{12} & x_1 \\ a_{21} & a_{22} & x_2 \\ a_{31} & a_{32} & x_3 \end{vmatrix}\sum_{j=1}^{3}a_{3j}x_j\right]$$

$$-2p_1^2p_3\left[x_1\begin{vmatrix} x_1 & a_{12} & a_{13} \\ x_2 & a_{22} & a_{23} \\ x_3 & a_{32} & a_{33} \end{vmatrix}+x_2\begin{vmatrix} a_{11} & x_1 & a_{13} \\ a_{21} & x_2 & a_{23} \\ a_{31} & x_3 & a_{33} \end{vmatrix}+x_3\begin{vmatrix} a_{11} & a_{12} & x_1 \\ a_{21} & a_{22} & x_2 \\ a_{31} & a_{32} & x_3 \end{vmatrix}\right]. \tag{4.72}$$

· 212 ·

证明

$$\frac{\mathrm{d}v_3}{\mathrm{d}t} = 2 \left(p_3 x_1 - p_1 \begin{vmatrix} x_1 & a_{12} & a_{13} \\ x_2 & a_{22} & a_{23} \\ x_3 & a_{32} & a_{33} \end{vmatrix} \right) \left(p_3 x'_1 - p_1 \begin{vmatrix} x'_1 & a_{12} & a_{13} \\ x'_2 & a_{22} & a_{23} \\ x'_3 & a_{32} & a_{33} \end{vmatrix} \right)$$

$$+ 2 \left(p_3 x_2 - p_1 \begin{vmatrix} a_{11} & x_1 & a_{13} \\ a_{21} & x_2 & a_{23} \\ a_{31} & x_3 & a_{33} \end{vmatrix} \right) \left(p_3 x'_2 - p_1 \begin{vmatrix} a_{11} & x'_1 & a_{13} \\ a_{21} & x'_2 & a_{23} \\ a_{31} & x'_3 & a_{33} \end{vmatrix} \right)$$

$$+ 2 \left(p_3 x_3 - p_1 \begin{vmatrix} a_{11} & a_{12} & x_1 \\ a_{21} & a_{22} & x_2 \\ a_{31} & a_{32} & x_3 \end{vmatrix} \right) \left(p_3 x'_3 - p_1 \begin{vmatrix} a_{11} & a_{12} & x'_1 \\ a_{21} & a_{22} & x'_2 \\ a_{31} & a_{32} & x'_3 \end{vmatrix} \right)$$

$$= 2 \left(p_3 x_1 - p_1 \begin{vmatrix} x_1 & a_{12} & a_{13} \\ x_2 & a_{22} & a_{23} \\ x_3 & a_{32} & a_{33} \end{vmatrix} \right) \left(p_3 \sum_{j=1}^{3} a_{1j} x_j - p_1 \begin{vmatrix} \sum_{j=1}^{3} a_{1j} x_j & a_{12} & a_{13} \\ \sum_{j=1}^{3} a_{2j} x_j & a_{22} & a_{23} \\ \sum_{j=1}^{3} a_{3j} x_j & a_{32} & a_{33} \end{vmatrix} \right)$$

$$+ 2 \left(p_3 x_2 - p_1 \begin{vmatrix} a_{11} & x_1 & a_{13} \\ a_{21} & x_2 & a_{23} \\ a_{31} & x_3 & a_{33} \end{vmatrix} \right) \left(p_3 \sum_{j=1}^{3} a_{2j} x_j - p_1 \begin{vmatrix} a_{11} & \sum_{j=1}^{3} a_{1j} x_j & a_{1j} \\ a_{21} & \sum_{j=1}^{3} a_{2j} x_j & a_{2j} \\ a_{31} & \sum_{j=1}^{3} a_{3j} x_j & a_{3j} \end{vmatrix} \right)$$

$$+ 2 \left(p_3 x_3 - p_1 \begin{vmatrix} a_{11} & a_{12} & x_1 \\ a_{21} & a_{22} & x_2 \\ a_{31} & a_{32} & x_3 \end{vmatrix} \right) \left(p_3 \sum_{j=1}^{3} a_{3j} x_j - p_1 \begin{vmatrix} a_{11} & a_{12} & \sum_{j=1}^{3} a_{1j} x_j \\ a_{21} & a_{22} & \sum_{j=1}^{3} a_{2j} x_j \\ a_{31} & a_{32} & \sum_{j=1}^{3} a_{3j} x_j \end{vmatrix} \right)$$

以下与推导引理 4.4 中最后几个含有 $\sum\limits_{j=1}^{3}$ 的式子类似，再由 (4.69) 有

$$\frac{\mathrm{d}v_3}{\mathrm{d}t} = 2p_3^2 \sum_{j=1}^{3}\sum_{i=1}^{3} \begin{vmatrix} x_i & a_{ii} \\ x_j & a_{ij} \end{vmatrix} x_j - 2p_1 p_3 \left[\begin{vmatrix} x_1 & a_{12} & a_{13} \\ x_2 & a_{22} & a_{23} \\ x_3 & a_{32} & a_{33} \end{vmatrix} \sum_{j=1}^{3} a_{1j} x_j \right.$$

$$+ \begin{vmatrix} a_{11} & x_1 & a_{13} \\ a_{21} & x_2 & a_{23} \\ a_{31} & x_3 & a_{33} \end{vmatrix} \sum_{j=1}^{3} a_{2j} x_j + \begin{vmatrix} a_{11} & a_{12} & x_1 \\ a_{21} & a_{22} & x_2 \\ a_{31} & a_{32} & x_3 \end{vmatrix} \sum_{j=1}^{3} a_{3j} x_j \right]$$

$$-2p_1^2 p_3 \left[x_1 \begin{vmatrix} x_1 & a_{12} & a_{13} \\ x_2 & a_{22} & a_{23} \\ x_3 & a_{32} & a_{33} \end{vmatrix} + x_2 \begin{vmatrix} a_{11} & x_1 & a_{13} \\ a_{21} & x_2 & a_{23} \\ a_{31} & x_3 & a_{33} \end{vmatrix} + x_3 \begin{vmatrix} a_{11} & a_{12} & x_1 \\ a_{21} & a_{22} & x_2 \\ a_{31} & a_{32} & x_3 \end{vmatrix} \right].$$

定理 4.9 的证明　由(4.70)、(4.71)与(4.72)及引理 4.3,为证结论,只要证明

$$p_2 \sum_{i=1}^{3}\sum_{j=1}^{3} \begin{vmatrix} x_j & a_{jj} \\ x_i & a_{ij} \end{vmatrix} x_i$$

$$+ \left[\left(\begin{vmatrix} x_1 & a_{12} \\ x_2 & a_{22} \end{vmatrix} + \begin{vmatrix} x_1 & a_{13} \\ x_3 & a_{33} \end{vmatrix} \right) \left(p_2 x_1 - \begin{vmatrix} x_1 & a_{12} & a_{13} \\ x_2 & a_{22} & a_{23} \\ x_3 & a_{32} & a_{33} \end{vmatrix} \right) \right.$$

$$+ \left(\begin{vmatrix} a_{11} & x_1 \\ a_{21} & x_2 \end{vmatrix} + \begin{vmatrix} x_2 & a_{23} \\ x_3 & a_{33} \end{vmatrix} \right) \left(p_2 x_2 - \begin{vmatrix} a_{11} & x_1 & a_{13} \\ a_{21} & x_2 & a_{23} \\ a_{31} & x_3 & a_{33} \end{vmatrix} \right)$$

$$+ \left(\begin{vmatrix} a_{11} & x_1 \\ a_{31} & x_3 \end{vmatrix} + \begin{vmatrix} a_{22} & x_2 \\ a_{32} & x_3 \end{vmatrix} \right) \left(p_2 x_3 - \begin{vmatrix} a_{11} & a_{12} & x_1 \\ a_{21} & a_{22} & x_2 \\ a_{31} & a_{32} & x_3 \end{vmatrix} \right)$$

$$- \left[\begin{vmatrix} x_1 & a_{12} & a_{13} \\ x_2 & a_{22} & a_{23} \\ x_3 & a_{32} & a_{33} \end{vmatrix} \sum_{j=1}^{3} a_{1j} x_j + \begin{vmatrix} a_{11} & x_1 & a_{13} \\ a_{21} & x_2 & a_{23} \\ a_{31} & x_3 & a_{33} \end{vmatrix} \sum_{j=1}^{3} a_{2j} x_j \right.$$

$$+ \begin{vmatrix} a_{11} & a_{12} & x_1 \\ a_{21} & a_{22} & x_2 \\ a_{31} & a_{32} & x_3 \end{vmatrix} \sum_{j=1}^{3} a_{3j} x_j \right]$$

$$-p_1\left[x_1\begin{vmatrix}x_1 & a_{12} & a_{13}\\ x_2 & a_{22} & a_{23}\\ x_3 & a_{32} & a_{33}\end{vmatrix}+x_2\begin{vmatrix}a_{11} & x_1 & a_{13}\\ a_{21} & x_2 & a_{23}\\ a_{31} & x_3 & a_{33}\end{vmatrix}+x_3\begin{vmatrix}a_{11} & a_{12} & x_1\\ a_{21} & a_{22} & x_2\\ a_{31} & a_{32} & x_3\end{vmatrix}\right]$$

$$(4.73)$$

为此,先将(4.73)左边含 2 阶行列式与一次式相乘的共 15 项写出来:

$$p_2\left[\begin{vmatrix}x_1 & a_{11}\\ x_1 & a_{11}\end{vmatrix}x_1+\begin{vmatrix}x_2 & a_{22}\\ x_1 & a_{12}\end{vmatrix}x_1+\begin{vmatrix}x_3 & a_{33}\\ x_1 & a_{13}\end{vmatrix}x_1\right.$$

$$+\begin{vmatrix}x_1 & a_{11}\\ x_2 & a_{21}\end{vmatrix}x_2+\begin{vmatrix}x_2 & a_{22}\\ x_2 & a_{22}\end{vmatrix}x_2+\begin{vmatrix}x_3 & a_{33}\\ x_2 & a_{23}\end{vmatrix}x_2$$

$$+\begin{vmatrix}x_1 & a_{11}\\ x_3 & a_{31}\end{vmatrix}x_3+\begin{vmatrix}x_2 & a_{22}\\ x_3 & a_{32}\end{vmatrix}x_3+\begin{vmatrix}x_3 & a_{33}\\ x_3 & a_{33}\end{vmatrix}x_3$$

$$+\begin{vmatrix}x_1 & a_{12}\\ x_2 & a_{22}\end{vmatrix}x_1+\begin{vmatrix}x_1 & a_{13}\\ x_3 & a_{33}\end{vmatrix}x_1+\begin{vmatrix}a_{11} & x_1\\ a_{21} & x_2\end{vmatrix}x_2+\begin{vmatrix}x_2 & a_{23}\\ x_3 & a_{33}\end{vmatrix}x_2$$

$$\left.+\begin{vmatrix}a_{11} & x_1\\ a_{31} & x_3\end{vmatrix}x_3+\begin{vmatrix}a_{22} & x_2\\ a_{32} & x_3\end{vmatrix}x_3\right]\xlongequal{\text{由行列式的简单性质知}}0.$$

(例如第 2 个行列式 + 第 10 个行列式 = 0). 再看 3 阶行列式与 2 阶行列式相乘的那些项以及 3 阶行列式与 x_1,x_2,x_3 一次式相乘的那些项的和,有 3 组,其中一组是:

$$-\begin{vmatrix}x_1 & a_{12} & a_{13}\\ x_2 & a_{22} & a_{23}\\ x_3 & a_{32} & a_{33}\end{vmatrix}\left(\begin{vmatrix}x_1 & a_{12}\\ x_2 & a_{22}\end{vmatrix}+\begin{vmatrix}x_1 & a_{13}\\ x_3 & a_{33}\end{vmatrix}+\sum_{j=1}^{3}a_{1j}x_j+p_1x_1\right),$$

$$(4.74)$$

注意:其中

$$\sum_{j=1}^{3}a_{1j}x_j+p_1x_1=\sum_{j=1}^{3}a_{1j}z_j-(a_{11}+a_{22}+a_{33})x_1$$

$$=a_{12}x_2-a_{22}x_1+a_{13}x_3-a_{33}x_1$$

$$=-\begin{vmatrix} x_1 & a_{12} \\ x_2 & a_{22} \end{vmatrix} - \begin{vmatrix} x_1 & a_{13} \\ x_3 & a_{33} \end{vmatrix},$$

于是(4.74) ≡ 0. 类似地其他两组也恒等于 0. 于是证得(4.73)恒等于 0. 定理证毕.

例 1 设 3 维自治系统

$$\begin{cases} \dfrac{\mathrm{d}x}{\mathrm{d}t} = X(x,y,z) + P(x,y,z), \\[2mm] \dfrac{\mathrm{d}y}{\mathrm{d}t} = Y(x,y,z) + Q(x,y,z), \\[2mm] \dfrac{\mathrm{d}z}{\mathrm{d}t} = Z(x,y,z) + R(x,y,z). \end{cases} \tag{4.75}$$

其中线性部分为

$$X(x,y,z) = -2x + y - z,$$
$$Y(x,y,z) = x - y,$$
$$Z(x,y,z) = x + y - z,$$

非线性部分为

$$P(x,y,z) = x^3,$$
$$Q(x,y,z) = x^2 y + z^2 x,$$
$$R(x,y,z) = -xy^2 - z^2 y.$$

(1) 以(4.75)的线性部分按定理 4.9 作李雅普诺夫函数,证明系统(4.75)的零解是渐近稳定的;

(2) 按(1)中所作的李雅普夫函数,证明:如果(4.75)的初值 $\{x(0), y(0), z(0)\}$ 满足

$$\{x(0), y(0), z(0)\} \in \Omega, \Omega = \left\{ (x,y,z) \mid 0 \leqslant \sqrt{x^2+y^2+z^2} < \dfrac{1}{\sqrt{10}} \right\}, \tag{4.76}$$

则对应的解 $\{(x(t), y(t), z(t)\}$ 必有

$$\lim_{t \to \infty} \{x(t), g(t), z(t)\} = \{0,0,0\}.$$

解 (1)(4.75) 线性部分的系数行列式为

$$A = \begin{vmatrix} -2 & 1 & -1 \\ 1 & -1 & 0 \\ 1 & 1 & -1 \end{vmatrix},$$

特征方程

$$\det(A - \lambda\delta_{ij}) = \begin{vmatrix} -2-\lambda & 1 & -1 \\ 1 & -1-\lambda & 0 \\ 1 & 1 & -1-\lambda \end{vmatrix} = -(\lambda^3 + 4\lambda^2 + 5\lambda + z),$$

$$p_0 = 1, p_1 = 4, p_2 = 5, p_3 = 3, p_1 p_2 - p_3 = 17,$$

$$v_1 = 51(x^2 + y^2 + z^2),$$

$$v_2 = 12\left[\left(\begin{vmatrix} x & 1 \\ y & -1 \end{vmatrix} + \begin{vmatrix} x & -1 \\ z & -1 \end{vmatrix} \right)^2 + \left(\begin{vmatrix} -2 & x \\ 1 & y \end{vmatrix} + \begin{vmatrix} y & 0 \\ z & -1 \end{vmatrix} \right)^2 \right.$$

$$\left. + \left(\begin{vmatrix} -2 & x \\ 1 & z \end{vmatrix} + \begin{vmatrix} -1 & y \\ 1 & z \end{vmatrix} \right)^2 \right]$$

$$= 12(6x^2 + 11y^2 + 10z^2 + 12xy + 2xz + 4yz),$$

$$v_3 = \left(3x - 4 \begin{vmatrix} x & 1 & -1 \\ y & -1 & 0 \\ z & 1 & -1 \end{vmatrix} \right)^2 + \left(3y - 4 \begin{vmatrix} -2 & x & -1 \\ 1 & y & 0 \\ 1 & z & -1 \end{vmatrix} \right)^2$$

$$+ \left(3z - 4 \begin{vmatrix} -2 & 1 & x \\ 1 & -1 & y \\ 1 & 1 & z \end{vmatrix} \right)^2$$

$$= 81x^2 + 225y^2 + 33z^2 + 264xy - 24xz - 48yz,$$

从而

$$v = v_1 + v_2 + v_3 = 204x^2 + 408y^2 + 204z^2 + 408xy$$

$$= 204[(x+y)^2 + y^2 + z^2], \tag{4.77}$$

$$\frac{\mathrm{d}v}{\mathrm{d}t}\bigg|_{(4.75)} = \frac{\partial v}{\partial x} \cdot \left(\frac{\mathrm{d}x}{\mathrm{d}t}\right) + \frac{\partial v}{\partial y} \cdot \left(\frac{\mathrm{d}y}{\mathrm{d}t}\right) + \frac{\partial v}{\partial z} \cdot \left(\frac{\mathrm{d}z}{\mathrm{d}t}\right)$$

$$= \frac{\partial v}{\partial x} \cdot X + \frac{\partial v}{\partial y} \cdot Y + \frac{\partial v}{\partial z} \cdot Z + \frac{\partial v}{\partial x} \cdot P + \frac{\partial v}{\partial y} \cdot Q + \frac{\partial v}{\partial z} \cdot R$$

$$=- 408(x^2 + y^2 + z^2) + 408[(x + y)x^3$$
$$+ (x + 2y)(x^2 y + z^2 x) - z(xy^2 + yz^2)],$$

(4.78)

可见在点 $O(0,0,0)$ 的某领域内,v 为定正函数,$\left.\dfrac{\mathrm{d}v}{\mathrm{d}t}\right|_{(4.75)}$ 为定负函数,所以(4.75)的零解为渐近稳定的.

(2) 为求(4.76)的 Ω,将(4.78)的右端化成球面坐标.命 $x = r\sin\varphi\cos\theta, y = r\sin\varphi\sin\theta, z = r\cos\varphi$,于是(4.78)右边成为

$$\left.\frac{\mathrm{d}v}{\mathrm{d}t}\right|_{(4.73)} =- 408r^2[1 - r^2 f(\theta,\varphi)],$$

粗略估计,$| f(\theta,\varphi) | < 10$(略为精确地也可更进一步估计出 <7),所以在 $r < \dfrac{1}{\sqrt{10}}$ 的以点 O 为中心的球内取初值时,对应的轨线均渐近稳定而趋于 0,讨论完毕.

注 在应用中本定理并不是说只适用于线性系统.事实上,对常系数线性系统,由霍尔维茨定理 4.3 已解决了常系统线性系的零解的渐近稳定性问题.本定理主要用于含有高次项的情形.不仅可以用来证明零解渐近稳定性,也可以用来证明零解的不稳定性或稳定而不渐近稳定.请见例子

例 2 设

$$\begin{cases} \dfrac{\mathrm{d}x}{\mathrm{d}t} = X_1(x,y,z) + x^2, \\[2mm] \dfrac{\mathrm{d}y}{\mathrm{d}t} = Y_1(x,y,z) + xy, \\[2mm] \dfrac{\mathrm{d}z}{\mathrm{d}t} = Z_1(x,y,z) + x^2 y, \end{cases}$$

(4.76)

其中线性部分

$$\begin{cases} X_1(x,y,z) =- x - y + z, \\ Y_2(x,y,z) = x - 2y + 2z, \\ Z_1(x,y,z) = x + 2y + z. \end{cases}$$

(4.77)

解　方法一　用定理 4.9 的李雅普诺夫函数讨论 (4.76) 的零解的稳定性,具体是哪一种情形?

按本节定理 4.9 的方法,作线性系统

$$\begin{cases} \dfrac{\mathrm{d}x}{\mathrm{d}t} = X_1(x, y, z), \\[2mm] \dfrac{\mathrm{d}y}{\mathrm{d}t} = Y_1(x, y, z), \\[2mm] \dfrac{\mathrm{d}z}{\mathrm{d}t} = Z_1(x, y, z), \end{cases} \tag{4.78}$$

的李雅普诺夫函数如下:

$$v = v_1 + v_2 + v_3, \tag{4.79}$$

其中　$v_1 = 9(x^2 + y^2 + z^2),$

$$\begin{aligned} v_2 &= -18[(-2x + y + x - z)^2 + (-x - y + y - 2z)^2 \\ &\quad + (-x - z - 2z - 2y)^2] \\ &= -54x^2 - 90y^2 - 252z^2 - 36xy - 180yz - 216xz. \end{aligned}$$

$$\begin{aligned} v_3 &= \left(-9 - 2 \begin{vmatrix} x & -1 & 1 \\ y & -2 & 2 \\ z & 2 & 1 \end{vmatrix} \right)^2 + \left(-9y - 2 \begin{vmatrix} -1 & x & 1 \\ 1 & y & 2 \\ 1 & z & 1 \end{vmatrix} \right)^2 \\ &\quad + \left(-9z - 2 \begin{vmatrix} -1 & -1 & x \\ 1 & -2 & y \\ 1 & 2 & z \end{vmatrix} \right)^2 \\ &= (3x - 6y)^2 + (2x + 5y + 6z)^2 + (8x + 2y + 15z)^2 \\ &= 77x^2 + 65y^2 + 261z^2 + 16xy + 264xz + 120yz, \end{aligned}$$

将此函数 (4.79) 用于 (4.76),有

$$\begin{aligned} \frac{\mathrm{d}v}{\mathrm{d}t} &= \frac{\partial v}{\partial x} \cdot \frac{\mathrm{d}x}{\mathrm{d}t} + \frac{\partial v}{\partial y} \cdot \frac{\mathrm{d}y}{\mathrm{d}t} + \frac{\partial v}{\partial z} \cdot \frac{\mathrm{d}z}{\mathrm{d}t} \\ &= \frac{\partial v}{\partial x} \cdot (X_1 + x^2) + \frac{\partial v}{\partial y} \cdot (Y_1 + zy) + \frac{\partial v}{\partial z} \cdot (Z_1 + x^2 y) \end{aligned}$$

$$= \left(\frac{\partial v}{\partial x} \cdot X_1 + \frac{\partial v}{\partial y} \cdot Y_1 + \frac{\partial v}{\partial z} \cdot Z_1 \right) + \left(\frac{\partial v}{\partial x} \cdot x^2 + \frac{\partial v}{\partial y} \cdot xy + \frac{\partial v}{\partial z} \cdot x^2 y \right).$$

$$\tag{4.80}$$

上式右端线性部分所对应的那些为

$$\frac{\partial v}{\partial x} \cdot X_1 + \frac{\partial v}{\partial y} \cdot Y_1 + \frac{\partial v}{\partial z} \cdot Z_1 = -2 p_1 (p_1 p_2 - p_3) p_3 (x^2 + y^2 + z^2)$$

$$= -36 (x^2 + y^2 + z^2), \tag{4.81}$$

对于非线性部分所对应的那些项之和,由具体计算(其实从下面的推导可以看出,不需要具体计算就可知道结论),有

$$\frac{\partial v}{\partial x} \cdot x^2 + \frac{\partial v}{\partial y} \cdot xy + \frac{\partial v}{\partial z} \cdot x^2 y$$

$$= (18x - 108x - 36y - 216z + 154x + 16y + 264z)x^2$$

$$\quad + (18y - 180y - 36x - 180z + 130y + 16x + 120z)xy$$

$$\quad + (18z - 504z - 180y - 216x + 522z + 264x + 120y)x^2 y$$

$$= (64x - 20y + 48z)x^2 + (-20x - 32y - 60z)xy$$

$$\quad + (48x - 60y + 36z)x^2 y.$$

故知存在 $0 < r < 1$,当 $x^2 + y^2 + z^2 = r^2$ 时,

$$-Mr^3 < 上式右边 < Mr^3,$$

其中 M 为某正常数. 于是(4.80)式的 $\dfrac{\mathrm{d} v}{\mathrm{d} t}$,有

$$(-36 - Mr)r^2 = -36r^2 - Mr^3 < \frac{\mathrm{d} v}{\mathrm{d} t} < -36r^2 + Mr^3$$

$$= (-36 + Mr)r^2.$$

可见,当 $r > 0$ 且足够小时,$\dfrac{\mathrm{d} v}{\mathrm{d} t}$ 是定负函数.另一方面,函数 v 在点 $(0,0,0)$ 的任意小的邻域内,例如取点 $(x_0, y_0, z_0) = (0, r_0, 0)$, $r_0 \neq 0$,有

$$v(0, r_0, 0) = 9r_0^2 - 90r_0^2 + 65r_0^2 = -16r_0^2 < 0.$$

说明在点 $(0,0,0)$ 的去心邻域内,$v(x,y,z)$ 总可取到与定负函数

$\dfrac{\mathrm{d}v}{\mathrm{d}t}$ 同为负值. 由定理 4.7 知系统 (4.76) 的零解是不稳定的.

方法二   不用定理 4.9 中的李雅普诺夫函数, 而用**自取**的李雅普诺夫函数, 这当然有一定的难度. 命

$$v(x,y,z) = x^2 + y^2 - z^2,$$

对于系统 (4.76),

$$\begin{aligned}
\frac{\mathrm{d}v}{\mathrm{d}t} &= \frac{\partial v}{\partial x}\frac{\mathrm{d}x}{\mathrm{d}t} + \frac{\partial v}{\partial y}\frac{\mathrm{d}y}{\mathrm{d}t} + \frac{\partial v}{\partial z}\frac{\mathrm{d}z}{\mathrm{d}t} \\
&= 2x(-x-y+z+x^2) + 2y(x-2y+2z+xy) \\
&\quad - 2z(x+2y+z+x^2 y) \\
&= -2x^2(1+x-yz) - 2(2-x)y^2 - 2z^2.
\end{aligned}$$

当 $|x|,|y|,|z|$ 充分小但大于 0 时, 上式右边为定负函数, 而函数 $v(x,y,z)$ 在上述范围内总可取到负值由定理 4.7 知系统 (4.76) 的零解是不稳定的.

看起来方法二比方法一要快多了, 但是怎么知道取 $v(x,y,z) = x^2 + y^2 - z^2$ 来讨论呢? 作为讨论稳定性, 用定理 4.9 的公式或自想办法都可以, 但是自想办法有一定的难度, 看下例 3

例 3   设常数 $\alpha > 0$, 讨论系统

$$\begin{cases}
\dfrac{\mathrm{d}x}{\mathrm{d}t} = -x-y+z+\alpha x(x^2+y^2+z^2), \\[2mm]
\dfrac{\mathrm{d}y}{\mathrm{d}t} = x-y+2z+\alpha y(x^2+y^2+z^2), \\[2mm]
\dfrac{\mathrm{d}z}{\mathrm{d}t} = -x-2y-z+\alpha z(x^2+y^2+z^2)
\end{cases}$$

的零解 $x=0, y=0, z=0$ 的稳定性.

解   自找一个李雅普诺夫函数的办法, 命

$$v = x^2 + y^2 + z^2,$$

它在 (x,y,z) 全空间是正定的. 沿积分曲线对 t 求导数, 有

$$\frac{\mathrm{d}v}{\mathrm{d}t} = 2x\frac{\mathrm{d}x}{\mathrm{d}t} + 2y\frac{\mathrm{d}y}{\mathrm{d}t} + 2z\frac{\mathrm{d}z}{\mathrm{d}t}$$

$$= 2x(-x-y+z+\alpha x(x^2+y^2+z^2))$$
$$+ 2y(x-y+2z+\alpha y(x^2+y^2+z^2))$$
$$+ 2z(-x-2y-z+\alpha z(x^2+y^2+z^2))$$
$$= -2(x^2+y^2+z^2)+2\alpha(x^2+y^2+z^2)^2$$
$$= -2(x^2+y^2+z^2)(1-\alpha v)$$

当 $0 < v < \dfrac{1}{\alpha}$ 时,即在区域

$$0 < x^2+y^2+z^2 < \frac{1}{\alpha}$$

内 v 为正定函数,$\dfrac{\mathrm{d}v}{\mathrm{d}t}$ 为负定函数. 故所给系统的零解 $(x, y, z) = (0, 0, 0)$ 是渐近稳定的. 证毕.

注 解中一开始就命 $v = x^2+y^2+z^2$,有点摸不着头脑,其实从题设的系统分别乘 x、y、z,倒回头去凑一下马上就知道了.

习 题

1. 设 $g(t)$ 和 $f(t)$ 在区间 $0 \leqslant t < +\infty$ 上连续,并设 $y = \varphi_0(t)$ 是

$$\frac{\mathrm{d}x}{\mathrm{d}t} = g(t)x + f(t)$$

的任意一个解. 试证明:若 $\displaystyle\int_0^{+\infty} g(t)\mathrm{d}t < +\infty$,则解 $y = \varphi_0(t)$ 是稳定的;若 $\displaystyle\int_0^{+\infty} g(t)\mathrm{d}t = -\infty$,则解 $y = \varphi_0(t)$ 是渐近稳定的;若 $\displaystyle\int_0^{+\infty} g(t)\mathrm{d}t = +\infty$,则解 $y = \varphi_0(t)$ 是不稳定的.

2. 设 $\boldsymbol{A}(t)$ 和 $\boldsymbol{f}(t)$ 在区间 $0 \leqslant t < +\infty$ 上连续,并设 $\dfrac{\mathrm{d}x}{\mathrm{d}t} = \boldsymbol{A}(t)\boldsymbol{x}$ 的零解是稳定(渐近稳定)的. 试证明 $\dfrac{\mathrm{d}x}{\mathrm{d}t} = \boldsymbol{A}(t)\boldsymbol{x} + \boldsymbol{f}(t)$ 的任意一个解都是稳定(渐近稳定)的.

3. 设 $A(t)$ 和 $f(t)$ 在区间 $0 \leqslant t < +\infty$ 上连续,并设 $\dfrac{\mathrm{d}x}{\mathrm{d}t} = A(t)x + f(t)$ 至少有一个解是稳定(渐近稳定)的. 试证明 $\dfrac{\mathrm{d}x}{\mathrm{d}t} = A(t)x$ 的零解是稳定(渐近稳定)的. 第 2 第 3 两题结论合起来说明些什么?

4. 设 $A(t)$ 在 $0 \leqslant t < +\infty$ 上连续,考虑线性方程组

$$\frac{\mathrm{d}x}{\mathrm{d}t} = A(t)x.$$

试证明:若上式的每一个解都在 $0 \leqslant t < +\infty$ 上有界,则其零解是稳定的;若上式的每一个解都满足 $\lim\limits_{t \to +\infty} x(t) = 0$,则其零解是渐近稳定的.

用一次近似理论必要时再用霍尔维茨判别法,讨论下列系统 $(5 \sim 13)$ 零解的稳定性:

5. $\begin{cases} \dfrac{\mathrm{d}x}{\mathrm{d}t} = -x - y + (x - y)(x^2 + y^2), \\ \dfrac{\mathrm{d}y}{\mathrm{d}t} = x - y + (x - y)(x^2 + y^2). \end{cases}$

6. $\begin{cases} \dfrac{\mathrm{d}x}{\mathrm{d}t} = y + 2y^3, \\ \dfrac{\mathrm{d}y}{\mathrm{d}t} = x - 2x^3. \end{cases}$

7. $\begin{cases} \dfrac{\mathrm{d}x}{\mathrm{d}t} = y + x^3, \\ \dfrac{\mathrm{d}y}{\mathrm{d}t} = -x - 2y + y^3. \end{cases}$

8. $\begin{cases} \dfrac{\mathrm{d}x}{\mathrm{d}t} = \sin(x + y), \\ \dfrac{\mathrm{d}y}{\mathrm{d}t} = -\ln(1 + y). \end{cases}$

9. $\begin{cases} \dfrac{\mathrm{d}x}{\mathrm{d}t} = 2x + 8\sin y, \\[2mm] \dfrac{\mathrm{d}y}{\mathrm{d}t} = 2 - \mathrm{e}^x - 3y - \cos y. \end{cases}$

10. $\begin{cases} \dfrac{\mathrm{d}x}{\mathrm{d}t} = y - 3z - x(y - 2z)^2, \\[2mm] \dfrac{\mathrm{d}y}{\mathrm{d}t} = -2x + 3z - y(x + z)^2, \\[2mm] \dfrac{\mathrm{d}z}{\mathrm{d}t} = 2x - y - z. \end{cases}$

11. $\begin{cases} \dfrac{\mathrm{d}x}{\mathrm{d}t} = -x - y + z + xyz, \\[2mm] \dfrac{\mathrm{d}y}{\mathrm{d}t} = x - 2y + 2z + z^2, \\[2mm] \dfrac{\mathrm{d}z}{\mathrm{d}t} = x + 2y + z + xz^3. \end{cases}$

下面方程(12 ～ 13)的零解是否渐近稳定?(这里零解的稳定性是指经变换(3.3)后将高阶线性齐次方程化成线性齐次方程组后的零解的稳定性.但高阶线性齐次方程和变换后的线性齐次方程组的特征根是一样的,所以实际演算时,不必再从变换(3.3)转化.)

12. $x''' + x'' + x' + 2x = 0$.

13. $x^{(4)} + 2x''' + 4x'' + 3x' + 2x = 0$.

下面方程(14 ～ 17)中 α 和 β 为参数,当参数满足什么条件时,方程的零解是渐近稳定的?

14. $x''' + 2x'' + \alpha x' + 3x = 0$.

15. $x^{(4)} + 3x''' + \alpha x'' + 2x' + \beta x = 0$.

16. $\alpha x^{(4)} + x''' + x'' + x' + \beta x = 0$.

17. $x^{(4)} + \alpha x''' + 4x'' + \beta x' + x = 0$.

用李雅普诺夫第二方法讨论下列系统(18 ～ 20)零解的稳

定性.

18. $\begin{cases} \dfrac{\mathrm{d}x}{\mathrm{d}t} = y, \\[2mm] \dfrac{\mathrm{d}y}{\mathrm{d}t} = -x - y^3. \end{cases}$

19. $\begin{cases} \dfrac{\mathrm{d}x}{\mathrm{d}t} = -y + \alpha x^3 - y^5, \\[2mm] \dfrac{\mathrm{d}y}{\mathrm{d}t} = x + \alpha y^3 + xy^4. \end{cases}$

20. $\begin{cases} \dfrac{\mathrm{d}x}{\mathrm{d}t} = y - 3x - x^3, \\[2mm] \dfrac{\mathrm{d}y}{\mathrm{d}t} = 6x - 2y. \end{cases}$

21. 对于系统

$$\frac{\mathrm{d}^2 x}{\mathrm{d}t^2} + x - x^3 = 0,$$

命 $\dfrac{\mathrm{d}x}{\mathrm{d}t} = y$ 之后，讨论相应的方程组的零解 $x = 0, y = 0$ 的稳定性.

指出下列方程组（22 ～ 27）的奇点 $O(0,0)$ 的类型.

22. $\begin{cases} \dfrac{\mathrm{d}x}{\mathrm{d}t} = x + 5y, \\[2mm] \dfrac{\mathrm{d}y}{\mathrm{d}t} = -x - y. \end{cases}$

23. $\begin{cases} \dfrac{\mathrm{d}x}{\mathrm{d}t} = 2x + y, \\[2mm] \dfrac{\mathrm{d}y}{\mathrm{d}t} = 2y + x. \end{cases}$

24. $\begin{cases} \dfrac{\mathrm{d}x}{\mathrm{d}t} = x - y, \\[2mm] \dfrac{\mathrm{d}y}{\mathrm{d}t} = x + y. \end{cases}$

25. $\begin{cases} \dfrac{dx}{dt} = -x + 2y, \\ \dfrac{dy}{dt} = x + y. \end{cases}$

26. $\begin{cases} \dfrac{dx}{dt} = x, \\ \dfrac{dy}{dt} = y. \end{cases}$

27. $\begin{cases} \dfrac{dx}{dt} = -x - y, \\ \dfrac{dy}{dt} = x - 3y. \end{cases}$

求下列方程组(28 ～ 32) 的奇点,并指出它的类型:

28. $\begin{cases} \dfrac{dx}{dt} = x + 2y - 3, \\ \dfrac{dy}{dt} = xy + x - 2y - 2. \end{cases}$

29. $\begin{cases} \dfrac{dx}{dt} = y, \\ \dfrac{dy}{dt} = -\lambda x + x^3 \quad (\lambda \neq 0). \end{cases}$

30. $\begin{cases} \dfrac{dx}{dt} = 16x^2 + 9y^2 - 25, \\ \dfrac{dy}{dt} = 9x^2 + 16y^2 - 25. \end{cases}$

31. $\begin{cases} \dfrac{dx}{dt} = 3x - 4y + x^2, \\ \dfrac{dy}{dt} = 4x + 3y + 2xy. \end{cases}$

32. $\begin{cases} \dfrac{\mathrm{d}x}{\mathrm{d}t} = x - y, \\[2mm] \dfrac{\mathrm{d}y}{\mathrm{d}t} = 1 - 5y - \mathrm{e}^x. \end{cases}$

33. 设函数 $F(x)$ 存在连续的二阶导数,且 $F(0) = 0, F'(0) < 0$,试研究系统 $\dfrac{\mathrm{d}x}{\mathrm{d}t} = y - F(x), \dfrac{\mathrm{d}y}{\mathrm{d}t} = -x$ 的奇点的类型.

34. 引入变量 $y = \dfrac{\mathrm{d}x}{\mathrm{d}t}$,将方程 $\dfrac{\mathrm{d}^2 x}{\mathrm{d}t^2} + b\dfrac{\mathrm{d}x}{\mathrm{d}t} + cx = 0$ 化为方程组. 就常数 b, c 的各种情况,讨论该方程组的奇点 $(x = 0, y = 0)$ 的类型,如果上述方程表示有阻尼(或无阻尼)的机械振动问题(参阅第二章 §3),试从奇点类型解释相应的振动现象.

35. 设在本章 §2 例 4 的单摆运动中,阻尼系数 $k = 0$,试研究:(1) 初值 $\theta(0) = \theta_0, \omega(0) = \omega_0$ 满足什么条件时,单摆在平衡点 $(\theta = 0, \omega = 0)$ 附近作不衰减的周期振动;(2) 初值 θ_0, ω_0 满足什么条件时,单摆绕支点 O 作大幅度的回转运动.

试证明下列系统(36 ~ 37)不存在极限环.

36. $\begin{cases} \dfrac{\mathrm{d}x}{\mathrm{d}t} = y + x^3, \\[2mm] \dfrac{\mathrm{d}y}{\mathrm{d}t} = x + y + y^3. \end{cases}$

37. $\begin{cases} \dfrac{\mathrm{d}x}{\mathrm{d}t} = 2xy + x^3, \\[2mm] \dfrac{\mathrm{d}y}{\mathrm{d}t} = -x^2 + y - y^2 + y^3. \end{cases}$

证明下列系统(38 ~ 39)存在极限环.

38. $\begin{cases} \dfrac{\mathrm{d}x}{\mathrm{d}t} = y - x + x^3, \\[2mm] \dfrac{\mathrm{d}y}{\mathrm{d}t} = -x - y + y^3. \end{cases}$

$$39. \begin{cases} \dfrac{dx}{dt} = -2y + 4x - x(x^2 + y^2), \\ \dfrac{dy}{dt} = 2x + 4y - y(x^2 + y^2). \end{cases}$$

用李雅普诺夫第二方法(不限定用定理 4.9 的公式)讨论下述系统的零解是渐近稳定,稳定,还是不稳定?

$$40. \begin{cases} \dfrac{dx}{dt} = -2x + y - z + 2xy, \\ \dfrac{dy}{dt} = x - y + y^3, \\ \dfrac{dz}{dt} = x + y - z + x^2 y. \end{cases}$$

$$41. \begin{cases} \dfrac{dx}{dt} = -3x + y - z + 3x(6x^2 + 5y^2 + 2z^2), \\ \dfrac{dy}{dt} = -2x - 5y + z + 5y(6x^2 + 5y^2 + 2z^2), \\ \dfrac{dz}{dt} = 2x - y - 2z + 2z(6x^2 + 5y^2 + 2z^2). \end{cases}$$

$$42. \begin{cases} \dfrac{dx}{dt} = -x - y + z + x^2, \\ \dfrac{dy}{dt} = x - 2y + 2z + xy^2, \\ \dfrac{dz}{dt} = x + 2y + z + xy. \end{cases}$$

$$43. \begin{cases} \dfrac{dx}{dt} = y - 3z - x(y - 2z)^2, \\ \dfrac{dy}{dt} = -2x + 3z - y(x + z)^2, \\ \dfrac{dz}{dt} = 2x - y - z. \end{cases}$$

用李雅普诺夫第二方法讨论下述方程在解 $x = 1, y = 0, z =$

2 处的稳定性,渐近稳定性,还是不稳定?

$$
44. \begin{cases}
\dfrac{\mathrm{d}x}{\mathrm{d}t} = -x - y + z - 1 + (x-1)[(x-1)^2 + y^2 + (z-2)^2], \\[2mm]
\dfrac{\mathrm{d}y}{\mathrm{d}t} = x - y + 2z - 5 + y[(x-1)^2 + y^2 + (z-2)^2], \\[2mm]
\dfrac{\mathrm{d}z}{\mathrm{d}t} = -x - 2y - z + 3 + (z-2)[(x-1)^2 + y^2 + (z-2)^2]
\end{cases}
$$

第 5 章　　差分与差分方程

§1　差分与差分方程的基本概念

一、差分的概念

自然科学与工程技术中遇到的常是连续变量的函数,它的变化率用导数来描述.而经济中遇到的变量常是离散的,例如以年度或月,或以某个时间段作为一期来考虑,讨论某个经济量按期的变化规律.这就引出以整数集(或非负整数集)作为定义域的函数以及用上期与这期的差来描述其变化规律.

设函数 $y(t)$ 的定义域为非负整数集 N,常将 $y(t)$ 在 t 处的值记为 y_t,或者干脆用 y_t 表示 $y(t)$.函数 y_t 从 y_t 到 y_{t+1} 的增量 $y_{t+1} - y_t$ 称为 y_t 在 t 处的**一阶差分**,记为

$$\Delta y_t = y_{t+1} - y_t,$$

简称为 y_t 在 t 处的**差分**. y_t 在 t 处的一阶差分的差分,称为 y_t 在 t 处的**二阶差分**,记为 $\Delta^2 y_t$,有

$$\begin{aligned}
\Delta^2 y_t &= \Delta(\Delta y_t) = \Delta(y_{t+1} - y_t) \\
&= y_{t+2} - y_{t+1} - (y_{t+1} - y_t) = y_{t+2} - 2y_{t+1} + y_t.
\end{aligned}$$

用归纳法可以定义 y_t 在 t 处的 n 阶差分:

$$\Delta^n y_t = \Delta(\Delta^{n-1} y_t), n = 2, 3, \cdots.$$

容易证明

$$\Delta^n y_t = \sum_{i=0}^{n} (-1)^i C_n^i y_{t+n-i}, \quad n = 1, 2, \cdots. \tag{5.1}$$

其中 $C_n^i = \dfrac{n!}{i!(n-i)!}$ 为组合数.

当 $n \geqslant 2$ 时，$\Delta^n y_t$ 统称为 y_t 的高阶差分.

二、差分的四则运算公式与某些基本初等函数的差分

由一阶差分的定义，容易证明差分的四则运算法则：

(1) $\Delta(cy_t) = c\Delta y_t$（$c$ 为常数）；

(2) $\Delta(y_t \pm z_t) = \Delta y_t \pm \Delta z_t$；

(3) $\Delta(y_t \cdot z_t) = y_{t+1}\Delta z_t + z_t \Delta y_t \xlongequal{\text{或}} z_{t+1}\Delta y_t + y_t \Delta z_t$；

(4) $\Delta\left(\dfrac{y_t}{z_t}\right) = \dfrac{z_t \Delta y_t - y_t \Delta z_t}{z_t z_{t+1}} \xlongequal{\text{或}} \dfrac{z_{t+1}\Delta y_t - y_{t+1}\Delta z_t}{z_t z_{t+1}}$（当 $z_t z_{t+1} \neq 0$）.

其中 (1) 与 (2) 是显然的，今证 (3)，(4) 是类似的.

(3) 的证明：$\Delta(y_t \cdot z_t) = y_{t+1}z_{t+1} - y_t z_t = y_{t+1}z_{t+1} - y_{t+1}z_t + y_{t+1}z_t - y_t z_t = y_{t+1}(z_{t+1} - z_t) + z_t(y_{t+1} - y_t) = y_{t+1}\Delta z_t + z_t \Delta y_t$. 类似地可证第二个等式. 证毕.

例 1 设 $y_t \equiv c$（c 为常数），则 $\Delta y_t = y_{t+1} - y_t = c - c = 0$. 即有 $\Delta c = 0$，常数的差分为 0.

例 2 设 $y_t = t^n$，n 为正数，求 Δy_t 及 $\Delta^{n+1} y_t$.

解 $\Delta y_t = (t+1)^n - t^n = \displaystyle\sum_{i=1}^{n} C_n^i t^{n-i} - t^n$

$\qquad\quad = \displaystyle\sum_{i=0}^{n} C_n^i t^{n-i}$.

右边最高次项为 t^{n-1}，所以 Δt^n 为 t 的一个 $n-1$ 次多项式.

再由四则运算法则 (1) 与 (2) 可知，$\Delta^2 t^n$ 为 t 的一个 $n-2$ 次多项式，于是推知，$\Delta^{n+1} t^n$ 为 0.

例 3 设 $y_t = a^t$，a 为常数（若 $a = 0$，则 t 为正整数），求 Δy_t 及 $\Delta^m y_t$（m 为某正整数）.

解 $\Delta y_t = y_{t+1} - y_t = a^{t+1} - a^t = a^t(a-1).$

(此式当 $a = 1$ 时亦成立. 因为此时, $y_t = 1$, 由例 1 有 $\Delta y_t = 0$). 再由归纳法有

$$\Delta^m y_t = a^t(a-1)^m, (m = 1, 2, \cdots).$$

例 4 设 $y_t = \sin at$, a 为常数且 $a \neq 0$, 求 Δy_t.

解 $\Delta y_t = \sin a(t+1) - \sin at = 2\sin \dfrac{a}{2} \cos a(t + \dfrac{1}{2}).$

三、差分方程的基本概念

设 y_t 是未知函数, 方程

$$H(t, y_t, \Delta y_t, \Delta^2 y_t, \cdots, \Delta^n y_t) = 0 \tag{5.2}$$

或 $\qquad F(t, y_t, y_{t+1}, \cdots, y_{t+n}) = 0 \tag{5.3}$

称为以 t 为自变量以 y_t 为未知函数的 **差分方程**, 其中 H 与 F 是变元的已知函数, $n \geqslant 1$. 由 (5.1) 式可知, $\Delta^k y_t$ 可以由 $y_t, y_{t+1}, \cdots,$ y_{t+k} 线性表出, 故 (5.2) 式可化为 (5.3) 式. 以后我们只讨论 (5.3) 式.

设 (5.3) 中一定含有下标最大的 y_{t+n} 与下标最小的 y_t. 最大下标 $(t+n)$ 与最小下标 t 的差为 n, $n \geqslant 1$, 则称 (5.3) 为 n 阶差分方程.

设在非负整数集 N 上定义的函数 $y_t = \varphi(t)$ 代入 (5.3) 使成为恒等式:

$$F(t, \varphi(t), \varphi(t+1), \cdots, \varphi(t+n)) \equiv 0,$$

则称 $y_t = \varphi(t)$ 为 (5.3) 的解.

类似于微分方程, 有通解, 特解等定义. n 阶差分方程的初始条件是这样提的: 设 t_0 为某非负整数, 下面这组条件

$$y(t_0) = y_0, y(t_0 + 1) = y_1, \cdots, y(t_0 + n - 1) = y_{n-1},$$

$$\tag{5.6}$$

称为 n 阶差分方程的初始条件.

例 5　设 c 是常数,验证 $y_t = c2^t - t - 1$ 为一阶差分方程 $y_{t+1} - 2y_t = t$ 的解.

解　由 $y_t = c2^t - t + 1$,有 $y_{t+1} = c2^{t+1} - (t+1) - 1$,代入所给差分方程得

$$c2^{t+1} - (t+1) - 1 - 2(c2^t - t - 1) = t,$$

故知 $y_t = c2^t - t - 1$ 的确是 $y_{t+1} - 2y_t = t$ 的解.

例 6　验证 $y_t = \dfrac{1}{c+t}$ 是差分方程 $(1 + y_t)y_{t+1} = y_t$ 的解,其中 c 是常数.

解　由 $y_t = \dfrac{1}{c+t}$ 有 $y_{t+1} = \dfrac{1}{c+1+t}$,于是

$$(1 + y_t)y_{t+1} = \left(1 + \frac{1}{c+t}\right)\frac{1}{c+t+1} = \frac{1}{c+t} = y_t.$$

验毕.

注　例 5 与例 6 中,若 c 为任意常数,则 $y_t = c2^t - t + 1$ 与 $y_t = \dfrac{1}{c+t}$ 分别是例 5 与例 6 这两个方程的通解. 在例 5 中如果给了初始条件 $y_t\,|_{t=0} = y_0$,则由 $y_0 = c2^0 - 0 - 1$,有 $c = y_0 + 1$,从而得例 5 的特解 $y_t = (y_0 + 1)2^t - t - 1$. 又如在例 6 中如果给了初始条件 $y_t\,|_{t=0} = y_0 \neq 0$,则由 $y_0 = \dfrac{1}{c+0}$ 有 $c = \dfrac{1}{y_0}$,从而得到特解 $y_t = \dfrac{y_0}{1 + y_0 t}$(当 $y_0 \neq 0$). 但若 $y_0 = 0$,易见有特解 $y_t \equiv 0$,但从通解 $y_t = \dfrac{1}{c+t}$ 中得不出这个特解. 可见通解并非一切解. 这种情形在微分方程中也见到过,例如第一章 §3 例 6.

§2　一阶及二阶常系数线性差分方程的解法

本章只讨论一阶及二阶常数系数线性差分方程的解法. 由于

n 阶线性差分方程的解的结构十分简单,且与 n 阶线性常微分方程的解的结构类似(参见第二章),故先作一点关于它的介绍.

一、n 阶线性差分方程及其解的结构

方程

$$y_{t+n} + a_1(t)y_{t+n-1} + \cdots + a_{n-1}(t)y_{t+1} + a_n(t)y_t = f(t)$$
$$(5.4)$$

称为 n 阶线性差分方程,其中 $t \in N, a_1(t), a_2(t), \cdots, a_n(t)$ 与 $f(t)$ 均为 t 的已知函数,且 $a_n(t) \not\equiv 0$.

关于自由项,非齐次方程,齐次方程

$$y_{t+n} + a_1(t)y_{t+n-1} + \cdots + a_{n-1}(t)y_{t+1} + a_n(t)y_t = 0,$$
$$(5.5)$$

与非齐次方程对应的齐次方程,变系数,常系数等名称,以及线性相关、线性无关等概念均与常微分方程中所讲的相同,在此均略.

与常微分方程类似,有

定理 5.1 设函数 $y_1(t), y_2(t), \cdots, y_m(t)(t \in N)$ 是(5.5)的 m 个解,$c_1, c_2, \cdots, c_m$ 是 m 个常数,则

$$y_t = \sum_{i=1}^{m} c_i y_i(t)$$

也是(5.5)的解.

定理 5.2 设函数 $y_1(t), y_2(t), \cdots, y_n(t)(t \in N)$ 是(5.5)的 n 个线性无关的解,$c_1, c_2, \cdots, c_n$ 是 n 个任意常数,则

$$y_t = \sum_{i=1}^{n} c_i y_i(t) \qquad (5.6)$$

是(5.5)的通解.

定理 5.3 设 y_t^* 是(5.4)的一个特解,Y_t 是(5.4)对应的(5.5)的通解,则

$$y_t = Y_t + y_t^*$$

是(5.4)的通解.

定理 5.4 设 $y_1^*(t)$ 与 $y_2^*(t)$ 分别是

$$y_{t+n} + a_1(t)y_{t+n-1} + \cdots + a_{n-1}(t)y_{t+1} + a_n(t)y_t = f_1(t)$$

与

$$y_{t+n} + a_1(t)y_{t+n-1} + \cdots + a_{n-1}(t)y_{t+1} + a_n(t)y_t = f_2(t)$$

的解,则

$$y_t = y_1^*(t) + y_2^*(t)$$

是

$$y_{t+n} + a_1(t)\,y_{t+n-1} + \cdots + a_{n-1}(t)y_{t+1} + a_n(t)y_t$$
$$= f_1(t) + f_2(t)$$

的解.

注 线性方程的通解与一切解是一致的.

下面讨论线性常系数一阶、二阶差分方程的解法.

二、一阶常系数线性差分方程的解法

设 p 是常数, $p \neq 0$, $f(t)$ 是 t 的已知函数, $t \in N$. 方程

$$y_{t+1} + py_t = f(t) \tag{5.7}$$

与

$$y_{t+1} + py_t = 0 \tag{5.8}$$

分别称为一阶常系数线性非齐次差分方程与齐次差分方程.先讨论(5.8)的解法.

设想一个函数 y_t,将它代入(5.8),它与 y_{t+1} 会相消.试以 $y_t = \lambda^t$ 代入计算之,得

$$\lambda^{t+1} + p\lambda^t = 0,$$

约去 λ^t,得

$$\lambda + p = 0. \tag{5.9}$$

可见,当 $\lambda = -p$ 时, $y_t = (-p)^t$ 满足(5.8)式,从而知 $y_t = (-p)^t$ 是(5.8)的一个非零解.由定理5.2知, $c(-p)^t$ 为(5.8)的通解,其中 c 是任意常数.

方程(5.9)称为(5.8)的特征方程.特征方程的根 $\lambda = -p$ 称

为(5.8)的特征根,由特征根便可写出(5.8)的通解 $y_t = c(-p)^t$.
这也就是解(5.8)的步骤.

例 1 求差分方程 $2y_{t+1} - 3y_t = 0$ 的通解及满足初始条件
$y(0) = y_0$ 的特解.

解 写成(5.8)的形式,为

$$y_{t+1} - \frac{3}{2}y_t = 0,$$

特征方程为

$$\lambda - \frac{3}{2} = 0,$$

特征根 $\lambda = \frac{3}{2}$,所以通解为 $y_t = c\left(\frac{3}{2}\right)^t$.

再由初始条件 $y_0 = c\left(\frac{3}{2}\right)^0 = c$,所以特解为 $y_t = y_0\left(\frac{3}{2}\right)^t$.

下面用待定系数法讨论一些特殊自由项 $f(t)$ 的非齐次方程
(5.7)的解法.

类型 1 设 $f(t)$ 为 t 的已知的 m 次多项式 $P_m(t)$ 情形. 即讨
论求

$$y_{t+1} + py_t = P_m(t) \tag{5.10}$$

的解. 由 $y_{t+1} = y_t + \Delta y_t$,代入上式,(5.10)成为

$$\Delta y_t + (p+1)y_t = P_m(t).$$

因右边 $P_m(t)$ 为 t 的 m 次多项式,故可设想 y_t 是一个多项式. 因
Δy_t 为比 y_t 低一次的多项式(参见 §1 例2),于是推知,若 $-p \neq$
1,则设 y_t 为一个 m 次多项式 $Q_m(t)$,系数待定;若 $-p = 1$,则应设
y_t 为一个 $m+1$ 次多项式. 因常数的差分为 0,故此时可设 $y_t =$
$tQ_m(t)$,$Q_m(t)$ 的意义同上. 总结以上两种情况,可设特解为

$$y_t^* = t^k Q_m(t), \tag{5.11}$$

其中 $Q_m(t)$ 为 t 的 m 次多项式,系数待定.

$$k = \begin{cases} 0, \text{当} -p \neq 1(\text{即} 1 \text{不是特征根})\text{时}; \\ 1, \text{当} -p = 1(\text{即} 1 \text{是特征根})\text{时}. \end{cases}$$

例 2 求方程 $2y_{t+1} + y_t = t^2$ 的通解.

解 改写为 $y_{t+1} + \frac{1}{2}y_t = \frac{1}{2}t^2$,故知特征根 $\lambda = -\frac{1}{2}$,对应齐次方程的通解为 $Y_t = c\left(-\frac{1}{2}\right)^t$.自由项为 t 的 2 次多项式,特征根 $\neq 1$,故可命一个特解为

$$y_t^* = At^2 + Bt + C.$$

代入所给方程,得

$$2(A(t+1)^2 + B(t+1) + C) + (At^2 + Bt + C) = t^2.$$

经整理,得

$$3At^2 + (4A+3B)t + (2A+2B+3C) = t^2.$$

比较系数解得 $A = \frac{1}{3}, B = -\frac{4}{9}, C = \frac{2}{27}$,从而得

$$y_t^* = \frac{1}{3}t^2 - \frac{4}{9}t + \frac{2}{27},$$

于是通解为 $y_t = c\left(-\frac{1}{2}\right)^t + \frac{1}{3}t^2 - \frac{4}{9}t + \frac{2}{27}.$

例 3 求方程 $y_{t+1} - y_t = t$ 的通解.

解 特征方程 $\lambda - 1 = 0$,特征根 $\lambda = 1$,故对应的齐次方程的通解为 $Y_t = c1^t = c$.

自由项为 t 的一次多项式,1 是特征根,故可命一个特解为

$$y_t^* = t(At + B) = At^2 + Bt,$$

代入原方程,得

$$A(t+1)^2 + B(t+1) - (At^2 + Bt) = t,$$

整理得

$$2At + A + B = t,$$

比较系数得 $A = \frac{1}{2}, B = -\frac{1}{2}$.从而得 $y_t^* = \frac{1}{2}t^2 - \frac{1}{2}t$,于是通解

为 $y_t = Y_t + y_t^* = c + \dfrac{1}{2}t^2 - \dfrac{1}{2}t$,其中 c 为任意常数.

类型 2 设 $f(t)$ 为 $P_m(t)a^t$ 的情形,其中 $P_m(t)$ 为 t 的已知的 m 次多项式,常数 $a \neq 0, a \neq 1$. 即讨论求

$$y_{t+1} + py_t = P_m(t)a^t \qquad (5.11)$$

的解. 此时可设特解为

$$y_t^* = t^k Q_m(t)a^t,$$

其中 $Q_m(t)$ 为 t 的 m 次多项式,系数待定,

$$k = \begin{cases} 0,当 -p \neq a(即 a 不是特征根) 时; \\ 1,当 -p = a(即 a 是特征根) 时. \end{cases}$$

证明 对 (5.11) 作未知函数的变量变换,命

$$y_t = a^t z_t, \qquad (5.12)$$

于是 (5.11) 成为

$$a^{t+1} z_{t+1} + pa^t z_t = P_m(t)a^t,$$

消去 a^t,得

$$z_{t+1} + \frac{p}{a}z_t = \frac{1}{a}p_m(t). \qquad (5.13)$$

此为类型 1 的情形. 对照类型 1 的结论,当 $-\dfrac{p}{a} \neq 1$ 时,命 $z_t^* = Q_m(t)$,即命 $y_t^* = Q_m(t)a^t$;当 $-\dfrac{p}{a} = 1$ 时,命 $z_t^* = tQ_m(t)$,即命 $y_t^* = tQ_m(t)a^t$. 证毕.

例 4 求差分方程 $y_{t+1} + y_t = te^t$ 的通解.

解 特征方程为 $\lambda + 1 = 0$,特征根 $\lambda = -1$,对应齐次方程的通解为 $Y_t = c(-1)^t$. $a = \mathrm{e} \neq$ 特征根 (-1),命特解 $y_t^* = (At + B)\mathrm{e}^t$,代入原方程,得

$$(A(t+1) + B)\mathrm{e}^{t+1} + (At + B)\mathrm{e}^t = t\mathrm{e}^t,$$

消去 e^t 并整理,得

$$A(\mathrm{e}+1)t + \mathrm{e}A + \mathrm{e}B + B = t,$$

得 $A = \dfrac{1}{e+1}, B = -\dfrac{e}{(e+1)^2}$， 从而得 $y_t^* = \left(\dfrac{t}{e+1} - \dfrac{e}{(e+1)^2}\right)e^t$，通解 $y_t = Y_t + y_t^* = c(-1)^t + \left(\dfrac{t}{e+1} - \dfrac{e}{(e+1)^2}\right)e^t$，其中 c 为任意常数．

例 5 求差分方程 $y_{t+1} - 2y_t = 2^t$ 的通解．

解 特征方程为 $\lambda - 2 = 0$，特征根 $\lambda = 2$，对应齐次方程的通解为 $Y_t = c2^t$．$a = 2 =$ 特征根 2，命特解 $y_t^* = t(A2^t) = At2^t$，代入原方程，得

$$A(t+1)2^{t+1} - 2At2^t = 2^t,$$

约去 2^t，并整理，得 $2A = 1, A = \dfrac{1}{2}$．从而得 $y_t^* = \dfrac{1}{2}t2^t$，故得通解 $y_t = Y_t + y_t^* = c2^t + t2^{t-1}$．

例 6 设 α, β 均为常数，$\alpha \neq 0$，试讨论差分方程 $y_{t+1} - \alpha y_t = e^{\beta t}$ 的通解．

解 特征方程 $\lambda - \alpha = 0$，特征根 $\lambda = \alpha$，对应齐次方程的通解 $Y_t = c\alpha^t$．为讨论原非齐次方程的通解，改写原方程为

$$y_{t+1} - \alpha y_t = (e^\beta)^t,$$

（1）如果 $e^\beta \neq \alpha$，则命 $y_{t+1} = A(e^\beta)^t$，代入原方程，得 $A(e^\beta)^{t+1} - \alpha A(e^\beta)^t = (e^\beta)^t$，约去 $e^{\beta t}$，得

$$A(e^\beta - \alpha) = 1, A = \dfrac{1}{e^\beta - \alpha},$$

$$y_t^* = \dfrac{1}{e^\beta - \alpha}e^{\beta t},$$

通解 $\quad y_t = Y_t + y_t^* = c\alpha^t + \dfrac{1}{e^\beta - \alpha}e^{\beta t}$．

（2）如果 $e^\beta = \alpha$，则命 $y_t^* = At(e^\beta)^t$，代入原方程，得

$$A(t+1)e^{\beta(t+1)} - \alpha At e^{\beta t} = e^{\beta t},$$

约去 $e^{\beta t}$,并注意到 $\alpha = e^{\beta}$,得 $Ae^{\beta} = 1, A = e^{-\beta}$. 得 $y_t^* = te^{\beta(t-1)}$,通解 $y_t = Y_t + y_t^* = (c + te^{-\beta})e^{\beta t}$.

三、二阶常系数线性差分方程的解法

设 p 与 q 都是常数,$q \neq 0$,$f(t)$ 是 t 的已知函数,$t \in N$. 方程

$$y_{t+2} + py_{t+1} + qy_t = f(t) \tag{5.14}$$

与

$$y_{t+2} + py_{t+1} + qy_t = 0 \tag{5.15}$$

分别称为二阶常系数线性非齐次差分方程与齐次差分方程. 先讨论(5.15)的解法.

仿一阶常系数线性差分方程,试以 $y_t = \lambda^t$ 代入(5.15)式计算,并约去 λ^t,得

$$\lambda^2 + p\lambda + q = 0 \tag{5.16}$$

(5.16) 称特征方程,它的根 $\lambda = \lambda_1$ 与 λ_2 称为特征根.

(1)若 λ_1 与 λ_2 为不相等的实根,则易知 λ_1^t 与 λ_2^t 均是(5.15)的解,且 λ_1^t 与 λ_2^t 线性无关,由定理 5.2 知,$c_1\lambda_1^t + c_2\lambda_2^t$ 为(5.15)的通解,其中 c_1 与 c_2 为两个任意常数.

(2)若 $\lambda_1 = \lambda_2$ 为二重特征根,容易证明,此时对应了两个线性无关的特解 λ_1^t 与 $t\lambda_1^t$,由定理 5.2 知,$(c_1 + c_2t)\lambda_1^t$ 为(5.15)的通解,其中 c_1 与 c_2 为任意常数.

(3)若 $\lambda_{1,2} = \alpha \pm i\beta(\beta > 0)$ 为一对共轭复数根,$(\alpha + i\beta)^t$ 与 $(\alpha - i\beta)^t$ 分别是(5.15)的解. 但复数形式使用不便,改换成三角式表示:

$$\alpha \pm i\beta = r\cos\theta \pm ir\sin\theta, \tag{5.17}$$

其中

$$r = \sqrt{\alpha^2 + \beta^2}, \cos\theta = \frac{\alpha}{r}, \sin\theta = \frac{\beta}{r}. \tag{5.18}$$

再由棣莫弗(de Moivre)公式,

$$(\alpha \pm i\beta)^t = (r\cos\theta \pm ir\sin\theta)^t = r^t\cos t\theta \pm ir^t\sin t\theta.$$

容易证明,在这种情形,$r^t\cos\theta$ 与 $r^t\sin\theta$ 分别是(5.15)的两个线性无关的解,

$$(c_1\cos t\theta + c_2\sin t\theta)r^t$$

是(5.15)的通解,其中 c_1 与 c_2 为两个任意常数.

将上述结论,列表于后.

特征方程 $\lambda^2 + p\lambda + q = 0$ 的根	差分方程 $y_{t+2} + py_{t+1} + qy_t = 0$ 的通解
不相等的实根 $\lambda_1 \neq \lambda_2$	$y_t = c_1\lambda_1^t + c_2\lambda_2^t$
相等的一对实根 $\lambda_1 = \lambda_2$	$y_t = (c_1 + c_2 t)\lambda_1^t$
一对共轭复数根 $\lambda_{1,2} = \alpha \pm i\beta, \beta > 0$	$y_t = (c_1\cos t\theta + c_2\sin t\theta)r^t$ 其中 θ, r 的意义见(5.18)式

例 7　求 $y_{t+2} + 2y_{t+1} - 3y_t = 0$ 的通解.

解　特征方程 $\lambda^2 + 2\lambda - 3 = 0$,特征根 $\lambda_1 = 1, \lambda_2 = -3$,通解为 $y_t = c_1 + c_2(-3)^t$.

例 8　求 $y_{t+2} + 2y_{t+1} + y_t = 0$ 的通解.

解　特征方程 $\lambda^2 + 2\lambda + 1 = 0$,特征根 $\lambda_{1,2} = -1$(二重根),通解为 $y_t = (c_1 + c_2 t)(-1)^t$.

例 9　求 $y_{t+2} + y_{t+1} + y_t = 0$ 的通解.

解　特征方程 $\lambda^2 + \lambda + 1 = 0$,特征根 $\lambda_{1,2} = -\dfrac{1}{2} \pm i\dfrac{\sqrt{3}}{2}$,为一对共轭复数根,由(5.18)

$$r = 1, \cos\theta = -\frac{1}{2}, \sin\theta = \frac{\sqrt{3}}{2}, \theta = \frac{2\pi}{3},$$

通解为 $y_t = c_1\cos\dfrac{2\pi}{3}t + c_2\sin\dfrac{2\pi}{3}t$.

下面用待定系数法讨论一些特殊自由项 $f(t)$ 的非齐次方程(5.14)的解法.为节省篇幅,以下只介绍方法,推理从略.

类型 1　设 $f(t)$ 是 t 的已知的 m 次多项式 $P_m(t)$ 情形,即讨

论求
$$y_{t+2} + py_{t+1} + qy_t = P_m(t)$$
的解. 此时,可设特解为
$$y_t^* = t^k Q_m(t),$$
其中 $Q_m(t)$ 为 t 的 m 次多项式,系数待定,
$$k = \begin{cases} 0,\text{当}\ 1+p+q \neq 0(\text{即}\ 1\ \text{不是特征根})\text{时}; \\ 1,\text{当}\ 1+p+q = 0,\text{而}\ 2+p \neq 0(\text{即}\ 1\ \text{是单重特征根})\text{时}; \\ 2,\text{当}\ 1+p+q = 0,2+p = 0(\text{即}\ 1\ \text{是二重特征根})\text{时}. \end{cases}$$

例 10 求 $y_{t+2} + 2y_{t+1} - 3y_t = t$ 的通解.

解 特征方程 $\lambda^2 + 2\lambda - 3 = (\lambda - 1)(\lambda + 3) = 0$,特征根 $\lambda_1 = 1, \lambda_2 = -3$,故对应齐次方程的通解为 $Y_t = c_1 + c_2(-3)^t$. 又因 1 是单重特征根,故可命特解 $y_t^* = t(At + B)$. 代入原方程得
$$(t+2)(A(t+2)+B) + 2(t+1)(A(t+1)+B)$$
$$-3t(At+B) = t,$$
整理之,得
$$8At + 6A + 4B = t,$$
故 $A = \dfrac{1}{8}, B = -\dfrac{3}{16}. \ y_t^* = t\left(\dfrac{1}{8}t - \dfrac{3}{16}\right)$. 故原方程的通解为 $y_t = Y_t + y_t^* = c_1 + c_2(-3)^t + t\left(\dfrac{1}{8}t - \dfrac{3}{16}\right)$.

类型 2 设 $f(t)$ 为 $P_m(t)a^t$ 的情形,其中 $P_m(t)$ 为 t 的已知的 m 次多项式,常数 $a \neq 0, a \neq 1$,即讨论求
$$y_{t+2} + py_{t+1} + qy_t = P_m(t)a^t \qquad (5.19)$$
的解. 此时,可设特解为
$$y_t^* = t^k Q_m(t)a^t,$$
其中 $Q_m(t)$ 为 t 的 m 次多项式,系数待定,
$$k = \begin{cases} 0,\text{当}\ a^2+pa+q \neq 0(\text{即}\ a\ \text{不是特征根})\text{时}; \\ 1,\text{当}\ a^2+pa+q = 0,2a+p \neq 0(\text{即}\ a\ \text{是单重特征根})\text{时}; \\ 2,\text{当}\ a^2+pa+q = 0,2a+p = 0(\text{即}\ a\ \text{是二重特征根})\text{时}. \end{cases}$$

例 11 求 $y_{t+2} - 2y_{t+1} - 3y_t = 3^t$ 的通解.

解 特征方程 $\lambda^2 - 2\lambda - 3 = (\lambda-3)(\lambda+1) = 0$,特征根 $\lambda_1 = 3, \lambda_2 = -1$,对应齐次方程的通解为 $Y_t = c_1 3^t + c_2(-1)^t$,由于 $a = 3 =$ 单重特征根,故可命一个特解为

$$y_t^* = tA3^t = At3^t,$$

代入原方程并约去 3^t,得

$$9A(t+2) - 6A(t+1) - 3At = 1,$$

解得 $A = \dfrac{1}{12}$. 故通解为 $y_t = Y_t + y_t^* = c_1 3^t + c_2(-1)^t + \dfrac{1}{12}t3^t$.

例 12 求 $y_{t+2} - 3y_{t+1} + 2y_t = 2 + t3^t$ 的通解.

解 特征方程 $\lambda^2 - 3\lambda + 2 = 0$,特征根 $\lambda_1 = 1, \lambda_2 = 2$,对应齐次方程的通解为 $Y_t = c_1 + c_2 2^t$. 为求原方程的一个特解,应分别考虑如下两个方程:

$$y_{t+2} - 3y_{t+1} + 2y_t = 2 \tag{5.20}$$

与

$$y_{t+2} - 3y_{t+1} + 2y_t = t3^t. \tag{5.21}$$

对于第 1 个方程,属于类型 1,"1" 是单重特征根,故应命

$$y_t^{*(1)} = At,$$

代入 (5.20) 得

$$A(t+2) - 3A(t+1) + 2At = 2,$$

得 $A = -1$,对应的 $y_t^{*(1)} = -t$.

对于第 2 个方程,属于类型 2,$a = 3$ 不是特征根,故应命

$$y_t^{*(2)} = (Bt + C)3^t,$$

代入 (5.21) 并约去 3^t,得

$$9(B(t+2) + C) - 9(B(t+1) + C) + 2(Bt + C) = t,$$

得 $B = \dfrac{1}{2}, C = \dfrac{9}{4}$,对应的 $y_t^{*(2)} = \left(\dfrac{1}{2}t + \dfrac{9}{4}\right)3^t$,再由定理 5.4 及定理 5.3 知,得原方程的通解

$$y_t = Y_t + y_t^{*(1)} + y_t^{*(2)} = c_1 + c_2 2^t - t + \left(\dfrac{1}{2}t + \dfrac{9}{4}\right)3^t.$$

§3 线性差分方程在经济上及
求高阶导数中的应用

一、存贷模型

例1 某人向银行贷款购房,贷款 A_0(万元),月息 r,分 n 个月归还,每月归还款数相同,为 A(万元). 试建立每月应向银行归还 A(万元) 依赖于 n 的计算公式. 若 $A_0 = 60$(万元),$r = 0.006525$(即年息 7.8390%,折合月息 $r = 0.6525\%$),$n = 180$(即 15 年),该人夫妻每月有 6000(元)结余可供还贷,问该人是否有能力向银行申请这笔按揭贷款?

解 设至第 t 个月欠贷 y_t(万元),经一个月,本息共计欠贷 $(1+r)y_t$(万元),还了 A(万元),尚欠

$$(1+r)y_t - A = y_{t+1},$$

即
$$y_{t+1} - (1+r)y_t = -A.$$

此为一阶常系数线性差分方程,解之,得通解为

$$y_t = c(1+r)^t + \frac{A}{r}.$$

初始条件为 $y_0 = A_0$,有 $A_0 = c + \dfrac{A}{r}$,所以 $c = A_0 - \dfrac{A}{r}$,从而得

$$y_t = \left(A_0 - \frac{A}{r}\right)(1+r)^t + \frac{A}{r}.$$

$t = n$ 时 $y_t = 0$,有

$$0 = \left(A_0 - \frac{A}{r}\right)(1+r)^n + \frac{A}{r},$$

求得

$$A = \frac{A_0 r(1+r)^n}{(1+r)^n - 1}. \tag{5.22}$$

以 $A_0 = 60(万元), r = 0.006525, n = 180$ 代入上式计算之,

$$A = \frac{60 \times 0.006525 \times (1.006525)^{180}}{(1.006525)^{180} - 1} \approx 0.567528(万元)$$

$$= 5675.18(元)$$

每月应还贷 5675.18(元),他们有能力按期偿还贷款.

有兴趣的读者可顺便计算一下,180 个月他们共还贷 1021532.4(元),15 年共付利息 42.15324(万元).

例 2 设银行存款的年利率为 $r = 0.05$,并依年复利计算. 某基金会希望通过一次性存入 $A(万元)$,实现第一年提取 19(万元),第二年提取 28(万元),$\cdots$,第 n 年提取 $(10 + 9n)(万元)$,并能按此规律一直提取下去,问 A 至少应为多少万元?(本题为 2008 年考研(数学三)的一个试题).

解 设第 n 年初,银行还有存款余额为 $y_n(万元)$,则

$$y_n(1 + r) - (10 + 9n) = y_{n+1}$$

即

$$y_{n+1} - (1 + r)y_n = -(10 + 9n),$$

此为一阶常系数线性差分方程,解之,得通解为

$$y_n = c(1 + r)^n + \frac{9}{r^2} + \frac{10}{r} + \frac{9n}{r}.$$

初始条件为 $y_1 = A$,从而知

$$A = c(1 + r) + \frac{9}{r^2} + \frac{10}{r} + \frac{9}{r},$$

得

$$c = \left(A - \frac{9}{r^2} - \frac{10}{r} - \frac{9}{r}\right)/(1 + r),$$

所以特解为

$$y_n = (1 + r)^{n-1}\left(A - \frac{9}{r^2} - \frac{10}{r} - \frac{9}{r}\right) + \frac{9}{r^2} + \frac{10}{r} + \frac{9n}{r}.$$

要使得对一切 $n, y_n \geqslant 0$,所以其充分必要条件是

$$A \geqslant \frac{9}{r^2} + \frac{10}{r} + \frac{9}{r} = \frac{9 + 19r}{r^2}.$$

以 $r = 0.05$ 代入计算之, $A \geqslant 3980$(万元),所以一次性存入至少 3980(万元),这样就可按规定要求一直提下去.

二、消费模型

例3 卡恩(Kahn)提出下述消费模型:设 y_t 与 C_t 分别是时期 t 的国民收入和消费,I 是每时期都相同的固定投资,它们满足关系

$$\begin{cases} y_t = C_t + I, \\ C_t = \alpha y_{t-1} + \beta, \end{cases}$$

其中常数 $0 < \alpha < 1, \beta > 0$.已知初始期的国民收入为 y_0,求 y_t 及 C_t.

解 由 $y_t = c_t + I = \alpha y_{t-1} + \beta + I$,

此为一阶常系数差分方程,解之得通解

$$y_{t-1} = c\alpha^t + \frac{\beta + I}{1 - \alpha},$$

或写成

$$y_t = c\alpha^{t+1} + \frac{\beta + I}{1 - \alpha} = \bar{c}\alpha^t \frac{\beta + I}{1 - \alpha},$$

其中 $\bar{c}$ 为任意常数.再由初始条件,得

$$y_0 = \bar{c} + \frac{\beta + I}{1 - \alpha}, \bar{c} = y_0 - \frac{\beta + I}{1 - \alpha},$$

从而得

$$y_t = \left(y_0 - \frac{\beta + I}{1 - \alpha} \right)\alpha^t + \frac{\beta + I}{1 - \alpha},$$

于是有 $\quad C_t = \left(y_0 - \frac{\beta + I}{1 - \alpha} \right)\alpha^t + \frac{\alpha I + \beta}{1 - \alpha}.$

可见,若按此模型,则当 $t \to +\infty$ 时,$y_t \to \frac{\beta + I}{1 - \alpha}, C_t \to \frac{\alpha I + \beta}{1 - \alpha}$.

三、需求量、供给量与平衡价格问题的模型

在微分方程中(参见第二章 §6 例13),由供、求关系及价格对时间的瞬时变化率,建立起价格 $p(t)$ 所满足的微分方程并求解.但价格的变化,一般不会是瞬时的,而是有时间段的.例如在农业生产中往往是一年为一个时间段,在这种情形,用差分方程来描述可能更合适.下面就是这种类型的一个模型.

例 4 在农业生产中,设 t 时期某产品的价格 P_t 决定着生产者在下一时期愿意提供市场的产量 S_{t+1},且 P_t 还决定着本时期该产品的需求量 D_t.它们的关系为

$$D_t = a - bP_t, \quad S_{t+1} = -\alpha + \beta P_t,$$

其中 a,b,α,β 均为正常数.又设每一时期 t,市场的供需总保持平衡:$S_t = D_t$,并设 $P_t \mid_{t=0} = P_0$,求价格随 t 的变化规律 P_t;并问当 a,b,α,β 满足什么条件时,价格趋于稳定.

解 由所给条件,容易建立起方程:

$$-\alpha + \beta P_t = a - bP_{t+1},$$

即

$$P_{t+1} + \frac{\beta}{b} P_t = \frac{a+\alpha}{b}.$$

它的通解为

$$P_t = c\left(-\frac{\beta}{b}\right)^t + \frac{a+\alpha}{b+\beta}.$$

再由初始条件 $P_t \mid_{t=0} = P_0$,得特解

$$P_t = \left(P_0 - \frac{a+\alpha}{b+\beta}\right)\left(-\frac{\beta}{b}\right)^t + \frac{a+\alpha}{b+\beta}.$$

显然,当且仅当 $\left|-\dfrac{\beta}{b}\right| < 1$,即 $\beta < b$ 时,

$$\lim_{t \to +\infty} P_t = \frac{a+\alpha}{b+\beta}.$$

即当且仅当常数 $\beta < b$ 时,价格 P_t 最终趋于稳定,稳定价格

为 $\dfrac{a+\alpha}{b+\beta}$.

四、在求高阶导数以及求幂级数的表达式中的应用

求高阶导数在某点的值,并不是一件容易的事. 例如

例5　设 $f(x)=\dfrac{1+x}{1-x+x^2}$,求 $f^{(n)}(0)(n=0,1,2,\cdots)$.

解　直接求 $f^{(n)}(x)$ 当然不是一个办法,容易看出
$$f(0)=1.$$
由于 $1-x+x^2\neq 0$,将所给的表达式两边同乘以 $1-x+x^2$,得到
$$f(x)(1-x+x^2)=1+x, \tag{5.23}$$
两边对 x 求导,有
$$f'(x)(1-x+x^2)+f(x)(-1+2x)=1.$$
以 $x=0$ 代入,得 $f'(0)+f(0)(-1)=1$,从而
$$f'(0)=1+f(0)=2.$$
再将(5.23)两边对 x 求 n 阶导数,$n\geqslant 2$,有
$$f^{(n)}(x)(1-x+x^2)+C_n^1 f^{(n-1)}(x)(-1+2x)+$$
$$C_n^2 f^{(n-2)}(x)\cdot 2=0.$$
以 $x=0$ 代入,得到
$$f^{(n)}(0)-C_n^1 f^{(n-1)}(0)+C_n^2 f^{(n-2)}(0)\cdot 2=0$$
即
$$f^{(n)}(0)-nf^{(n-1)}(0)+n(n-1)f^{(n-2)}(0)=0.$$
上述迭代公式系数中含有 n,非常不方便,命
$$a_n=\dfrac{f^{(n)}(0)}{n!}, \tag{5.24}$$
于是上式化成
$$a_n-a_{n-1}+a_{n-2}=0,n=2,3,\cdots. \tag{5.25}$$
得到二阶线性常系数齐次差分方程:
$$a_{n+2}-a_{n+1}+a_n=0,n=0,1,2,\cdots. \tag{5.26}$$

此差分方程的特征方程为

$$\lambda^2 - \lambda + 1 = 0.$$

特征根

$$\lambda_{1,2} = \frac{1}{2} \pm \frac{\sqrt{3}}{2}i \xrightarrow{\text{记为}} \alpha \pm \beta i,$$

其中 $\alpha = \frac{1}{2}, \beta = \frac{\sqrt{3}}{2}$. 按本章 §2 例 7 前的表,得到差分方程(5.26)的通解为

$$a_n = (c_1 \cos n\theta + c_2 \sin n\theta) r^n, n = 0, 1, 2, \cdots,$$

其中 $r = \sqrt{\alpha^2 + \beta^2} = 1, \cos\theta = \frac{\alpha}{r} = \frac{1}{2}, \sin\theta = \frac{\beta}{r} = \frac{\sqrt{3}}{2}$,可取 $\theta = \frac{\pi}{3}$,于是

$$a_n = c_1 \cos \frac{n\pi}{3} + c_2 \sin \frac{n\pi}{3}.$$

由

$$a_0 = \frac{f^{(0)}(0)}{0!} = 1, a_1 = \frac{f'(0)}{1!} = 2.$$

所以 $c_1 = 1, 2 = \frac{c_1}{2} + \frac{\sqrt{3} c_2}{2}, c_2 = \sqrt{3}$. 于是

$$\begin{aligned}
a_n &= \cos \frac{n\pi}{3} + \sqrt{3} \sin \frac{n\pi}{3} \\
&= 2\left(\frac{1}{2} \cos \frac{n\pi}{3} + \frac{\sqrt{3}}{2} \sin \frac{n\pi}{3} \right) \\
&= 2\sin \frac{(2n+1)\pi}{6}, n = 0, 1, 2, \cdots
\end{aligned}$$

所以

$$f^{(n)}(0) = n! a_n = n! 2\sin \frac{(2n+1)\pi}{6}, n = 0, 1, 2, \cdots.$$

例 6 （2013 年考研（数学一）的一个试题）设数列 $\{a_n\}$ 满足

条件：$a_0 = 3, a_1 = 1, a_{n-1} = n(n-1)a_n(n \geqslant 2)$，$S(x)$ 是幂级数 $\sum_{n=0}^{\infty} a_n x^n$ 的和函数，

（Ⅰ）证明：$S''(x) - S(x) = 0$；

（Ⅱ）求 $S(x)$ 的表达式.

说明：考研数学大纲中没有明确写用无穷级数求微分方程的解，而考题采用验证的手段，要求证明所给的幂级数在系数满足所给条件下是该微分方程的解，避免去推导出迭代关系. 可谓命题人的用心良苦. 下面给出的方法一，就是考题原给的方法. 方法二是利用题设给出的系数的迭代关系，去求出系数 a_n 的表达式，立即可得 $S(x)$ 的表达式（先用（Ⅱ）），然后方便地验证 $S''(x) - S(x) = 0$（后有（Ⅰ）).

解 方法一.（Ⅰ）$a_{n-2} = n(n-1)a_n$ 知，

$$a_n = \frac{a_{n-2}}{n(n-1)} = \frac{a_{n-4}}{n(n-1)(n-2)(n-3)}$$

$$= \begin{cases} \dfrac{a_0}{n!}, & \text{当 } n = \text{偶数；} \\ \dfrac{a_1}{n!}, & \text{当 } n = \text{奇数.} \end{cases}$$

所以

$$a_{2n} = \frac{a_0}{(2n)!} = \frac{3}{(2n)!},$$

$$a_{2n+1} = \frac{a_1}{(2n+1)!} = \frac{1}{(2n+1)!}, (n = 0, 1, 2, \cdots)$$

于是无论 n 为偶数，还是为奇数，均有

$$\lim_{n \to \infty} \frac{a_{n+1}}{a_n} = 0.$$

收敛半径 $R = +\infty$，因此在区间 $(-\infty, +\infty)$ 内可逐项求导，由 $S(x) = \sum_{n=0}^{\infty} a_n x^n$，有 $S'(x) = \sum_{n=1}^{\infty} n a_n x^{n-1}$，

$$S''(x) = \sum_{n=2}^{\infty} n(n-1)a_n x^{n-2}$$

$$= \sum_{n=2}^{\infty} a_{n-2} x^{n-2} = \sum_{n=0}^{\infty} a_n x^n = S(x),$$

故 $S''(x) - S(x) = 0$.

（Ⅱ）由 $S''(x) - S(x) = 0$ 解得

$$S(x) = c_1 e^x + c_2 e^{-x}.$$

由初始条件 $S(0) = a_0 = 3, S'(0) = a_1 = 1$, 得

$$c_1 + c_2 = 3, c_1 - c_2 = 1,$$

所以 $c_1 = 2, c_2 = 1, S(x) = 2e^x + e^{-x}$.

方法二　由 $a_{n-2} = n(n-1)a_n$ 令 $b_n = n!a_n$, 有

$$\frac{b_{n-2}}{(n-2)!} = a_{n-2} = n(n-1)a_n = \frac{n(n-1)}{n!}b_n$$

$$= \frac{b_n}{(n-2)!}, n = 2,3,\cdots.$$

所以 $b_{n-2} = b_n$, 即

$$b_{n+2} - b_n = 0, (n = 0,1,2,\cdots)$$

这是一个二阶线性齐次差分方程, 它的特征方程为

$$\lambda^2 - 1 = 0.$$

特征根 $\lambda_{1,2} = \pm 1$, 通解

$$b_n = c_1 1^n + c_2 (-1)^n = c_1 + (-1)^n c_2, (n = 0,1,2,\cdots)$$

所以

$$a_n = \frac{b_n}{n!} = \frac{c_1 + (-1)^n c_2}{n!}, (n = 0,1,2,\cdots)$$

由 $a_0 = 3, a_1 = 1$, 从而 $3 = c_1 + c_2, 1 = c_1 - c_2$, 所以 $c_1 = 2$,
$c_2 = 1, a_n = \frac{2}{n!} + \frac{(-1)^n}{n!}$,

$$S(x) = \sum_{n=0}^{\infty} a_n x^n = 2\sum_{n=0}^{\infty} \frac{x^n}{n!} + \sum_{n=0}^{\infty} \frac{(-1)^n x^n}{n!} = 2e^x + e^{-x}.$$

由上述 $S(x)$ 的表达式,易知有 $S''(x) - S(x) = 0, x \in (-\infty, +\infty)$.

习　　题

求下列函数的差分(1 ～ 4)：

1. $y_t = 3t^3 - 2t^3 + t$.

2. $y_t = te^{2t}$.

3. $y_t = \cos at$.

4. $y_t = \ln(1 + t)$.

计算下列函数的 2 阶差分(5 ～ 6)：

5. $y_t = t^2$.

6. $y_t = 3^t$.

确定下列差分方程的阶(7 ～ 8)：

7. $\Delta^2 y_t - \Delta(ty_{t+1}) = 0$.

8. $\Delta^2 y_{t-1} + \Delta y_{t-1} = 0$.

下述各题哪个是差分方程,哪个不是(9 ～ 12)

9. $2y_t + 2\Delta y_t + 3^t = 0$.

10. $\Delta^2 y_t = y_{t+2} - 2y_{t+1} + y_t$.

11. $\Delta(ty_t) - t\Delta y_t - y_{t+1} - t = 0$.

12. $\Delta y_t = t + y_t$.

求下列一阶差分方程的通解或特解(13 ～ 16)：

13. $3y_{t+1} - y_t = 0$.

14. $y_{t+1} - y_t = t + 2$.

15. $y_{t+1} + 2y_t = t2^t$.

16. $2y_{t+1} - y_t = 2^{-t}, y_0 = 4$.

求下列二阶差分方程的通解或特解(17 ～ 22)：

17. $y_{t+2} - 4y_{t+1} + 3y_t = 0$.

18. $y_{t+2} - 4y_{t+1} + 4y_t = 0$.

19. $y_{t+2} + \sqrt{3}y_{t+1} + y_t = 0$.

20. $y_{t+2} - 3y_{t+1} - 4y_t = t4^t, y_0 = 1, y_1 = 0.$

21. $y_{t+2} + 2y_{t+1} + y_t = -1.$

22. $y_{t+2} - \sqrt{2}\, y_{t+1} + y_t = t + 3^t.$

23. 某公司为逐年提高职工工资,预算规划:次年工资总额为当年工资总额增加 10% 的基础上还要追加 30(万元) 作为新来人员的工资. 设第 1 年工资总额为 1400(万元),问 10 年后(即第 11 年) 的工资总额是多少?(本题改编自考研(数学三) 的一个试题).

24. 某同学读大学本科 4 年,每年申请贷款 1000(元),贷款年利率 7%. 问:(1) 到毕业时 4 年共欠贷本息多少元?(2) 到第 5 年开始,计划用 4 年时间每月等额偿还,问每月应还多少元?共还了多少元?

25. 某人从 31 岁开始建立自己的养老金. 首先他一次性存入 5(万元),然后从开始月份算起,每月存入 200(元),直至 60 岁. 以月息 0.5% 月复利计算,(1) 至 60 岁退休时,已有养老金多少(元)?(2) 退休后每月提取 3000(元),可提取多少个月?

26. (国民收入开支的一个模型) 设第 t 时期的国民收入为 y_t,消费资金为 C_t,投入再生产的资金为 D_t,政府用于公共设施的开支为常数 G. 并设
$$y_t = C_t + D_t + G,$$
$$C_t = k_1 y_{t-1},\text{常数 } 0 < k_1 < 1,$$
$$D_t = k_2(y_t - y_{t-1}),\text{常数 } 0 < k_2 < 1.$$
设 $k_1 + 1 > 2k_2$,试求 y_t 及 $\lim\limits_{t \to +\infty} y_t$.

27. (存货模型) 下述是一个存货模型. 设 y_t 为 t 期总收入,u_t 为销售收入,s_t 为库存量,v_0 和 β 为常数,$0 < \beta < 1$. 并且
$$\begin{cases} y_t = u_t + s_t + v_0, \\ u_t = \beta y_{t-1}, \\ s_t = \beta(y_{t-1} - y_{t-2}) \end{cases}$$
求 y_t, u_t, s_t 的表达式.

附录一　常微分方程组的初值问题 解的存在唯一性定理

考虑由 n 个未知函数 n 个方程构成的常微分方程组

$$\frac{\mathrm{d}x_i}{\mathrm{d}t} = f_1(t, x_1, \cdots, x_n) \quad (i = 1, \cdots, n) \tag{1}$$

引入向量记号,命

$$\boldsymbol{x} = \begin{bmatrix} x_1 \\ \cdots \\ x_n \end{bmatrix}, \qquad \boldsymbol{f}(t, \boldsymbol{x}) = \begin{bmatrix} f_1(t, \boldsymbol{x}) \\ \cdots \\ f_n(t, \boldsymbol{x}) \end{bmatrix},$$

并定义

$$\frac{\mathrm{d}\boldsymbol{x}}{\mathrm{d}t} = \begin{bmatrix} \dfrac{\mathrm{d}x_1}{\mathrm{d}t} \\ \cdots \\ \dfrac{\mathrm{d}x_n}{\mathrm{d}t} \end{bmatrix}, \quad \int_a^b \boldsymbol{x}(t)\,\mathrm{d}t = \begin{bmatrix} \displaystyle\int_a^b x_1(t)\,\mathrm{d}t \\ \cdots \\ \displaystyle\int_a^b x_n(t)\,\mathrm{d}t \end{bmatrix}$$

则方程组(1)可以写成

$$\frac{\mathrm{d}\boldsymbol{x}}{\mathrm{d}t} = \boldsymbol{f}(t, \boldsymbol{x}). \tag{1'}$$

为了以下内容的需要,引入向量的**范数**概念,向量 $\boldsymbol{x} = \begin{bmatrix} x_1 \\ \cdots \\ x_n \end{bmatrix}$ 的范数记成 $\lVert \boldsymbol{x} \rVert$,定义为

$$\lVert \boldsymbol{x} \rVert = \max_{i=1,\cdots,n} \lvert x_i \rvert.$$

显然范数有下述性质:

$1°$ $\lVert \boldsymbol{x} \rVert \geqslant 0$,当且仅当 $\boldsymbol{x} = 0$ 时 $\lVert \boldsymbol{x} \rVert = 0$;

2° 对于任意数 α，$\|\alpha\boldsymbol{x}\| = |\alpha| \cdot \|\boldsymbol{x}\|$；

3° $\|\boldsymbol{x}_1 + \boldsymbol{x}_2\| \leqslant \|\boldsymbol{x}_1\| + \|\boldsymbol{x}_2\|$；

4° 当且仅当对一切 $i = 1,\cdots,n$，$|\boldsymbol{x}_i| \leqslant a$ 时 $\|\boldsymbol{x}\| \leqslant a$，这里实数 $a \geqslant 0$.

现在来叙述并证明**常微分方程组初值问题解的存在唯一性定理**.

定理 A 设

1° 向量函数 $\boldsymbol{f}(t,\boldsymbol{x})$ 在 $n+1$ 维空间 $(t,\boldsymbol{x})$ 中的闭区域

$$D: \quad |t - t_0| \leqslant a, \qquad \|\boldsymbol{x} - \boldsymbol{x}_0\| \leqslant b$$

上连续；

2° $\boldsymbol{f}(t,\boldsymbol{x})$ 在 D 上关于 $\boldsymbol{x}$ 满足**李普希兹(Lipschitz)条件**，即存在与 t 和 $\boldsymbol{x}_i (i = 1,2)$ 都无关的常数 $K(> 0)$，使对 D 上的任意两点 $(t,\boldsymbol{x}_1), (t,\boldsymbol{x}_2)$，不等式

$$\|\boldsymbol{f}(t,\boldsymbol{x}_1) - \boldsymbol{f}(t,\boldsymbol{x}_2)\| \leqslant K \|\boldsymbol{x}_1 - \boldsymbol{x}_2\| \tag{2}$$

都成立，则初值问题

$$\frac{\mathrm{d}\boldsymbol{x}}{\mathrm{d}t} = \boldsymbol{f}(t,\boldsymbol{x}), \quad \boldsymbol{x}(t_0) = \boldsymbol{x}_0 \tag{3}$$

在区间 $|t - t_0| \leqslant h$ 上存在唯一的解，其中

$$M = \max_{(t,\boldsymbol{x}) \in D} \|\boldsymbol{f}(t,\boldsymbol{x})\|, h = \min(a, b/M).$$

常数 K 称为**李普希兹常数**.

证明 首先将初值问题(3)化为积分方程. 设 $\boldsymbol{x} = \boldsymbol{x}(t)$ 是初值问题(3)的解，$\boldsymbol{x} = \boldsymbol{x}(t)$ 当然连续，并且

$$\frac{\mathrm{d}\boldsymbol{x}(t)}{\mathrm{d}t} \equiv \boldsymbol{f}(t,\boldsymbol{x}(t)), \ \boldsymbol{x}(t_0) = \boldsymbol{x}_0.$$

两边对 t 积分，并代入初值条件 $\boldsymbol{x}(t_0) = \boldsymbol{x}_0$，于是有

$$\boldsymbol{x}(t) \equiv \boldsymbol{x}_0 + \int_{t_0}^{t} \boldsymbol{f}(t,\boldsymbol{x}(t))\mathrm{d}t. \tag{4}$$

反之，设连续向量函数 $\boldsymbol{x} = \boldsymbol{x}(t)$ 是积分方程

$$\boldsymbol{x} = \boldsymbol{x}_0 + \int_{t_0}^{t} \boldsymbol{f}(t, \boldsymbol{x}) \mathrm{d}t \tag{5}$$

的解,将 $\boldsymbol{x} = \boldsymbol{x}(t)$ 代入后得到恒等式(4),将(4)两端对 t 求导数得

$$\frac{\mathrm{d}\boldsymbol{x}(t)}{\mathrm{d}t} \equiv \boldsymbol{f}(t, \boldsymbol{x}(t)),$$

再由(4)显然有 $\boldsymbol{x}(t_0) = \boldsymbol{x}_0$,于是知 $\boldsymbol{x} = \boldsymbol{x}(t)$ 满足初值问题(3).

由此推知,求初值问题(3)的解,等价于求积分方程(5)的连续解.

下面采用逐次逼近法分四步证明积分方程(5)在 $|t-t_0| \leqslant h$ 上存在唯一的连续解.

1. 在区间 $|t-t_0| \leqslant h$ 上构造一个连续向量函数序列 $\{\boldsymbol{x}_n(t), n = 1, 2, \cdots\}$.

取 $\boldsymbol{x} = \boldsymbol{x}_0$ 代入(5)的右端,并将得到的向量函数记为 $\boldsymbol{x}_1(t)$,则

$$\boldsymbol{x}_1(t) = \boldsymbol{x}_0 + \int_{t_0}^{t} \boldsymbol{f}(t, \boldsymbol{x}_0) \mathrm{d}t.$$

于是当 $|t-t_0| \leqslant h$ 时有

$$\begin{aligned}
\|\boldsymbol{x}_1(t) - \boldsymbol{x}_0\| &= \left\| \int_{t_0}^{t} \boldsymbol{f}(t, \boldsymbol{x}_0) \mathrm{d}t \right\| \\
&\leqslant \left| \int_{t_0}^{t} \|\boldsymbol{f}(t, \boldsymbol{x}_0)\| \mathrm{d}t \right| \\
&\leqslant M |t-t_0| \leqslant b.
\end{aligned} \tag{6}$$

故当 $|t-t_0| \leqslant h$ 时,$(t, \boldsymbol{x}_1(t)) \in D$,再以 $\boldsymbol{x} = \boldsymbol{x}_1(t)$ 代入(5)的右端,并将得到的向量函数记为 $\boldsymbol{x}_2(t)$,则

$$\boldsymbol{x}_2(t) = \boldsymbol{x}_0 + \int_{t_0}^{t} \boldsymbol{f}(t, \boldsymbol{x}_1(t)) \mathrm{d}t.$$

于是当 $|t-t_0| \leqslant h$ 时有

$$\begin{aligned}
\|\boldsymbol{x}_2(t) - \boldsymbol{x}_0\| &= \left\| \int_{t_0}^{t} \boldsymbol{f}(t, \boldsymbol{x}_1(t)) \mathrm{d}t \right\| \\
&\leqslant M |t-t_0| \leqslant b.
\end{aligned}$$

故当 $|t-t_0| \leqslant h$ 时,$(t,\boldsymbol{x}_2(t)) \in D$. 按此进行下去,设已求得 $\boldsymbol{x}_{n-1}(t)$,且当 $|t-t_0| \leqslant h$ 时,$(t,\boldsymbol{x}_{n-1}(t)) \in D$,类似的再以 $\boldsymbol{x} = \boldsymbol{x}_{n-1}(t)$ 代入(5)的右端,并将得到的向量函数记为 $\boldsymbol{x}_n(t)$,则

$$\boldsymbol{x}_n(t) = \boldsymbol{x}_0 + \int_{t_0}^t \boldsymbol{f}(t,\boldsymbol{x}_{n-1}(t))\mathrm{d}t. \tag{7}$$

于是有

$$\| \boldsymbol{x}_n(t) - \boldsymbol{x}_0 \| = \| \int_{t_0}^t \boldsymbol{f}(t,\boldsymbol{x}_{n-1}(t))\mathrm{d}t \|$$
$$\leqslant M |t-t_0| \leqslant b.$$

故当 $|t-t_0| \leqslant h$ 时,$(t,\boldsymbol{x}_n(t)) \in D$. 这样就得到一个连续的向量函数序列 $\{\boldsymbol{x}_n(t)\}$,$(t,\boldsymbol{x}_n(t)) \in D(n=1,2,\cdots)$.

2. 证明这个连续向量函数序列 $\{\boldsymbol{x}_n(t),n=1,2,\cdots\}$ 在区间 $|t-t_0| \leqslant h$ 上一致收敛,这等价于证明级数

$$\boldsymbol{x}_0 + \sum_{n=1}^{\infty} [\boldsymbol{x}_n(t) - \boldsymbol{x}_{n-1}(t)] \tag{8}$$

在 $|t-t_0| \leqslant h$ 上一致收敛. 这里所谓向量函数序列或向量函数级数在区间上一致收敛,是指它们的每一个分量所构成的相应序列或级数在该区间上一致收敛. 为此,我们用数学归纳法证明在 $|t-t_0| \leqslant h$ 上有

$$\| \boldsymbol{x}_n(t) - \boldsymbol{x}_{n-1}(t) \| < \frac{K^{n-1}M}{n!} |t-t_0|^n \quad (n=1,2,\cdots).$$
$$\tag{9}$$

事实上,由(6)知,(9)式当 $n=1$ 时成立. 设(9)式当 $n=k$ 时也成立,即有

$$\| \boldsymbol{x}_k(t) - \boldsymbol{x}_{k-1}(t) \| < \frac{K^{k-1}M}{k!} |t-t_0|^k.$$

则当 $n=k$ 和 $n=k+1$ 时,由(7)分别得到

$$\boldsymbol{x}_k(t) = \boldsymbol{x}_0 + \int_{t_0}^t \boldsymbol{f}(t,\boldsymbol{x}_{k-1}(t))\mathrm{d}t,$$

$$\boldsymbol{x}_{k+1}(t) = \boldsymbol{x}_0 + \int_{t_0}^{t} \boldsymbol{f}(t, \boldsymbol{x}_k(t)) \mathrm{d}t,$$

两式相减再由李普希兹条件有

$$\| \boldsymbol{x}_{k+1}(t) - \boldsymbol{x}_k(t) \| = \| \int_{t_0}^{t} [\boldsymbol{f}(t, \boldsymbol{x}_k(t)) - \boldsymbol{f}(t, \boldsymbol{x}_{k-1}(t))] \mathrm{d}t \|$$

$$\leqslant | \int_{t_0}^{t} \| \boldsymbol{f}(t, \boldsymbol{x}_k(t)) - \boldsymbol{f}(t, \boldsymbol{x}_{k-1}(t)) \| \mathrm{d}t |$$

$$\leqslant | K \int_{t_0}^{t} \| \boldsymbol{x}_k(t) - \boldsymbol{x}_{k-1}(t) \| \mathrm{d}t |$$

$$\leqslant \frac{K^k M}{k!} | \int_{t_0}^{t} | t - t_0 |^k \mathrm{d}t |$$

$$= \frac{K^k M}{(k+1)!} | t - t_0 |^{k+1}.$$

于是由归纳法推知对一切 $n = 1, 2, \cdots$,(9)式成立. 由此,当 $| t - t_0 | \leqslant h$ 时,对一切 $n = 1, 2, \cdots$,

$$\| \boldsymbol{x}_n(t) - \boldsymbol{x}_{n-1}(t) \| \leqslant \frac{K^{k-1} M}{k!} h^k.$$

但是因为正项级数

$$\| \boldsymbol{x}_0 \| + \sum_{k=1}^{\infty} \frac{K^{k-1} M}{k!} h^k$$

是收敛的,故向量函数级数(8)即向量函数序列 $\{\boldsymbol{x}_n(t), n = 1, 2, \cdots\}$ 在 $| t - t_0 | \leqslant h$ 上一致收敛. 设其极限向量函数为 $\boldsymbol{\varphi}(t)$,则在 $| t - t_0 | \leqslant h$ 上一致地有

$$\lim_{n \to \infty} \boldsymbol{x}_n(t) = \boldsymbol{\varphi}(t).$$

3. 证明 $\boldsymbol{x} = \boldsymbol{\varphi}(t)$ 是(5)的连续解. 事实上,当 $n \to \infty$ 时 $\boldsymbol{x}_n(t)$ 一致收敛于 $\boldsymbol{\varphi}(t)$,于是 $\boldsymbol{f}(t, \boldsymbol{x}_{n-1}(t))$ 一致收敛于 $\boldsymbol{f}(t, \boldsymbol{\varphi}(t))$. 在(7)两端命 $n \to \infty$ 取极限,再考虑到一致收敛序列的积分号与极限号可以交换次序,于是有

$$\lim_{n \to \infty} \boldsymbol{x}_n(t) = \boldsymbol{x}_0 + \lim_{n \to \infty} \int_{t_0}^{t} \boldsymbol{f}(t, \boldsymbol{x}_{n-1}(t)) \mathrm{d}t$$

$$= \boldsymbol{x}_0 + \int_{t_0}^{t} \lim_{n \to \infty} \boldsymbol{f}(t, \boldsymbol{x}_{n-1}(t)) \mathrm{d}t,$$

即有

$$\boldsymbol{\varphi}(t) = \boldsymbol{x}_0 + \int_{t_0}^{t} \boldsymbol{f}(t, \boldsymbol{\varphi}(t)) \mathrm{d}t.$$

因为序列$\{\boldsymbol{x}_n(t), n = 1, 2, \cdots\}$中的每一个向量函数在$|t - t_0| \leqslant h$上都是连续的,所以该序列的极限函数$\boldsymbol{\varphi}(t)$在$|t - t_0| \leqslant h$上也是连续的. 因而证明了向量函数$\boldsymbol{x} = \boldsymbol{\varphi}(t)$是(5)在$|t - t_0| \leqslant h$上的连续解.

4. 最后证明唯一性,即证在$|t - t_0| \leqslant h$上满足(5)的连续解只有一个,采用反证法,设(5)在$|t - t_0| \leqslant h$上有两个连续解$\boldsymbol{\varphi}_1(t)$和$\boldsymbol{\varphi}_2(t)$,则

$$\boldsymbol{\varphi}_2(t) = x_0 + \int_{t_0}^{t} \boldsymbol{f}(t, \boldsymbol{\varphi}_2(t)) \mathrm{d}t,$$

$$\boldsymbol{\varphi}_1(t) = x_0 + \int_{t_0}^{t} \boldsymbol{f}(t, \boldsymbol{\varphi}_1(t)) \mathrm{d}t.$$

两式相减,利用李普希兹条件并设$t_0 \leqslant t \leqslant t_0 + h$,有

$$\begin{aligned}
\| \boldsymbol{\varphi}_2(t) - \boldsymbol{\varphi}_1(t) \| &= \left\| \int_{t_0}^{t} [\boldsymbol{f}(t, \boldsymbol{\varphi}_2(t)) - \boldsymbol{f}(t, \boldsymbol{\varphi}_1(t))] \mathrm{d}t \right\| \\
&\leqslant \int_{t_0}^{t} \| \boldsymbol{f}(t, \boldsymbol{\varphi}_2(t)) - \boldsymbol{f}(t, \boldsymbol{\varphi}_1(t)) \| \mathrm{d}t \\
&\leqslant K \int_{t_0}^{t} \| \boldsymbol{\varphi}_2(t) - \boldsymbol{\varphi}_1(t) \| \mathrm{d}t.
\end{aligned}$$

记

$$u(t) = \int_{t_0}^{t} \| \boldsymbol{\varphi}_2(t) - \boldsymbol{\varphi}_1(t) \| \mathrm{d}t, \tag{10}$$

则上述不等式可写为

$$\frac{\mathrm{d}u(t)}{\mathrm{d}t} \leqslant K u(t).$$

两边同乘以$\mathrm{e}^{-K(t - t_0)}$,再移项,得

$$[u(t) \mathrm{e}^{-K(t - t_0)}]' \leqslant 0.$$

从 t_0 到 t 积分得

$$u(t)\mathrm{e}^{-K(t-t_0)} \leqslant 0.$$

因此 $u(t) \leqslant 0$.但由 $u(t)$ 的定义式(10)有 $u(t) \geqslant 0$,因而 $u(t) \equiv 0$,即 $\boldsymbol{\varphi}_1(t) \equiv \boldsymbol{\varphi}_2(t)$ 当 $t_0 \leqslant t \leqslant t_0+h$.

对于 $t \in [t_0-h, t_0]$,同样可以证明 $\boldsymbol{\varphi}_1(t) \equiv \boldsymbol{\varphi}_2(t)$.

合并上述四个步骤,即证明了(5)在区间 $|t-t_0| \leqslant h$ 上存在唯一的连续解.再结合本证明一开始的论述,就证明了初值问题(3)存在唯一的解.证毕.

注 1 上述证称为**毕卡(Picard)逐次逼近法**,用此法不但可以证明解 $\boldsymbol{\varphi}(t)$ 的存在性,而且还可获得近似解如下所示:

$$\boldsymbol{\varphi}(t) \approx \boldsymbol{x}_n(t).$$

容易证明

$$\| \boldsymbol{\varphi}(t) - \boldsymbol{x}_n(t) \| \leqslant \frac{K^{n-1}M}{n!} |t-t_0|^n. \tag{11}$$

其右端可作为 $\boldsymbol{x}_n(t)$ 对于 $\boldsymbol{\varphi}(t)$ 的误差限.

注 2 如果 $\boldsymbol{f}(t, \boldsymbol{x})$ 的各分量对 $\boldsymbol{x}$ 的各分量的偏导数

$$\frac{\partial}{\partial x_j} f_i(t, x_1, \cdots, x_n) \quad (i, j = 1, \cdots, n)$$

在闭长方体区域 D 上连续,则存在常数 $N > 0$,使得

$$\left| \frac{\partial}{\partial x_j} f_i(t, x_1, \cdots, x_n) \right| \leqslant N \quad (i, j = 1, \cdots, n). \tag{12}$$

设

$$\boldsymbol{x}_1 = \begin{pmatrix} x_{11} \\ \cdots \\ x_{n1} \end{pmatrix}, \qquad \boldsymbol{x}_2 = \begin{pmatrix} x_{12} \\ \cdots \\ x_{n2} \end{pmatrix}$$

是满足 $|\boldsymbol{x}_1 - \boldsymbol{x}_0\| \leqslant b$,$|\boldsymbol{x}_2 - \boldsymbol{x}_0\| \leqslant b$ 的任意两个向量,$t \in [t_0-h, t_0+h]$,则由多元函数的泰勒公式,有

$$f_i(t, x_{12}, \cdots, x_{n2}) - f_i(t, x_{11}, \cdots, x_{n1})$$

$$= \sum_{j=1}^{n} \frac{\partial}{\partial x_j} f_j(t, \xi_1, \cdots, \xi_n)(x_{j2} - x_{j1}) \qquad (13)$$

其中 $\xi = \begin{bmatrix} \xi_1 \\ \cdots \\ \xi_n \end{bmatrix}$ 是 D 中由点 $\boldsymbol{x}_1$ 与 $\boldsymbol{x}_2$ 所连接的直线段上的某一点,由

(12) 和(13) 可以推得

$$| f_j(t, x_{12}, \cdots, x_{n2}) - f_i(t, x_{11}, \cdots, x_{n1}) | \leqslant N \sum_{j=1}^{n} | x_{j2} - x_{j1} |.$$

从而

$$\| \boldsymbol{f}(t, \boldsymbol{x}_2) - \boldsymbol{f}(t, \boldsymbol{x}_1) \| \leqslant nN \| \boldsymbol{x}_2 - \boldsymbol{x}_1 \|.$$

取 $K = nN$,便得到李普希兹条件(2). 于是有如下推论.

推论 1 设定理 A 中条件 $1°$ 成立,并设 $\boldsymbol{f}(t, \boldsymbol{x})$ 对 $\boldsymbol{x}$ 各分量的偏导数在 D 上连续,则定理 A 的结论仍成立.

推论 2 定理 1.1 成立.

证明 在推论 1 中取 $n = 1$ 即可得证.

推论 3 定理 1.2 成立.

证明 将高阶方程化为方程组,再用推论 1 即可得证.

关于定理 2.1 与定理 2.2,可仿照定理 A 的证明方法证得,故证略.

附录二　　常系数线性方程的算子解法

现在我们介绍求常系数线性方程的解(主要是求特殊右端的常系数非齐次线性方程的一个解)的另一种方法 —— 算子法.由于它比第二章 §2 中介绍的待定系数法方便,因此工程技术人员多乐于采用此法.但要记住许多条性质.

用记号 D 表示求导运算,即定义

$$Dy = \frac{\mathrm{d}}{\mathrm{d}x}y,$$

称 D 为**微分算子**.我们还归纳地定义

$$D^k y = D(D^{k-1}y) \quad (k = 2, 3, \cdots, n).$$

并规定 $D^0 y = y$.一般,如果 $L(\lambda) = \sum_{j=0}^{n} p_j \lambda^{n-i}$ 是 λ 的 n 次多项式,$p_0 \equiv 1$,我们定义

$$L(D)y = \sum_{j=0}^{n} p_j D^{n-j}y,$$

并称

$$L(D) = \sum_{j=0}^{n} p_j D^{n-j}$$

为**微分多项式算子**.它与微分算子一概简称为**算子**.

我们假定以上的函数 y 及以下的被算子作用的函数 $f(x)$,$v(x)$ 等,都可以求足够阶的导数.

现在给出算子 $L(D)$ 的下述性质

性质 1　设 c 是常数,则 $L(D)cy = cL(D)y.$

证明　$L(D)cy = \sum_{j=0}^{n} p_j D^{n-j}(cy)$

$$= c\sum_{j=0}^{n} p_j D^{n-j}y$$

$$= cL(D)y.$$ 　　　　　证毕

性质 2 $L(D)(y_1 + y_2) = L(D)y_1 + L(D)y_2.$

证明 $L(D)(y_1 + y_2) = \sum_{j=0}^{n} p_j D^{n-j}(y_1 + y_2)$

$$= \sum_{j=0}^{n} (p_j D^{n-j} y_1 + p_j D^{n-j} y_2)$$

$$= \sum_{j=0}^{n} p_j D^{n-j} y_1 + \sum_{j=0}^{n} p_j D^{n-j} y_2$$

$$= L(D)y_1 + L(D)y_2. \qquad \text{证毕}$$

性质 3 设 $L(\lambda) = L_1(\lambda) + L_2(\lambda)$，则 $L(D)y = L_1(D)y + L_2(D)y.$

证明 设 $L_1(\lambda) = \sum_{j=0}^{n} s_j \lambda^{m-j}, L_2(\lambda) = \sum_{j=0}^{n} q_j \lambda^{m-j}$，并且不妨认为 $n \geqslant m$. 定义 $r_j = s_j + q_j$（当 $0 \leqslant j \leqslant m$）；$r_j = s_j$（当 $m < j \leqslant n$）. 于是

$$L(\lambda) = L_1(\lambda) + L_2(\lambda)$$

$$= \sum_{j=0}^{n} s_j \lambda^{n-j} + \sum_{j=0}^{n} q_j \lambda^{m-j}$$

$$= \sum_{j=0}^{n} r_j \lambda^{n-j}$$

从而

$$L_1(D)y + L_2(D)y = \sum_{j=0}^{n} s_j D^{n-j} y + \sum_{j=0}^{n} q_j D^{m-j} y$$

$$= \sum_{j=0}^{n} r_j D^{m-j} y = L(D)y. \qquad \text{证毕}$$

我们称性质 3 中的算子 $L(D)$ 为算子 $L_1(D)$ 与 $L_2(D)$ 的**和**，记为 $L(D) = L_1(D) + L_2(D)$，于是有

$$[L_1(D) + L_2(D)]y = L_1(D)y + L_2(D)y.$$

性质 4 设 $L(\lambda) = L_1(\lambda)L_2(\lambda)$，则

$$L(D)y = L_1(D)[L_2(D)y] = L_2(D)[L_1(D)y].$$

（其证明与性质 3 类似，故略）

我们称性质 4 中的算子 $L(D)$ 为算子 $L_1(D)$ 与 $L_2(D)$ 的积，记为 $L(D) = L_1(D)L_2(D)$. 于是有

$$
\begin{aligned}
\left[L_1(D)L_2(D)\right]y &= L_1(D)\left[L_2(D)y\right] \\
&= L_2(D)\left[L_1(D)y\right] \\
&= \left[L_2(D)L_1(D)\right]y.
\end{aligned}
$$

当算子作用于某些函数时，有下述公式.

公式 1　$L(D)\mathrm{e}^{\alpha x} = \mathrm{e}^{\alpha x}L(\alpha).$

证明　$\displaystyle L(D)\mathrm{e}^{\alpha x} = \sum_{j=0}^{n} p_j D^{n-j}\mathrm{e}^{\alpha x}$

$$
\begin{aligned}
&= \sum_{j=0}^{n} p_j \alpha^{n-j}\mathrm{e}^{\alpha x} \\
&= \mathrm{e}^{\alpha x}\sum_{j=0}^{n} p_j \alpha^{n-j} = \mathrm{e}^{\alpha x}L(\alpha).
\end{aligned}
$$
证毕.

公式 2　$L(D^2)\cos\beta x = \cos\beta x \cdot L(-\beta^2),$
$\qquad\qquad L(D^2)\sin\beta x = \sin\beta x \cdot L(-\beta^2).$

证明　因为 $D^2\cos\beta x = \cos\beta x \cdot (-\beta^2),$

设 $\displaystyle L(D^2) = \sum_{j=0}^{n} p_j (D^2)^{n-j},$

则　　　$\displaystyle L(D^2)\cos\beta x = \sum_{j=0}^{n} p_j (D^2)^{n-j}\cos\beta x$

$$
\begin{aligned}
&= \sum_{j=0}^{n} p_j (-\beta^2)^{n-j}\cos\beta x \\
&= \cos\beta x \cdot L(-\beta^2).
\end{aligned}
$$

同理可证 $L(D^2)\sin\beta x = \sin\beta x \cdot L(-\beta^2).$　　　　证毕

公式 3　$L(D)(\mathrm{e}^{\alpha x}v(x)) = \mathrm{e}^{\alpha x}L(D+\alpha)v(x).$

证明　由乘积的高阶导数莱布尼茨公式，有

$$
D^m(\mathrm{e}^{\alpha x}v(x)) = \sum_{j=0}^{m} C_m^j (\mathrm{e}^{\alpha x})^{(j)} D^{m-j}v(x)
$$

$$= \sum_{j=0}^{m} \mathrm{e}^{\alpha x} C_m^j \alpha^j D^{m-j} v(x)$$

$$= \mathrm{e}^{\alpha x} (D+\alpha)^m v(x),$$

于是

$$L(D)[\mathrm{e}^{\alpha x} v(x)] = \sum_{j=0}^{n} p_j D^{n-j}[\mathrm{e}^{\alpha x} v(x)]$$

$$= \sum_{j=0}^{n} p_j \mathrm{e}^{\alpha x} (D+\alpha)^{n-j} v(x)$$

$$= \mathrm{e}^{\alpha x} \sum_{j=0}^{n} p_j (D+\alpha)^{n-j} v(x)$$

$$= \mathrm{e}^{\alpha x} L(D+\alpha) v(x). \qquad \text{证毕}$$

现在介绍逆算子概念.

用 $\dfrac{1}{L(D)} f(x)$ 表示这样一个函数, 以 $L(D)$ 作用于它的结果等于 $f(x)$, 即

$$L(D)\left[\frac{1}{L(D)} f(x)\right] \equiv f(x).$$

我们称 $\dfrac{1}{L(D)}$ 为 $L(D)$ 的**逆算子**.

与上述概念等价的说法是, $\dfrac{1}{L(D)} f(x)$ 表示微分方程 $L(D)y = f(x)$ 的一个解. 显然, 这样定义的函数 $\dfrac{1}{L(D)} f(x)$ 不是唯一的. 例如 $\dfrac{1}{D} x$ 是微分方程 $Dy = x$ 的一个解, 所以 $\dfrac{1}{D} x$ 既可以等于 $\dfrac{1}{2} x^2$, 也可以等于 $\dfrac{1}{2} x^2 + 1$, 或 $\dfrac{1}{2} x^2 + 2$ 等等.

现在介绍逆算子的下述性质:

性质 1' 设 c 是常数, 则 $\dfrac{1}{L(D)}[cf(x)] = c \dfrac{1}{L(D)} f(x).$

性质 2′　　$\dfrac{1}{L(D)}\big[f_1(x)+f_2(x)\big]$

$$=\frac{1}{L(D)}f_1(x)+\frac{1}{L(D)}f_2(x).$$

由算子的性 1 和性质 2,容易证明逆算子的上述性质. 因为逆算子作用于一个函数,它的结果不是唯一的,其差可以是对应的齐次方程的一个解. 即:上述等式左、右两边可以相差齐次方程 $L(D)y=0$ 的一个解. 但因为我们最终只是要求出非齐次线性微分方程的一个解,所以这样理解不会产生问题.

性质 3′　　$\dfrac{1}{L_1(D)L_2(D)}f(x)=\dfrac{1}{L_1(D)}\left[\dfrac{1}{L_2(D)}f(x)\right]$

$$=\frac{1}{L_2(D)}\left[\frac{1}{L_1(D)}f(x)\right].$$

证明　　以算子 $[L_1(D)L_2(D)]$ 作用于 $\dfrac{1}{L_2(D)}\left[\dfrac{1}{L_1(D)}f(x)\right]$,有

$$[L_1(D)L_2(D)]\left[\frac{1}{L_2(D)}\left[\frac{1}{L_1(D)}f(x)\right]\right]$$

$$=L_1(D)\left[L_2(D)\left[\frac{1}{L_2(D)}\left[\frac{1}{L_1(D)}f(x)\right]\right]\right]$$

$$=L_1(D)\left[\frac{1}{L_1(D)}f(x)\right]=f(x).$$

所以

$$\frac{1}{L_2(D)}\left[\frac{1}{L_1(D)}f(x)\right]=\frac{1}{L_1(D)L_2(D)}f(x).$$

因为 $L_1(D)L_2(D)y=L_2(D)L_1(D)y$,故类似地可证其他等式. 证毕.

逆算子作用于某些函数,有下述公式.

公式 1′　　如果 $L(\alpha)\neq0$,则 $\dfrac{1}{L(D)}\mathrm{e}^{\alpha x}=\dfrac{\mathrm{e}^{\alpha x}}{L(\alpha)}$.

证明　由公式 1,

$$L(D)\mathrm{e}^{ax} = \mathrm{e}^{ax}L(\alpha),$$

于是

$$\mathrm{e}^{ax} = \frac{1}{L(D)}\big[\mathrm{e}^{ax}L(\alpha)\big].$$

再由性质 $1'$ 有

$$\mathrm{e}^{ax} = L(\alpha)\frac{1}{L(D)}\mathrm{e}^{ax},$$

即

$$\frac{1}{L(D)}\mathrm{e}^{ax} = \frac{\mathrm{e}^{ax}}{L(\alpha)}. \qquad\qquad 证毕$$

公式 $2'$　如果 $L(-\beta^2) \neq 0$, 则 $\dfrac{1}{L(D^2)}\cos\beta x = \dfrac{\cos\beta x}{L(-\beta^2)}$,

$\dfrac{1}{L(D^2)}\sin\beta x = \dfrac{\sin\beta x}{L(-\beta^2)}.$

证明　由公式 2 仿公式 $1'$ 的证明即得.

公式 $3'$　$\dfrac{1}{L(D)}\big[\mathrm{e}^{ax}v(x)\big] = \mathrm{e}^{ax}\dfrac{1}{L(D+\alpha)}v(x).$

证明　将算子 $L(D)$ 作用于上式右端函数, 由公式 3 有

$$L(D)\Big[\mathrm{e}^{ax}\frac{1}{L(D+\alpha)}v(x)\Big]$$

$$= \mathrm{e}^{ax}L(D+\alpha)\Big[\frac{1}{L(D+\alpha)}v(x)\Big]$$

$$= \mathrm{e}^{ax}v(x),$$

所以得公式 $3'$. 证毕.

公式 $4'$　$\dfrac{1}{D^s}f(x) = \underbrace{\int\cdots\int}_{s\,\text{个}} f(x)\mathrm{d}x\cdots\mathrm{d}x.$

证明是显然的, 故略.

公式 $5'$　设 $L(\lambda) = \lambda^s g(\lambda)$, 其中 s 是非负整数, $g(\lambda)$ 是 λ 的多项式, $g(0) \neq 0$. 并将 $g(\lambda)$ 按 λ 的升幂排列, 然后用普通除法计

算 $\dfrac{1}{g(\lambda)}$ 到 λ^k 项,得

$$\frac{1}{g(\lambda)} = c_0 + c_1\lambda + \cdots + c_k\lambda^k + \frac{\psi(\lambda)}{g(\lambda)}\lambda^{n+1}, \tag{14}$$

其中 $\psi(\lambda)$ 是 λ 的多项式.如果 $v(x)$ 是 x 的 k 次多项式,则有公式

$$\frac{1}{L(D)}v(x) = \frac{1}{D^s}\left[\frac{1}{g(D)}v(x)\right]$$

$$= \frac{1}{D^s}\left[c_0 v(x) + c_1 v'(x) + \cdots + c_k v^{(k)}(x)\right].$$

证明 由(14)有

$$1 = (c_0 + c_1\lambda + \cdots + c_k\lambda^k)g(\lambda) + \psi(\lambda)\lambda^{k+1}.$$

于是由性质 3 及性质 4 有

$$v(x) = \left[(c_0 + c_1 D + \cdots + c_k D^k)g(D) + \psi(D)D^{k+1}\right]v(x)$$

$$= (c_0 + c_1 D + \cdots + c_k D^k)g(D)v(x) + \psi(D)D^{k+1}v(x)$$

$$= g(D)(c_0 + c_1 D + \cdots + c_k D^k)v(x)$$

$$= g(D)(c_0 v(x) + c_1 v'(x) + \cdots + c_k v^{(k)}(x))$$

所以

$$\frac{1}{g(D)}v(x) = c_0 v(x) + c_1 v'(x) + \cdots + c_k v^{(k)}(x).$$

再由性质 $3'$

$$\frac{1}{L(D)}v(D) = \frac{1}{D^s}\left[\frac{1}{g(D)}v(x)\right]$$

$$= \frac{1}{D^s}\left[c_0 v(x) + c_1 v'(x) + \cdots + c_k v^{(k)}(x)\right].$$

证毕.

有了上面这些性质和公式,就可以用算子法来求特殊右端 $f(x)$ 的常系数非齐次线性微分方程 $L(D)y = f(x)$ 的解了.这里的特殊右端是指 $f(x) = Q_m(x)\mathrm{e}^{ax}\cos bx$ 或 $f(x) = Q_m(x)\mathrm{e}^{ax}\sin bx$,其中 $Q_m(x)$ 是 x 的 m 次多项式.现举例说明.

例 1　$\dfrac{\mathrm{d}^2 y}{\mathrm{d}x^2} - \dfrac{\mathrm{d}y}{\mathrm{d}x} - 2y = 12\mathrm{e}^{3x}$.

解　将原方程写为 $(D^2 - D - 2)y = 12\mathrm{e}^{3x}$. 因为 $3^2 - 3 - 2 = 4 \neq 0$,所以由公式 $1'$,

$$y^* = \frac{1}{D^2 - D - 2} 12\mathrm{e}^{3x} = \frac{12\mathrm{e}^{3x}}{3^2 - 3 - 2} = 3\mathrm{e}^{3x}$$

是原方程的一个解.

例 2　$(D^3 - 4D^2 + 5D - 2)y = \mathrm{e}^x$.

解　命 $L(D) = D^3 - 4D^2 + 5D - 2$,因为 $L(1) = 0$,所以不能用公式 $1'$. 改用公式 $3'$,有

$$
\begin{aligned}
y^* &= \frac{1}{L(D)} \mathrm{e}^x \\
&= \mathrm{e}^x \frac{1}{L(D+1)} \cdot 1 \\
&= \mathrm{e}^x \frac{1}{D^2(D-1)} \cdot 1 \\
&= \mathrm{e}^x \frac{1}{D^2} \left[\frac{1}{(D-1)} \cdot 1 \right] && \text{(性质 3)} \\
&= \mathrm{e}^x \frac{1}{D^2}(-1) && \text{(公式 5')} \\
&= \mathrm{e}^x \left(-\frac{x^2}{2} \right) = -\frac{1}{2} x^2 \mathrm{e}^x. && \text{(公式 3')}
\end{aligned}
$$

以上两个例子说明,采用算子法可以解决 $L(D)y = Q_m(x)\mathrm{e}^{\alpha x}$ 类型的问题.

例 3　$(D^4 + 1)y = \cos 3x$.

解　命 $L(D^2) = (D^2)^2 + 1$,$L(-3^2) = (-3^2)^2 + 1 = 82 \neq 0$. 于是

$$y^* = \frac{1}{L(D^2)} \cos 3x = \frac{1}{82} \cos 3x.$$

例 4　$(D^2 + 1)y = x\mathrm{e}^x \sin x$.

解　考虑方程$(D^2+1)y_1 = xe^{(1+i)x}$,于是

$$y_1^* = \frac{1}{D^2+1}xe^{(1+i)x}$$

$$= e^{(1+i)x}\frac{1}{(D+1+i)^2+1}x \qquad (公式\ 3')$$

$$= e^{(1+i)x}\frac{1}{1+2i+2(1+i)D+D^2}x$$

$$= e^{(1+i)x}\left[\frac{1}{1+2i} - \frac{2(1+i)}{(1-2i)^2}D\right]x \qquad (公式\ 5')$$

$$= e^{(1+i)x}\left[\frac{x}{1+2i} - \frac{2(1+i)}{(1-2i)^2}\right]$$

$$= e^{(1+i)x}\left[\frac{1-2i}{5}x + \frac{14-2i}{25}\right].$$

取它的虚部得到原方程的一个解:

$$y^* = e^x[(14-10x)\cos x + (-2+5x)\sin x]/25.$$

例4所用的方法是解常系数非齐次线性方程

$$L(D)y = Q_m(x)e^{ax}\begin{Bmatrix}\cos bx \\ \sin bx\end{Bmatrix}$$

的一般方法.

附录三　　考研真题及考研模拟题选录

考研数学统考分数学一、数学二、数学三三类,满分均为 150 分,涉及常微分方程的,数学一平均约占 10 分,最少时为 4 分,最多时达 16 分;数学二平均分约占 20 分,最少时也有 16 分,最多时可达 27 分,大多数在 20 分左右;数学三含常微分方程与差分方程,平均 8、9 分,方差不大.从考研大纲看,考研题中有关常微分方程的大致可分 7 类题型.

(1) **基本类型求解以及线性非齐次微分方程与对应的齐次方程通解结构定理**.考试大纲中明确写出数学一、二、三各考哪些及要求,关键是识别类型掌握定理与基本方法去对号入座.

例 1　(本题为 2012 年考研(数学二)的一个试题)微分方程 $y\mathrm{d}x+(x-3y^2)\mathrm{d}y=0$ 满足条件 $y\mid_{x=1}=1$ 的解为 $y=$ _____.

解　应填 $\sqrt{x}$.

方法一　原方程化为 $\dfrac{\mathrm{d}x}{\mathrm{d}y}+\dfrac{x}{y}=3y$,将 x 看成未知函数,是 x 对 y 的一阶线性微分方程,代入通解公式,得

$$x=\mathrm{e}^{-\int\frac{1}{y}\mathrm{d}y}\left[\int 3y\mathrm{e}^{\int\frac{1}{y}\mathrm{d}y}\mathrm{d}y+c\right]=y^2+\frac{c}{y}.$$

再由初始条件 $y\mid_{x=1}=1$,得 $1=1+c,c=0$.从而 $x=y^2$.但由初始条件 $y\mid_{x=1}=1$,所以 $y=\sqrt{x}$.

方法二　这是一个全微分方程,由 $y\mathrm{d}x+(x-3y^2)\mathrm{d}y=0$ 可改写为

$$y\mathrm{d}x+x\mathrm{d}y-3y^2\mathrm{d}y=0,$$
$$\mathrm{d}(xy-y^3)=0.$$

所以 $xy-y^3=c$.以 $x=1$ 时 $y=1$ 代入得 $c=0$.于是得

$$xy-y^3=0,\ \text{即}\ y(x-y^2)=0.$$

$y=0$ 不满足初始条件.由 $x-y^2=0$ 得 $y=\pm\sqrt{x}$,由初始条件取

$y = \sqrt{x}$.

注 数学二的考试大纲中不考全微分方程,但并不妨碍用全微方程方法来解题.

例 2 (本题为 2012 年考研(数学二、三)的一个试题) 已知函数 $f(x)$ 满足方程 $f''(x) + f'(x) - 2f(x) = 0$ 及 $f''(x) + f(x) = 2e^x$.(Ⅰ)求 $f(x)$ 的表达式;(Ⅱ)求曲线 $y = f(x^2) \int_0^x f(-t^2) \mathrm{d}t$ 的拐点.

解 (Ⅰ) $f''(x) + f'(x) - 2f(x) = 0$ 是常系数二阶线性齐次微分方程,特征方程是

$$r^2 + r - 2 = 0, \text{即} (r-1)(r+2) = 0,$$

$r_1 = 1, r_2 = -2$,通解为 $f(x) = c_1 e^x + c_2 e^{-2x}$. 它又满足 $f''(x) + f(x) = 2e^x$,以第 1 式求得的 $f(x)$ 代入第 2 式,得 $2c_1 e^x + 5c_2 e^{2x} = 2e^x$,即 $(2c_1 - 2)e^x + 5c_2 e^{2x} = 0$. 由于 e^x 与 e^{2x} 线性无关,所以 $c_1 = 1, c_2 = 0$. 所以 $f(x) = e^x$.

(Ⅱ)不是常微分方程范围,但也不妨将它做完. 容易算得

$$y = e^{x^2} \int_0^x e^{-t^2} \mathrm{d}t,$$

$$y' = 2x e^{x^2} \int_0^x e^{-t^2} \mathrm{d}t + 1,$$

$$y'' = 2x \left(2x e^{x^2} \int_0^x e^{-t^2} \mathrm{d}t + 1 \right).$$

易见括号内为正,所以当 $x < 0$ 时 $y'' < 0$,$x > 0$ 时 $y'' > 0$,所以点 $(0,0)$ 是曲线 $y = f(x^2) \int_0^x f(-t^2) \mathrm{d}t$ 的拐点.

例 3 (本题为 2013 年考研(数学一、二)的一个试题) 已知 $y_1 = e^{3x} - x e^{2x}, y_2 = e^x - x e^{2x}, y_3 = -x e^{2x}$ 为某二阶常系数非齐次线性微分方程的 3 个解. 则该方程的通解为 $y = $ _____.

解 应填 $c_1 e^x + c_2 e^{3x} - x e^{2x}$.

线性非齐次微分方程的两个解的差是对应的齐次方程的一个解. 由此可知

$$y_1 - y_3 = \mathrm{e}^{3x} \ 与 \ y_2 - y_3 = \mathrm{e}^x$$

都是对应的齐次方程为解, 易知它们线性无关, 所以该齐次方程的通解为 $c_1 \mathrm{e}^x + c_2 \mathrm{e}^{3x}$. 又由题设知 $-x\mathrm{e}^{2x}$ 是该非齐次线性微分方程一个解, 所以原给非齐次线性方程的通解是 $c_1 \mathrm{e}^x + c_2 \mathrm{e}^{3x} - x\mathrm{e}^{2x}$.

例 4 (本题为 2014 年考研(数学二)的一个试题) 已知 $y = y(x)$ 满足微分方程 $x^2 + y^2 y' = 1 - y'$, 且 $y(2) = 0$, 求 $y(x)$ 的极大值与极小值.

解 原方程改写为 $(y^2 + 1)y' = 1 - x^2$, 是变量可分离的微分方程, 分离变量两边积分, 得

$$\frac{1}{3}y^3 + y = x - \frac{x^3}{3} + c.$$

初始条件代入求得特解

$$x^3 + y^3 - 3x + 3y = 2.$$

为求 $y = y(x)$ 的驻点, 不必由上式去求而可以从原给微分方程去求. 令 $y' = 0$ 得 $x = \pm 1$.

当 $x = 1$ 时, $y^3 + 3y - 4 = 0$, 得 $y = 1$. 由于 $y' = \dfrac{1 - x^2}{1 + y^2}$, 当 $0 < x < 1$ 时 $y' > 0$, 当 $x > 1$ 时 $y' < 0$, 所以 $x = 1$ 时 $y = 1$ 为极大值.

当 $x = -1$ 时, $y^3 + 3y = 0$, 得 $y = 0$. 由于 $y' = \dfrac{1 - x^2}{1 + y^2}$, 当 $x < -1$ 时 $y' < 0$, 当 $-1 < x < 0$ 时 $y' > 0$. 所以 $x = -1$ 时 $y = 0$ 为极小值.

例 5 (本题为 2015 年考研(数学二、三)的一个试题) 设函数 $y = y(x)$ 是微分方程 $y'' + y' - 2y = 0$ 的解, 且在 $x = 0$ 处 $y(x)$ 取得极值 3, 则 $y(x) = $ _____.

解 应填 $2\mathrm{e}^x + \mathrm{e}^{-2x}$.

原给微分方程 $y''+y'-2y=0$ 是二阶常系数线性齐次微分方程，它的特征方程是 $r^2+r-2=0$，特征根 $r_1=1,r_2=-2$，所以通解为 $y=c_1\mathrm{e}^x+c_2\mathrm{e}^{-2x}$. 题设在 $x=0$ 处取得极值 3，所以 $y(0)=3,y'(0)=0$. 代入得

$$c_1+c_2=3,c_1-2c_2=0.$$

解得 $c_1=2,c_2=1$. 得特解 $y=2\mathrm{e}^x+\mathrm{e}^{-2x}$.

例 6 （本题为 2016 年考研（数学一）的一个试题）设函数 $y(x)$ 满足方程 $y''+2y'+ky=0$，其中 $0<k<1$，（Ⅰ）证明：反常积分 $\displaystyle\int_0^{+\infty}y(x)\mathrm{d}x$ 收敛；（Ⅱ）若 $y(0)=1,y'(0)=1$，求 $\displaystyle\int_0^{+\infty}y(x)\mathrm{d}x$ 的值.

解 （Ⅰ）常系数线性齐次微分方程 $y''+2y'+ky=0$ 的特征方程为 $r^2+2r+k=0$，特征根 $r_{1,2}=-1\pm\sqrt{1-k}$，由于 $0<k<1$，所以常数 $r_1<0,r_2<0,r_1\ne r_2$，所以通解为 $y(x)=c_1\mathrm{e}^{r_1x}+c_2\mathrm{e}^{r_2x}$，

$$\int_0^{+\infty}y(x)\mathrm{d}x=\int_0^{+\infty}(c_1\mathrm{e}^{r_1x}+c_2\mathrm{e}^{r_2x})\mathrm{d}x$$

$$=\left[\frac{c_1}{r_1}\mathrm{e}^{r_1x}+\frac{c_2}{r_2}\mathrm{e}^{r_2x}\right]_0^{+\infty}=-\left[\frac{c_1}{r_1}+\frac{c_2}{r_2}\right](收敛).$$

（Ⅱ）按照上式去计算 $\displaystyle\int_0^{+\infty}y(x)\mathrm{d}x$ 当然也可以，但太麻烦，因为要由初始条件先去计算 c_1 与 c_2. 现在换一种思路. 由所给微分方程，有

$$\int_0^{+\infty}y(x)\mathrm{d}x=-\frac{1}{k}\int_0^{+\infty}(y''(x)+2y'(x))\mathrm{d}x.$$

$$=-\frac{1}{k}[y'(x)+2y(x)]_0^{+\infty}$$

$$=\frac{1}{k}[y'(0)+2y(0)]=\frac{3}{k}.$$

例 7 （本题为 2018 年考研（数学一）的一个试题）已知微分

方程 $y' + y = f(x)$，其中 $f(x)$ 是 **R** 上的连续函数.

(1) 若 $f(x) = x$，求方程的通解；

(2) 若 $f(x)$ 是周期为 T 的函数，证明：方程存在唯一的以 T 为周期的解.

解 (1) 由 $f(x) = x$，方程成为 $y' + y = x$，由通解公式（可以用不定积分表示的），为

$$y = \mathrm{e}^{-x}\left[\int x\mathrm{e}^x \mathrm{d}x + c\right] = \mathrm{e}^{-x}\left[c + z\mathrm{e}^x - \mathrm{e}^x\right]$$
$$= c\mathrm{e}^{-x} + x - 1.$$

(2) 为求 $y' + y = f(x)$ 的通解，由于并不知道具体的 $f(x)$ 是什么，并且要讨论此解的性质，所以应该用本书上的公式 (1.34)：**一阶线性非齐次微分方程的通解公式**，一般非数学类的教科书上不介绍这个公式.

$$y(x) = \mathrm{e}^{-\int_0^x 1\mathrm{d}\xi}\left[y_0 + \int_0^x \mathrm{e}^{\int_0^t 1\mathrm{d}\xi} f(t)\mathrm{d}t\right]$$
$$= \mathrm{e}^{-x}\left[y_0 + \int_0^\pi \mathrm{e}^t f(t)\mathrm{d}t\right]. \quad (\text{其中 } y_0 = y(0) \text{ 为初值}).$$

为讨论 $y(x)$ 是否为周期解，必须考虑差 $y(x+T) - y(x)$ 如下：

$$y(x+T) - y(x) = \mathrm{e}^{-(x+T)}\left[y_0 + \int_0^{x+T} \mathrm{e}^t f(t)\mathrm{d}t\right] - \mathrm{e}^{-x}\left[y_0 + \int_0^x \mathrm{e}^t f(x)\mathrm{d}t\right]$$
$$= \mathrm{e}^{-x}\left[(\mathrm{e}^{-T} - 1)y_0 + \mathrm{e}^{-T}\int_0^{x+T} \mathrm{e}^t f(t)\mathrm{d}t - \int_0^x \mathrm{e}^t f(t)\mathrm{d}t\right],$$

因为 $f(x)$ 是周期为 T 的连续函数，所以

$$\mathrm{e}^{-T}\int_0^{x+T} \mathrm{e}^t f(t)\mathrm{d}t = \mathrm{e}^{-T}\int_0^T \mathrm{e}^t f(t)\mathrm{d}t + \mathrm{e}^{-T}\int_T^{x+T} \mathrm{e}^t f(t)\mathrm{d}t$$
$$= \mathrm{e}^{-T}\int_0^T \mathrm{e}^t f(t)\mathrm{d}t + \mathrm{e}^{-T}\int_0^x \mathrm{e}^{u+T} f(u+T)\mathrm{d}u$$
$$= \mathrm{e}^{-T}\int_0^T \mathrm{e}^t f(t)\mathrm{d}t + \int_0^x \mathrm{e}^u f(u)\mathrm{d}u,$$

$$y(x+T) - y(x) = \mathrm{e}^{-x}\left[(\mathrm{e}^{-T} - 1)y_0 + \mathrm{e}^{-T}\int_0^T \mathrm{e}^t f(t)\mathrm{d}t\right].$$

$y(x)$ 为 T 周期函数的充分必要条件是

$$y_0 = -\frac{e^{-T}}{e^{-T}-1}\int_0^T e^t f(t)\,\mathrm{d}t$$

$$= \frac{1}{e^T-1}\int_0^T e^t f(t)\,\mathrm{d}t$$

所以当且仅当初始条件 $y(0) = y_0 = \dfrac{1}{e^T-1}\displaystyle\int_0^T e^t f(t)\,\mathrm{d}t$ 时,存在唯一的以 T 为周期的周期解 $y(x)$ 如上.

例 8 （自拟模考题）设 $p(x), q(x), f(x)$ 都是关于 x 的已知连续函数,$y(x), y_2(x), y_3(x)$ 是 $y'' + p(x)y' + q(x)y = f(x)$ 的 3 个线性无关的解,c_1, c_2 是两个任意常数,则该非齐次方程对应的齐次方程的通解是

(A) $c_1 y_1 + (c_2 - c_1)y_2 + (1 - c_2)y_3$.

(B) $(c_1 - c_2)y_1 + (c_2 - 1)y_2 + (1 - c_1)y_3$.

(C) $(c_1 + c_2)y_1 + (c_1 - c_2)y_2 + (1 - c_1)y_3$.

(D) $c_1 y_1 + c_2 y_2 + (1 - c_1 - c_2)y_3$.

解 选(B).

将(B)改写为 $c_1(y_1 - y_3) + c_2(y_2 - y_1) + (y_3 - y_2)$. 因为 y_1, y_2, y_3 都是 $y'' + p(x)y' + q(x)y = f(x)$ 的解,所以 $y_1 - y_3$, $y_2 - y_1$ 都是 $y'' + p(x)y' + q(x)y = 0$ 的解,并且 $y_1 - y_3$, $y_2 - y_1$ 线性无关. 事实上,若它们线性相关,则存在 k_1 与 k_2 不全为零,使得 $k_1(y_1 - y_3) + k_2(y_2 - y_1) = 0$,即 $-k_1 y_3 + k_2 y_2 + (k_1 - k_2)y_1 = 0$. 由于题设 y_1, y_2, y_3 线性无关,故 $k_1 = 0, k_2 = 0, k_1 - k_2 = 0$,与 k_1, k_2 不全为零矛盾. 于是推知 $c_1(y_1 - y_3) + c_2(y_2 - y_1)$ 为对应的齐次方程的通解. 而 $y_3 - y_2$ 也是对应的齐次方程的一个解,它包含于 $c_1(y_1 - y_3) + c_2(y_2 - y_1)$ 之中,所以 $c_1(y_1 - y_3) + c_2(y_2 - y_1) + (y_3 - y_2)$,即(B)也是该非齐次方程对应的齐次方程的通解. 故选(B).

注   直接使用本书第二章习题 44 这条定理，可以立即知选(B).

例 9   (自拟模考题)设 A,B,C 为常数，则微分方程 $y''+2y'+5y = \mathrm{e}^{-x}\cos^2 x$ 有特解形式为

(A)$\mathrm{e}^{-x}(A + B\cos2x + C\sin2x)$.

(B)$\mathrm{e}^{-x}(A + Bx\cos2x + Cx\sin2x)$.

(C)$\mathrm{e}^{-x}(Ax + B\cos2x + C\sin2x)$.

(D)$\mathrm{e}^{-x}(Ax + Bx\cos2x + Cx\sin2x)$.

解   选(B).

原给方程可写成 $y''+2y'+5y = \dfrac{1}{2}\mathrm{e}^{-x} + \dfrac{1}{2}\mathrm{e}^{-x}\cos2x$. 对应的齐次方程的特征方程是 $r^2 + 2r + 5 = 0$,特征根

$$r_{1,2} = -1 \pm 2\mathrm{i}.$$

对应于自由项 $\dfrac{1}{2}\mathrm{e}^{-x}$,对应的一个特解为 $y_1^* = A\mathrm{e}^{-x}$ 形式. 对应于自由项 $\dfrac{1}{2}\mathrm{e}^{-x}\cos2x$,对应的一个特解为 $y_2^* = x\mathrm{e}^{-x}(B\cos2x + C\sin2x)$. 所以由迭加原理，原方程的一个特解形式为 $y_1^* + y_2^* = \mathrm{e}^{-x}(A + Bx\cos2x + Cx\sin2x)$. 选(B).

例 10   (自拟模拟题)设微分方程 $x\dfrac{\mathrm{d}y}{\mathrm{d}x}+2y = \mathrm{e}^x - 1$,求上述微分方程的通解，并求 $\lim\limits_{x\to 0}y(x)$ 存在的那个解(将该解记为 $y_0(x)$)及极限值 $\lim\limits_{x\to 0}y_0(x)$.

解   当 $x \neq 0$ 时原设方程可改写为

$$y' + \frac{2}{x}y = \frac{\mathrm{e}^x - 1}{x}.$$

由一阶线性微分方程的通解公式，得通解

$$y = \mathrm{e}^{-\int\frac{2}{x}\mathrm{d}x}\left[\int \frac{\mathrm{e}^x - 1}{x}\mathrm{e}^{\int\frac{2}{x}\mathrm{d}x}\mathrm{d}x + c\right]$$

$$= \frac{1}{x^2}\left[\int x(e^x - 1)dx + c\right]$$

$$= \frac{1}{x^2}\left(xe^x - e^x - \frac{x^2}{2} + c\right), x \neq 0,$$

其中 c 为任意常数. 由上述表达式知, 并不是对任何常数 c, $\lim\limits_{x \to 0} y(x)$ 都存在. 存在的必要条件是

$$\lim_{x \to 0}\left(xe^x - e^x - \frac{x^2}{2} + c\right) = 0,$$

即 $c = 1$. 当 $c = 1$ 时, 对应的 $y(x) = \dfrac{xe^x - e^x - \dfrac{x^2}{2} + 1}{x^2}$,

$$\lim_{x \to 0} y(x) = \lim_{x \to 0} \frac{xe^x - e^x - \dfrac{x^2}{2} + 1}{x^2}.$$

$$\xlongequal{\text{洛必达}} \lim_{x \to 0} \frac{xe^x - x}{2x} = 0.$$

所以

$$y_0(x) = \begin{cases} \dfrac{xe^x - e^x - \dfrac{x^2}{2} + 1}{x^2}, & \text{当 } x \neq 0, \\ 0, & \text{当 } x = 0. \end{cases}$$

例 11 (自拟模拟题) 求 $y'' + y' - 2y = \max\{e^x, 1\}$ 的通解.

解 $\max\{e^x, 1\} = \begin{cases} e^x, \text{当 } x \geqslant 0, \\ 1, \text{当 } x < 0. \end{cases}$ 分别解两个微分方程

$$y'' + y' - 2y = \begin{cases} e^x, \text{当 } x \geqslant 0, \\ 1, \text{当 } x < 0. \end{cases}$$

对于 $y'' + y' - 2y = e^x (x \geqslant 0)$, 特征方程 $r^2 + r - 2 = (r + 2)(r - 1) = 0$, 对应的齐次微分方程的通解为

$$y = c_1 e^{-2x} + c_2 e^x$$

命非齐次微分方程的一个特解为 $y_1^* = Axe^x$, 由待定系数法可求

得 $y_1^* = \dfrac{1}{3}x\mathrm{e}^x$，故相应的非齐次微分方程的通解为

$$y = c_1\mathrm{e}^{-2x} + c_2\mathrm{e}^x + \frac{1}{3}x\mathrm{e}^x,\text{当 } x \geqslant 0.$$

对于 $y'' + y' - 2y = 1$（当 $x < 0$），容易求得通解为

$$y = c_3\mathrm{e}^{-2x} + c_4\mathrm{e}^x - \frac{1}{2},\text{当 } x < 0.$$

为使所得到的解在 $x = 0$ 处连续且一阶导数连续，则 c_1, c_2, c_3, c_4 之间应满足关系

$$\begin{cases} c_1 + c_2 = c_3 + c_4 - \dfrac{1}{2}, \\ -2c_1 + c_2 + \dfrac{1}{3} = -2c_3 + c_4, \end{cases}$$

解得 $c_3 = c_1 + \dfrac{1}{18}$，$c_4 = c_2 + \dfrac{4}{9}$，从而得原方程的通解为

$$y = \begin{cases} c_1\mathrm{e}^{-2x} + c_2\mathrm{e}x + \dfrac{1}{3}x\mathrm{e}^x,\text{当 } x \geqslant 0; \\ \left(c_1 + \dfrac{1}{18}\right)\mathrm{e}^{-2x} + \left(c_2 + \dfrac{4}{9}\right)\mathrm{e}^x - \dfrac{1}{2},\text{当 } x < 0. \end{cases}$$

例 12　（自拟模考题）已知微分方程 $y'' + ay' + by = c\mathrm{e}^{2x}$ 有一个特解为 $y^* = x^2\mathrm{e}^{\alpha x}$，其中 α 是常数，则常数 a, b, c, α 分别等于

_____，_____，_____，_____.

解　应填 $-4, 4, 2, 2$.

由常系数线性齐次微分方程及非齐次方程的解的结构及相应的解法知 $\alpha = 2$. 且对应的齐次方程的特征方程

$$\lambda^2 + a\lambda + b = 0$$

的特征根 $\lambda = 2$ 为二重根，因此

$$\begin{cases} 2^2 + 2a + b = 0, \\ 2 \times 2 + a = 0. \end{cases}$$

解得 $a = -4, b = 4$. 于是所给微分方程为

$$y'' - 4y' + 4y = c\mathrm{e}^{2x}.$$

以 $y^* = x^2 \mathrm{e}^{2x}$ 并通过计算 $y^{*'}$ 及 $y^{*''}$ 代入上式得

$$2\mathrm{e}^{2x} = c\mathrm{e}^{2x},$$

所以 $c = 2$. 因此应填如上.

例 13 （自拟模拟题）设 $y'' + 3y' + 2y = \mathrm{e}^{-x}, y(0) = a, y'(0) = b.$ 则 $\displaystyle\int_0^{+\infty} xy'(x)\mathrm{d}x =$

(A) $\dfrac{1}{2}(-1 - 3a - b)$ (B) $\dfrac{1}{2}(1 - 3a + b)$

(C) $\dfrac{1}{2}(1 + 3a - b)$ (D) $\dfrac{1}{2}(1 - 3a - b)$

解 选 A.

本题如果先具体计算出 $y(x)$ 再去计算反常积分,计算量会很大.可以从计算反常积分下手,计算十分方便.

$$\int_0^{+\infty} xy'(x)\mathrm{d}x = \int_0^{+\infty} x\mathrm{d}y(x) = xy(x)\Big|_0^{+\infty} - \int_0^{+\infty} y(x)\mathrm{d}x.$$

由于 $y'' + 3y' + 2y = 0$ 的特征方程 $r^2 + 3r + 2 = (r+1)(r+2) = 0$ 的两个特征根 $r_1 = -1, r_2 = -2$ 均为负数,所以

$$xy(x)\Big|_0^{+\infty} = 0 - 0 = 0,$$

从而知

$$\int_0^{+\infty} xy'(x)\mathrm{d}x = -\int_0^{+\infty} y(x)\mathrm{d}x = -\frac{1}{2}\int_0^{+\infty} (\mathrm{e}^{-x} - 3y' - y'')\mathrm{d}x$$

$$= -\frac{1}{2}\left[-\mathrm{e}^{-x}\Big|_0^{+\infty} - 3y(x)\Big|_0^{+\infty} - y'(x)\Big|_0^{+\infty} \right]$$

$$= -\frac{1}{2}\left[0 + 1 - 3(0 - y(0)) - (0 - y'(0)) \right] = \frac{1}{2}(-1 - 3a - b).$$

例 14 （自拟模拟题）一阶差分方程 $y_{t+1} - 4y_t = t2^{2t}$ 的通解为 $y_t = \underline{\hspace{2cm}}.$

解 应填 $c4^t + \dfrac{1}{8}(t^2 - t)4^t.$

先将所给方程改写为 $y_{t+1}-4y_t=t4^t$. 按一阶线性非齐次差分方程的解法,该方程的解由两部分相加而成:对应的齐次方程的通解为 $Y_t=c4^t$,其中 c 为任意常数,另一项为非齐次方程的一个特解 $y_t^*=t(At+b)4^t$,其中常数 A 与 B 可由代入法而确定如下:

$$y_t^*=t(At+B)4^t=(At^2+Bt)4^t,$$
$$y_{t+1}^*=(A(t+1)^2+B(t+1))4^{t+1},$$
$$y_{t+1}^*-4y_t^*=4\cdot4^t(At^2+2At+A+Bt+B-At^2-Bt)$$
$$=4\cdot4^t(2At+A+B)\xlongequal{\text{右边}}t\cdot4^t,$$

所以 $8A=1,A+B=0,A=\dfrac{1}{8},B=-\dfrac{1}{8},y_t^*=\dfrac{1}{8}(t^2-t)4^t$,该方程的通解为 $y_t=c4^t+\dfrac{1}{8}(t^2-t)4^t$.

（2）**经变量变换化为基本类型求解**.数学二的考纲中虽未写这句话,但实考中经常考到.至于用什么变量变换,大多数考题都写清楚,但也有一些题要考生自己选取适当的变换,不过这类变换考生大致都能想到.甚至还有一些题,表面上看不像变量变换,而实际上还是变量变换（如下面例 15）.总之,变量变换解微分方程是解微分方程的一个基本而重要的方法,考生应熟练掌握之.

例 15　（本题为 2010 年考研（数学二）的一个试题）设函数 $y=f(x)$ 由参数式 $\begin{cases}x=2t+t^2,\\y=\varPsi(t)\end{cases}(t>-1)$ 所确定,其中 $\varPsi(t)$ 具有二阶导数,且 $\varPsi(1)=\dfrac{5}{2},\varPsi'(1)=6$.已知 $\dfrac{\mathrm{d}^2y}{\mathrm{d}x^2}=\dfrac{3}{4(1+t)}$,求函数 $\varPsi(t)$.

解　题设是已知 $\dfrac{\mathrm{d}^2y}{\mathrm{d}x^2}=\dfrac{3}{4(1+t)}$,要求的是 $\varPsi(t)$.显然应将已知的含有未知函数 $y=\varPsi(t)$ 的那个二阶导数化为 $\varPsi(t)$ 关于 t 的（若干阶）导数,这实际上是要作自变量的变量变换,将 x 换成 t.

$$\frac{\mathrm{d}y}{\mathrm{d}x} = \frac{\mathrm{d}y}{\mathrm{d}t} \cdot \frac{\mathrm{d}t}{\mathrm{d}x} = \frac{\dfrac{\mathrm{d}y}{\mathrm{d}t}}{\dfrac{\mathrm{d}x}{\mathrm{d}t}} = \frac{\Psi'(t)}{2(t+1)}.$$

$$\frac{\mathrm{d}^2 y}{\mathrm{d}x^2} = \frac{\mathrm{d}}{\mathrm{d}t}\left(\frac{\mathrm{d}y}{\mathrm{d}x}\right)\Big/\frac{\mathrm{d}x}{\mathrm{d}t} = \left[\frac{\Psi'(t)}{2(t+1)}\right]'\Big/ 2(t+1)$$

$$= \frac{(t+1)\Psi''(t) - \Psi'(t)}{4(t+1)^3}.$$

于是 $\dfrac{\mathrm{d}^2 y}{\mathrm{d}x^2} = \dfrac{3}{4(1+t)}$ 化为

$$\frac{(t+1)\Psi''(t) - \Psi'(t)}{4(t+1)^3} = \frac{3}{4(t+1)},$$

即

$$\Psi''(t) - \frac{1}{t+1}\Psi'(t) = 3(t+1), t > -1.$$

由一阶线性微分方程通解公式得

$$\Psi'(t) = \mathrm{e}^{\int \frac{1}{t+1}\mathrm{d}t}\left[\int 3(t+1)\mathrm{e}^{-\int \frac{1}{t+1}\mathrm{d}t}\mathrm{d}t + c_1\right]$$

$$= 3t^2 + (3+c_1)t + c_1$$

$$\Psi(t) = t^3 + \frac{1}{2}(3+c_1)t^2 + c_1 t + c_2.$$

再由初始条件 $\Psi(1) = \dfrac{5}{2}, \Psi'(1) = 6$ 得 $c_1 + c_2 = 0, \dfrac{5}{2} + \dfrac{3}{2}c_1 + c_2 = \dfrac{5}{2}$，所以 $c_1 = c_2 = 0, \Psi(t) = t^3 + \dfrac{3}{2}t^2, t > -1$.

例 16 （本题为 2016 年考研（数学二）的一个试题）已知 $y_1(x) = \mathrm{e}^x, y_2(x) = u(x)\mathrm{e}^x$ 是二阶微分方程

$$(2x-1)y'' - (2x+1)y' + 2y = 0$$

的两个解. 若 $u(-1) = \mathrm{e}, u(0) = -1$，求 $u(x)$，并写出该微分方程的通解.

注 本书第二章 §4(p.100) 降阶一段中介绍过一个方法

（不过一般工科教科书中不介绍此法）：对于二阶齐次线性微分方程(2.39)，如果知道它的一个非零解 y_1，则命

$$y = y_1 u,$$

可将未知函数由 y 换成 u，再命 $u' = z$，进一步可将(2.39)变换成一个 z 关于 x 的一阶线性齐次微分方程然后可方便地求解．

可能由于数学二的考纲中未写明用变量变换解微分方程的字眼，改写成已知 $y_2(x) = u(x)e^x$ 是所给微分方程的一个解且满足 $u(-1) = e, u(0) = -1$，从而成为去推出 $u(x)$ 应满足的微分方程并求出该特解 $u(x)$．再与 $y_1(x)$ 联合，得出原方程的通解．

解　将 $y_2(x) = u(x)e^x$ 代入所给微分方程，经简单计算，得

$$(2x-1)u'' + (2x-3)u' = 0.$$

将 u' 看成新的未知函数，得

$$\frac{\mathrm{d}u'}{u'} = -\frac{2x-3}{2x-1},$$

两边积分，得

$$\ln|u'| = -x + \ln|2x-1| + \ln c_1,$$
$$u' = c_1(2x-1)e^{-x},$$
$$u = c_1 \int (2x-1)e^{-x}\mathrm{d}x + c_2$$
$$= -c_1(2x+1)e^{-x} + c_2. \tag{15}$$

再由 $u(-1) = e, u(0) = -1$，得

$$e = c_1 e + c_2 \text{ 及 } -1 = -c_1 + c_2,$$

解得 $c_1 = 1, c_2 = 0$．所以 $u(x) = -(2x+1)e^{-x}$，从而得到原微分方程的两个线性无关的解．

$$y_1(x) = e^x, \text{ 及 } y_2(x) = -(2x+1).$$

所以原微分方程的通解为 $y(x) = c_1 e^x - c_2(2x+1)$．

注　如果作为变量变换思想，那么由(15)便可得原方程的通解为

$$y(x) = u(x)e^x = -c_1(2x+1) + c_2 e^x.$$

但为了完满地回答本考题中要求的满足 $u(-1)=e, u(0)=-1$ 的 $u(x)$，那么应如上解中所做的那样.

例 17 （本题为 2014 年考研(数学二)的一个试题)用变量代换 $x=\cos t$ $(0<t<\pi)$ 化简微分方程 $(1-x^2)y''-xy'+y=0$，并求其满足 $y|_{x=0}=1, y'|_{x=0}=2$ 的特解.

解 由题设 $x=\cos t$ $(0<t<\pi)$，有 $\dfrac{\mathrm{d}x}{\mathrm{d}t}=-\sin t$，及

$$y'=\frac{\mathrm{d}y}{\mathrm{d}x}=\frac{\mathrm{d}y}{\mathrm{d}t}\cdot\frac{1}{\dfrac{\mathrm{d}x}{\mathrm{d}t}}=-\frac{1}{\sin t}\frac{\mathrm{d}y}{\mathrm{d}t},$$

$$y''=\frac{\mathrm{d}}{\mathrm{d}x}\left(-\frac{1}{\sin t}\frac{\mathrm{d}y}{\mathrm{d}t}\right)=\frac{\mathrm{d}}{\mathrm{d}t}\left(-\frac{1}{\sin t}\frac{\mathrm{d}y}{\mathrm{d}t}\right)\cdot\frac{1}{\dfrac{\mathrm{d}x}{\mathrm{d}t}}$$

$$=\frac{1}{\sin^2 t}\frac{\mathrm{d}^2 y}{\mathrm{d}t^2}-\frac{\cos t}{\sin^3 t}\frac{\mathrm{d}y}{\mathrm{d}t}.$$

代入原方程，将原方程化简为

$$\frac{\mathrm{d}^2 y}{\mathrm{d}t^2}+y=0.$$

其特征方程为 $r^2+1=0$，特征根 $r_{1,2}=\pm\mathrm{i}$，通解为

$$y=c_1\cos t+c_2\sin t,$$

变换为 x，得 $y=c_1 x+c_2\sqrt{1-x^2}$，以初始条件 $y|_{x=0}=1, y'|_{x=0}=2$ 代入，得 $c_2=1, c_1=2$，故所求特解为

$$y=2x+\sqrt{1-x^2},\ -1<x<1.$$

例 18 （自拟模考题)微分方程 $\sqrt{1+x^2}\sin y\cos y\dfrac{\mathrm{d}y}{\mathrm{d}x}=x\sin^2 y$ $+\dfrac{1}{2}\mathrm{e}^{2\sqrt{1+x^2}}$ 满足初始条件 $y(0)=\dfrac{\pi}{4}$ 的特解 $y(x)=$ _____.

解 应填 $\arcsin\left[\mathrm{e}^{\sqrt{1+x^2}}\left(\ln(x+\sqrt{1+x^2})+\dfrac{1}{2\mathrm{e}^2}\right)^{\frac{1}{2}}\right]$.

命 $z=\sin^2 y$ 作未知函数的变量变换，有

$$\frac{\mathrm{d}z}{\mathrm{d}x} = 2\sin y\cos y\,\frac{\mathrm{d}y}{\mathrm{d}x},$$

于是原方程化为

$$\frac{\sqrt{1+x^2}}{2}\frac{\mathrm{d}z}{\mathrm{d}x} = xz + \frac{1}{2}\mathrm{e}^{2\sqrt{1+x^2}},$$

$$\frac{\mathrm{d}z}{\mathrm{d}x} - \frac{2x}{\sqrt{1+x^2}}z = \frac{\mathrm{e}^{2\sqrt{1+x^2}}}{\sqrt{1+x^2}}.$$

这是 z 关于 x 的一阶线性微分方程,由通解公式,

$$z = \mathrm{e}^{\int \frac{2x}{\sqrt{1+x^2}}\mathrm{d}x}\left[\int \frac{\mathrm{e}^{2\sqrt{1+x^2}}}{\sqrt{1+x^2}}\mathrm{e}^{-\int \frac{2x}{\sqrt{1+x^2}}\mathrm{d}x}\mathrm{d}x + c\right]$$

$$= \mathrm{e}^{2\sqrt{1+x^2}}\left[\int \frac{1}{\sqrt{1+x^2}}\mathrm{d}x + c\right]$$

$$= \mathrm{e}^{2\sqrt{1+x^2}}\left[\ln(x + \sqrt{1+x^2}) + c\right],$$

由 $z = \sin^2 y$,得

$$\sin^2 y = \mathrm{e}^{2\sqrt{1+x^2}}\left[\ln(x + \sqrt{1+x^2}) + c\right].$$

由初始条件 $y|_{x=0} = \dfrac{\pi}{4}$,有 $\sin^2\dfrac{\pi}{4} = c\mathrm{e}^2$,$c = \dfrac{1}{2\mathrm{e}^2}$,所以

$$y = \arcsin\left[\mathrm{e}^{2\sqrt{1+x^2}}\left(\ln(x + \sqrt{1+x^2}) + \frac{1}{2\mathrm{e}^2}\right)^{\frac{1}{2}}\right].$$

例 19 (自拟模考题)作自变量变换 $t = \ln x$ 及因变量变换 $z = \dfrac{\mathrm{d}y}{\mathrm{d}t} - y$,将微分方程

$$(x^2\ln x)\frac{\mathrm{d}^2 y}{\mathrm{d}x^2} - x\frac{\mathrm{d}y}{\mathrm{d}x} + y = \ln^2 x \quad (x > 1)$$

化成 z 关于 t 的微分方程,并求原给微分方程的通解.

解 由 $t = \ln x$,有

$$\frac{\mathrm{d}y}{\mathrm{d}x} = \frac{\mathrm{d}y}{\mathrm{d}t}\cdot\frac{\mathrm{d}t}{\mathrm{d}x} = \frac{1}{x}\cdot\frac{\mathrm{d}y}{\mathrm{d}t}.$$

$$\frac{\mathrm{d}^2 y}{\mathrm{d}x^2} = -\frac{1}{x^2} \cdot \frac{\mathrm{d}y}{\mathrm{d}t} + \frac{1}{x} \frac{\mathrm{d}}{\mathrm{d}x}\left(\frac{\mathrm{d}y}{\mathrm{d}t}\right) = -\frac{1}{x^2}\frac{\mathrm{d}y}{\mathrm{d}t} + \frac{1}{x}\frac{\mathrm{d}^2 y}{\mathrm{d}t^2} \cdot \frac{\mathrm{d}t}{\mathrm{d}x}$$

$$= -\frac{1}{x^2}\frac{\mathrm{d}y}{\mathrm{d}t} + \frac{1}{x^2}\frac{\mathrm{d}^2 y}{\mathrm{d}t^2},$$

得
$$t\left(-\frac{\mathrm{d}y}{\mathrm{d}t} + \frac{\mathrm{d}^2 y}{\mathrm{d}t^2}\right) - \left(\frac{\mathrm{d}y}{\mathrm{d}t} - y\right) = t^2,$$

再由 $z = \frac{\mathrm{d}y}{\mathrm{d}t} - y$, 得 z 关于 t 的微分方程为

$$t\frac{\mathrm{d}z}{\mathrm{d}t} - z = t^2, \text{即} \frac{\mathrm{d}z}{\mathrm{d}t} - \frac{z}{t} = t, t > 0.$$

此为 z 关于 t 的一阶线性微分方程,由通解公式解得

$$z = \mathrm{e}^{\int \frac{1}{t}\mathrm{d}t}\left[\int t\mathrm{e}^{-\int \frac{1}{t}\mathrm{d}t}\mathrm{d}t + c_1\right]^{[\text{注}]}$$
$$= t\left(\int \mathrm{d}t + c_1\right) = t^2 + c_1 t,$$

得

$$\frac{\mathrm{d}y}{\mathrm{d}t} - y = t^2 + c_1 t,$$

再解得

$$y = \mathrm{e}^t\left[\int (t^2 + c_1 t)\mathrm{e}^{-t}\mathrm{d}t + c_2\right]$$
$$= -t^2 - 2t - 2 - c_1(t+1) + c_2\mathrm{e}^t$$
$$= -t^2 - (c_1 + 2)(t+1) + c_2\mathrm{e}^t$$
$$= -(\ln x)^2 + c_3(\ln x + 1) + c_2 x,$$

其中 $c_3 = -(c_1 + 2)$.

  注 由题设条件知 $x > 1$, 所以 $t > 0$, $\ln|t|$ 可以写成 $\ln t$.

  例 20 (自拟模考题)设二阶线性非齐次微分方程:

$$\frac{\mathrm{d}^2 y}{\mathrm{d}x^2} + x\frac{\mathrm{d}y}{\mathrm{d}x} + \frac{1}{4}x^2 y = x^3 + 2x^2 + 4x,$$

(Ⅰ)已知 $y^*(x) = ax + b$ 是上述微分方程的一个解,求常数 a 与 b 的值.

(Ⅱ)作变量变换 $y = \varphi(x)u + y^*(x)$, 将 y 关于 x 的上述微分方程

化为 u 关于 x 的二阶常系线性齐次微分方程

$$\frac{\mathrm{d}^2 u}{\mathrm{d}t^2} + \lambda u = 0.$$

求函数 $\varphi(x)$ 及常数 λ，并求原给微分方程的通解.

解 （Ⅰ）将 $y^*(x) = ax + b$ 代入所给的微分方程，得

$$0 + ax + \frac{1}{4}x^2(ax + b) = x^3 + 2x^2 + 4x,$$

所以 $a = 4, b = 8, y^*(x) = 4x + 8$.

（Ⅱ）设 y_1 是原给微分方程的一个解，$y^*(x)$ 也是原给微分方程的一个解，所以

$$y = y_1 - y^*(x) = \varphi(x)u$$

是原给微分方程对应的齐次微分方程

$$\frac{\mathrm{d}^2 y}{\mathrm{d}x^2} + x\frac{\mathrm{d}y}{\mathrm{d}x} + \frac{1}{4}x^2 y = 0 \tag{16}$$

的一个解. 以 $y = \varphi(x)u$ 代入（16），相继计算

$$\frac{\mathrm{d}y}{\mathrm{d}x} = \varphi'(x)u + \varphi(x)\frac{\mathrm{d}u}{\mathrm{d}x},$$

$$\frac{\mathrm{d}^2 y}{\mathrm{d}x^2} = \varphi''(x)u + 2\varphi'(x)\frac{\mathrm{d}u}{\mathrm{d}x} + \varphi(x)\frac{\mathrm{d}^2 u}{\mathrm{d}x^2},$$

得到

$$\varphi(x)\frac{\mathrm{d}^2 u}{\mathrm{d}x^2} + [2\varphi'(x) + x\varphi(x)]\frac{\mathrm{d}u}{\mathrm{d}x}$$

$$+ \left[\varphi''(x) + x\varphi'(x) + \frac{1}{4}x^2\varphi(x)\right]u = 0. \tag{17}$$

按题设要求取 $\varphi(x)$ 使 $2\varphi'(x) + x\varphi(x) = 0$. 解此微分方程

$$\frac{\mathrm{d}\varphi(x)}{\varphi(x)} = -\frac{x}{2}\mathrm{d}x,$$

两边积分，取 $\varphi(x) = \mathrm{e}^{-\frac{x^2}{4}}$，代入（17）的左边第 3 项[]，该[]内成为

$$\varphi''(x) + x\varphi'(x) + \frac{1}{4}x^2\varphi(x) = \mathrm{e}^{-\frac{x^2}{4}}\left(-\frac{1}{2}\right) = -\frac{1}{2}\varphi(x),$$

从而(17)式成为

$$\frac{\mathrm{d}^2 u}{\mathrm{d}x^2}-\frac{1}{2}u=0.$$

相当于 $\lambda=-\frac{1}{2}$. 解上述 u 的 2 阶常系数线性齐次微分方程,得通解

$$u=c_1\mathrm{e}^{\frac{\sqrt{2}}{2}x}+c_2\mathrm{e}^{-\frac{\sqrt{2}}{2}x},$$

从而原方程的通解为

$$y=\mathrm{e}^{-\frac{x^2}{4}}\left(c_1\mathrm{e}^{\frac{\sqrt{2}}{2}x}+c_2\mathrm{e}^{-\frac{\sqrt{2}}{2}x}\right)+4x+8.$$

其中 c_1,c_2 为任意常数.

例 21 (自拟模考题)设 2 阶变系数线性非齐次微分方程

$$\frac{\mathrm{d}^2 y}{\mathrm{d}x^2}+x\frac{\mathrm{d}y}{\mathrm{d}x}+\frac{x^2+1}{4}y=x\mathrm{e}^{-\frac{(x-1)^2}{4}}.$$

(1)命 $y=v(x)u$ 作未知函数的变换,其中 $v(x)$ 为待定函数,要求具体求出 $v(x)$,使该方程变换为 u 关于 x 的常系数线性非齐次微分方程.

(2)经(1)的变换后,求出 u 关于 x 的二阶常系数线性微分方程的通解 $u=u(x,c_1,c_2)$,从而具体得到 y 关于 x 的通解 $y=v(x)u=v(x)u(x,c_1,c_2)$.

解 (1)命 $y=v(x)u$,有

$$y'=v(x)u'+v'(x)u,$$
$$y''=v(x)u''+2v'(x)u'+v''(x)u,$$

代入题给方程,按 u'',u',u 分项整理,得

$$v(x)u''+(2v'(x)+xv(x))u'$$
$$+\left(v''(x)+xv'(x)+\frac{x^2+1}{4}v(x)\right)u=x\mathrm{e}^{-\frac{(x-1)^2}{4}}. \quad (*)$$

命 u' 的系数为 0,即命

$$2v'(x)+xv(x)=0$$

以消去（＊）左边的 u' 项,由上式求得

$$v(x) = c\mathrm{e}^{-\frac{x^2}{4}}.$$

取 $c = 1$（只要取满足要求的一个 $v(x)$ 即可）,得 $v(x) = \mathrm{e}^{-\frac{x^2}{4}}$.

代入（＊）,并计算（＊）左边含 $v(x)$, $v'(x)$, $v''(x)$ 的各项,特别是
（＊）左边 u 的系数,左、右两边约去 $\mathrm{e}^{-\frac{x^2}{4}}$ 之后,（＊）成为

$$u'' - \frac{1}{4}u - \mathrm{e}^{-\frac{1}{4}}x\mathrm{e}^{\frac{x}{2}} \qquad\qquad (**)$$

上式是 u 关于 x 的二阶常系数线性非齐次微分方程. 于是可设
（＊＊）的一个特解为

$$u^* = (A + Bx)x\mathrm{e}^{\frac{x}{2}},$$

有 $\qquad u^{*'} = (A + 2Bx + \frac{A}{2}x + \frac{B}{2}x^2)\mathrm{e}^{\frac{x}{2}},$

$$u^{*''} = (2B + \frac{A}{2} + Bx + \frac{A}{2} + Bx + \frac{A}{4}x + \frac{B}{4}x^2)\mathrm{e}^{\frac{x}{2}}.$$

代入（＊＊）的左边,比较左、右两边相同项的系数,得

$$B = \frac{1}{2}\mathrm{e}^{-\frac{1}{4}}, \ A = -2B = -\mathrm{e}^{-\frac{1}{4}}, \ u^* = (\frac{1}{2}x - 1)x\mathrm{e}^{\frac{x}{2}}.$$

于是得（＊＊）的通解,从而原方程的通解为

$$y = v(x)u = \mathrm{e}^{-\frac{x^2}{4}}\left[(c_1 - \mathrm{e}^{-\frac{1}{4}}x + \frac{1}{2}\mathrm{e}^{-\frac{1}{4}}x^2)\mathrm{e}^{\frac{x}{2}} + c_2\mathrm{e}^{-\frac{x}{2}}\right]$$

例 22 （自拟模考题）设微分方程

$$\frac{\mathrm{d}y}{\mathrm{d}x} = 2\left(\frac{y + 2}{x + y - 1}\right)^2,$$

作适当的变量变换将它化为齐次微分方程,从而求它的通解.

解 先求方程组 $\begin{cases} y + 2 = 0 \\ x + y - 1 = 0 \end{cases}$ 的解. 由 $y = -2$,得 $x = 3$. 命

$$\xi = x - 3, \quad \eta = y + 2.$$

于是得 $\mathrm{d}y = \mathrm{d}\eta$, $\mathrm{d}x = \mathrm{d}\xi$,原方程化为

$$\frac{\mathrm{d}\eta}{\mathrm{d}\xi}=2\left(\frac{\eta}{\xi+3+\eta-2-1}\right)^{2}=2\left(\frac{\eta}{\xi+\eta}\right)^{2}.$$

这是 η 关于 ξ 的一阶奇次微分方程,再命

$$\eta=u\xi,$$

有 $\dfrac{\mathrm{d}\eta}{\mathrm{d}\xi}=u+\xi\dfrac{\mathrm{d}u}{\mathrm{d}\xi}$,上述方程化为

$$u+\xi\frac{\mathrm{d}\eta}{\mathrm{d}\xi}=2\left(\frac{u}{1+u}\right)^{2},$$

整理并分离变量得

$$\frac{(1+u)^{2}}{u(1+u^{2})}\mathrm{d}u=-\frac{1}{\xi}\mathrm{d}\xi.$$

$$\left(\frac{1}{u}+\frac{2}{1+u^{2}}\right)\mathrm{d}u+\frac{1}{\xi}\mathrm{d}\xi=0.$$

积分得　$\ln|u\xi|+2\arctan u=c,$

回到原变量,得　$\ln|y+2|+2\arctan\left(\dfrac{y+2}{x-3}\right)=c.$

(3)函数方程在可导条件下化成常微分方程.

例 23　(自拟模考题)设 $f(x)$ 在区间 $(0,+\infty)$ 内有定义,且对任意 $x\in(0,+\infty),y\in(0,+\infty)$,有

$$f(xy)=yf(x)+xf(y)+(x-1)(y-1).$$

又设 $f'(1)=a$(存在).

(Ⅰ)证明:对于任意 $x\in(0,+\infty)$,$f'(x)$ 存在;

(Ⅱ)求 $f'(x)$ 及 $f(x)$ 的表达式(当 $x\in(0,+\infty)$).

解　命 $y=1$ 代入所给的函数方程中,有

$$f(x)=f(x)+xf(1),$$

于是推知对任意 $x\in(0,+\infty)$,有 $xf(1)=0$,所以 $f(1)=0$. 又当 $x\in(0,+\infty)$ 且 $\Delta x\neq0$ 但 $|\Delta x|$ 是够小时,有

$$f(x+\Delta x)=f\left(x\left(1+\frac{\Delta x}{x}\right)\right)$$

$$= \left(1 + \frac{\Delta x}{x}\right) f(x) + x f\left(1 + \frac{\Delta x}{x}\right) + (x-1)\frac{\Delta x}{x},$$

$$f(x + \Delta x) - f(x) = \frac{\Delta x}{x} f(x) + x f\left(1 + \frac{\Delta x}{x}\right) + \Delta x - \frac{\Delta x}{x},$$

$$\frac{f(x + \Delta x) - f(x)}{\Delta x} = \frac{f(x)}{x} + \frac{x}{\Delta x} f\left(1 + \frac{\Delta x}{x}\right) + 1 - \frac{1}{x}$$

$$= \frac{f(x)}{x} + \frac{f\left(1 + \frac{\Delta x}{x}\right) - f(1)}{\frac{\Delta x}{x} - 0} + 1 - \frac{1}{x},$$

命 $\Delta x \to 0$ 取极限,得右边为 $\frac{1}{x} f(x) + f'(1) + 1 - \frac{1}{x}$ (存在),所以左边也存在,从而知

$$f'(x) = \frac{f(x)}{x} + a + 1 - \frac{1}{x} \ (存在),$$

证明了 $f'(x)$ 存在,$x \in (0, +\infty)$.

(Ⅱ)解上述微分方程,得

$$f(x) = e^{\int \frac{1}{x} dx} \left[\int \left(-\frac{1}{x} + a + 1\right) e^{-\int \frac{1}{x} dx} dx + c \right]$$

$$= 1 + (a+1)x \ln x + cx.$$

再由 $f(1) = 0$,得 $c = -1$,所以

$$f(x) = (a+1)x \ln x + (1 - x),当 \ x \in (0, +\infty).$$

(4)积分方程或积分微分方程化为常微分方程求解.这类题经常考.

例 24 (本题为 2016 年考研(数学二)的一个试题)已知函数 $f(x)$ 在 $(-\infty, +\infty)$ 上连续,且 $f(x) = (x+1)^2 + 2\int_0^x f(t) dt$,则当 $n \geqslant 2$ 时 $f^{(n)}(0) = $ _____.

解 应填 $5 \cdot 2^{n-1}$.

应先求出 $f(x)$ 的表达式,由 $f(x) = (x+1)^2 + 2\int_0^x f(t) dt$,两边对 x 求导,得

$$f'(x) = 2(x+1) + 2f(x)$$
$$f'(x) - 2f(x) = 2(x+1),$$

这是关于 $f(x)$ 的一阶线性微分方程,解得

$$f(x) = e^{2x}\left[\int 2(x+1)e^{-2x}\,dx + c\right]$$

$$= e^{2x}\left[-(x+1)e^{-2x} - \frac{1}{2}e^{-2x} + c\right] = -x - \frac{3}{2} + ce^{2x}.$$

含变限积分的方程,其初始条件常蕴含于原给的积分方程之中,由题给方程,得 $f(0) = 1$,可确定出 $1 = -\frac{3}{2} + c$,$c = \frac{5}{2}$. 于是

$$f(x) = -x - \frac{3}{2} + \frac{5}{2}e^{2x},$$

$$f^{(n)}(x) = 5 \cdot 2^{n-1}e^{2x}, \quad n \geqslant 2,$$

$$f^{(n)}(0) = 5 \cdot 2^{n-1}.$$

例 25 (本题为 2011 年考研(数学三)的一个试题)设函数 $f(x)$ 在区间 $[0,1]$ 上具有连续导数,$f(0) = 1$,且满足

$$\iint\limits_{D_t} f'(x+y)\,dx\,dy = \iint\limits_{D_t} f(t)\,dx\,dy,$$

其中 $D_t = \{(x,y) \mid 0 \leqslant y \leqslant t-x, 0 \leqslant x \leqslant t\}$,$0 \leqslant t \leqslant 1$,求 $f(x)$ 的表达式.

解
$$\iint\limits_{D_t} f'(x+y)\,dx\,dy = \int_0^t dx \int_0^{t-x} f'(x+y)\,dy$$

$$= \int_0^t f(x+y)\Big|_{y=0}^{y=t-x}\,dx$$

$$= \int_0^t [f(t) - f(x)]\,dx$$

$$= tf(t) - \int_0^t f(x)\,dx,$$

而
$$\iint\limits_{D_t} f(t)\,dx\,dy = f(t)\iint\limits_{D_t} dx\,dy = f(t) \cdot \frac{t^2}{2},$$

所以原给等式化为

$$tf(t) - \int_0^t f(x)\,dx = \frac{t^2}{2}f(t).$$

整理得

$$tf(t) - \frac{t^2}{2}f(t) = \int_0^t f(x)\,\mathrm{d}x.$$

由题设 $f(t)$ 有连续导数,所以对上式两边可对 t 求导,得

$$f(t) + tf'(t) - tf(t) - \frac{t^2}{2}f'(t) = f(t),$$

整理得

$$\left(t - \frac{t^2}{2}\right)f'(t) - tf(t) = 0,\ 0 \leqslant t \leqslant 1.$$

当 $t \neq 0$ 时,上式可以写成

$$f'(t) - \frac{2}{2-t}f(t) = 0,\ 0 < t \leqslant 1.$$

由一阶线性齐次微分方程的通解公式得

$$f(t) = \frac{c}{(2-t)^2},\ 0 < t \leqslant 1.$$

由于题设 $f(t)$ 在区间 $[0,1]$ 上连续且有连续导数且 $f(0)=1$,所以

$$1 = f(0) = \lim_{t \to 0} f(t) = \lim_{t \to 0} \frac{c}{(2-t)^2} = \frac{c}{4},$$

所以 $c=4$.

$$f(t) = \frac{4}{(2-t)^2},\ t \in [0,1].$$

例 26 (本题为 2018 年考研(数学二)的一个试题)已知连续函数 $f(x)$ 满足 $\int_0^x f(t)\,\mathrm{d}t + \int_0^x t\,f(x-t)\,\mathrm{d}t = ax^2$.

(1) 求 $f(x)$;

(2) 若 $f(x)$ 在区间 $[0,1]$ 上的平均值为 1,求常数 a 的值.

解 (1) 这是一个积分方程的题,同类型的题考过多次,宜将它化成微分方程的题来处理. 应先将题中第 2 个积分中的 $f(x-t)$ 化成 $f(u)$ 来处理. 在第 2 个积分中,作积分变量变换 $x-t=u$,于是原给方程左边化为

$$\int_0^x f(t)\,\mathrm{d}t + \int_0^x t\,f(x-t)\,\mathrm{d}t = \int_0^x f(t)\,\mathrm{d}t + \int_x^0 (x-u)f(u)(-\mathrm{d}u)$$

$$= \int_0^x f(t)\mathrm{d}t + x\int_0^x f(u)\mathrm{d}u - \int_0^x uf(u)\mathrm{d}u,$$

原给方程化为

$$\int_0^x f(t)\mathrm{d}t + x\int_0^x f(u)\mathrm{d}u - \int_0^x u\,f(u)\mathrm{d}u = ax^2.$$

由于 $f(x)$ 为连续函数,所以变上限函数可导,两边对 x 求导,得

$$f(x) + xf(x) + \int_0^x f(u)\mathrm{d}u - xf(x) = 2ax$$

$$f(x) = 2ax - \int_0^x f(u)\mathrm{d}u. \qquad (*)$$

右边对 x 可导,所以左边 $f(x)$ 可导,再两边求导,得

$$f'(x) = 2a - f(x),$$

得一阶线性微分方程

$$f'(x) + f(x) = 2a. \qquad (**)$$

由 $(*)$ 可见, $f(0) = 0$,将 $(**)$ 求解,得

$$f(x) = \mathrm{e}^{-x}\left[\int 2a\mathrm{e}^x\mathrm{d}x + c\right] = 2a + c\mathrm{e}^{-x}.$$

再由 $f(0) = 0$,得 $c = -2a$,从而 $f(x) = 2a(1 - \mathrm{e}^{-x})$.

(2) 由题设 $f(x)$ 在区间 $[0,1]$ 上的平均值为 1,即

$$\frac{1}{1-0}\int_0^1 f(x)\mathrm{d}x = 1,$$

即 $$1 = \int_0^1 2a(1 - \mathrm{e}^{-x})\mathrm{d}x = [2ax + 2a\mathrm{e}^{-x}]_0^1 = 2a + 2a\mathrm{e}^{-1} - 2a,$$

所以 $a = \dfrac{\mathrm{e}}{2}$.

例 27 (自拟模考题)设 $f(x)$ 在区间 $[0, +\infty)$ 上可导, $f(0) = 0$, $g(x)$ 是 $f(x)$ 的反函数,且

$$\int_0^{f(x)} g(t)\mathrm{d}t + \int_0^x f(t)\mathrm{d}t = x\mathrm{e}^x - \mathrm{e}^x + 1. \qquad (18)$$

求 $f(x)$,并要求证明:你得出来的 $f(x)$ 在区间 $[0, +\infty)$ 上的确存在反函数 $g(x)$.

解   将(18)两边对 x 求导,得
$$g(f(x))f'(x) + f(x) = x\mathrm{e}^x,$$
由于 $g(f(x)) = x$,上式成为
$$xf'(x) + f(x) = x\mathrm{e}^x.$$
当 $x > 0$ 时上式可写为
$$f'(x) + \frac{1}{x}f(x) = \mathrm{e}^x,$$
由一阶线性微分方程的通解公式,得通解
$$f(x) = \mathrm{e}^{-\int \frac{1}{x}\mathrm{d}x}\left[\int \mathrm{e}^x \cdot \mathrm{e}^{\int \frac{1}{x}\mathrm{d}x}\mathrm{d}x + c\right]$$
$$= \frac{1}{x}\left[\int x\mathrm{e}^x + c\right] = \frac{x\mathrm{e}^x - \mathrm{e}^x + c}{x}, \ x > 0.$$
由 $f(0) = 0$,得
$$0 = \lim_{x \to 0}f(x) = \lim_{x \to 0}\frac{x\mathrm{e}^x - \mathrm{e}^x + c}{x},$$
当且仅当 $c = 1$ 时上式成立. 所以
$$f(x) = \begin{cases} \dfrac{x\mathrm{e}^x - \mathrm{e}^x + 1}{x}, \text{当 } x > 0, \\ 0, \text{当 } x = 0. \end{cases}$$

下面证明上面得到的 $f(x)$ 在区间 $[0, +\infty)$ 上的确存在反函数. 由所得到的表达式 $f(x)$ 在区间这 $[0, +\infty)$ 上连续,所以只要证明 $f'(x) > 0$ $(x \in (0, +\infty))$ 即可. 由
$$f'(x) = \frac{x^2\mathrm{e}^x - (x\mathrm{e}^x - \mathrm{e}^x + 1)}{x^2} = \frac{x^2\mathrm{e}^x - x\mathrm{e}^x + \mathrm{e}^x - 1}{x^2},$$
取其分子,记为
$$\varphi(x) = x^2\mathrm{e}^x - x\mathrm{e}^x + \mathrm{e}^x - 1,$$
有 $\varphi(0) = 0, \varphi'(x) = (x^2 + x)\mathrm{e}^x > 0$ (当 $x \in (0, +\infty)$),所以 $f'(x) > 0$ (当 $x \in (0, +\infty)$),所以 $f(x)$ 在区间 $(0, +\infty)$ 上存在反函数. 解毕.

例 28 （自拟模考题）设函数 $f(x)$ 在区间 $(-\infty, +\infty)$ 上连续,且

$$\mathrm{e}^x + 2\int_0^x f(x-t)\,\mathrm{d}t = \int_0^x (x-t)f(t)\,\mathrm{d}t + f(x) \qquad (19)$$

求 $f(x)$ 的表达式.

解 应先将所给的(19)式化简.

$$\int_0^x f(x-t)\,\mathrm{d}t \xhookrightarrow{u=x-t} \int_x^0 f(u)(-\mathrm{d}u) = \int_0^x f(u)\,\mathrm{d}u,$$

(19)成为

$$f(x) = 2\int_0^x f(u)\,\mathrm{d}u - x\int_0^x f(t)\,\mathrm{d}t + \int_0^x tf(t)\,\mathrm{d}t + \mathrm{e}^x. \quad (20)$$

右边是连续函数的积分的变上限函数,对变上限可导,所以左边 $f(x)$ 对 x 可导,有

$$f'(x) = 2f(x) - \int_0^x f(t)\,\mathrm{d}t + \mathrm{e}^x, \qquad (21)$$

因右边对 x 可导,所以 $f'(x)$ 还可再求导数,得

$$f''(x) = 2f'(x) - f(x) + \mathrm{e}^x. \qquad (22)$$

由(20)与(21)又可得

$$f(0) = 1, f'(0) = 1 \qquad (23)$$

问题归结为微分方程

$$f''(x) - 2f'(x) + f(x) = \mathrm{e}^x$$

在初值条件(23)下求特解.用待定系数法容易求得特解 $f^*(x) = \frac{1}{2}x^2\mathrm{e}^x$,通解为

$$f(x) = \left(c_1 + c_2 x + \frac{1}{2}x^2\right)\mathrm{e}^x.$$

由 $f(0) = 1, f'(0) = 1$,得

$$c_1 = 1, c_2 = 0,$$

所以 $f(x) = \left(1 + \frac{1}{2}x^2\right)\mathrm{e}^x.$

（5）偏微分方程经引入中间变量或经自变量的变换化为常微分方程，或将偏微分方程看成常微分方程. 这类题近年来考得较多.

例 29　（本题为 2014 年考研（数学一、二）的一个试题）设函数 $f(u)$ 具有 2 阶连续导数，$z = f(e^x \cos y)$ 满足

$$\frac{\partial^2 z}{\partial x^2} + \frac{\partial^2 z}{\partial y^2} = (4z + e^x \cos y)e^{2x}.$$

若 $f(0) = 0, f'(0) = 0$，求 $f(u)$ 的表达式.

解　由题的表达式已可看出，引入中间变量

$$u = e^x \cos y,$$

将 $\dfrac{\partial^2 z}{\partial x^2} + \dfrac{\partial^2 z}{\partial y^2}$ 表达为 $z = f(u)$ 对 u 的导数.

$$\frac{\partial z}{\partial x} = f'(u)\,\frac{\partial u}{\partial x} = f'(u)e^x \cos y,$$

$$\frac{\partial^2 z}{\partial x^2} = f''(u)\,\frac{\partial u}{\partial x} \cdot e^x \cos y + f'(u)e^x \cos y$$

$$= f''(u)(e^x \cos y)^2 + f'(u)e^x \cos y,$$

$$\frac{\partial z}{\partial y} = f'(u)\,\frac{\partial u}{\partial y} = -f'(u)e^x \sin y,$$

$$\frac{\partial^2 z}{\partial y^2} = -f''(u)(-e^x \sin y)(e^x \sin y) - f'(u)e^x \cos y.$$

从而原给偏微分方程化为

$$f''(u)e^{2x} = (4f(u) + u)e^{2x},$$

即　　$$\begin{cases} f''(u) - 4f(u) = u, \\ f(0) = 0, f'(0) = 0. \end{cases}$$

解得通解 $f(u) = c_1 e^{2u} + c_2 e^{-2u} - \dfrac{1}{4}u$. 再用初始条件得特解

$$f(u) = \frac{1}{16}(e^{2u} - e^{-2u} - 4u).$$

例 30　（本题为 2014 年考研（数学二）的一个试题）已知函数

$f(x,y)$ 满足 $\dfrac{\partial f}{\partial y} = 2(y+1)$,且 $f(y,y) = (y+1)^2 - (2-y)\ln y$, 求由曲线 $f(x,y) = 0$ 所围成图形绕直线 $y = -1$ 旋转所成的旋转体积.

解 将 $\dfrac{\partial f}{\partial y} = 2(y+1)$ 中,不论其中是否有明显含 x,都将 x 看成常量,由 $\dfrac{\partial f}{\partial y} = 2(y+1)$ 得

$$f(x,y) = \int 2(y+1)\mathrm{d}y + \varphi(x) = (y+1)^2 + \varphi(x),$$

其中 $\varphi(x)$ 是 x 的任意的一个连续函数. 又由条件 $f(y,y) = (y+1)^2 - (2-y)\ln y$,于是有

$$(y+1)^2 + \varphi(y) = (y+1)^2 - (2-y)\ln y$$

所以

$$\varphi(y) = -(2-y)\ln y,$$
$$\varphi(x) = -(2-x)\ln x.$$

从而

$$f(x,y) = (y+1)^2 - (2-x)\ln x.$$

曲线 $f(x,y) = 0$ 解得

$$y = -1 \pm \sqrt{(2-x)\ln x},\ \text{定义域 } 1 \leqslant x \leqslant 2.$$

它关于水平线 $y = -1$ 成对称形,上述曲线绕直线 $y = -1$ 旋转一周产生的旋转体体积

$$V = \pi \int_1^2 (2-x)\ln x \mathrm{d}x$$
$$= \pi \left[-\frac{\ln x}{2}(2-x)^2 \bigg|_1^2 - \int_1^2 \frac{(2-x)^2}{2x} \mathrm{d}x \right]$$
$$= \left(2\ln 2 - \frac{5}{4} \right)\pi.$$

例 31 (本题为 2014 年考研(数学三)的一个试题)设函数 $f(u)$ 具有连续导数,且 $z = f(\mathrm{e}^x \cos y)$ 满足

$$\cos y \frac{\partial z}{\partial x} - \sin y \frac{\partial z}{\partial y} = (4z + e^x \cos y)e^x.$$

若 $f(0) = 0$,求 $f(u)$ 的表达式.

解 引入中间变量 $u = e^x \cos y$,将 $\frac{\partial z}{\partial x}$ 与 $\frac{\partial z}{\partial y}$ 用 $f'(u)$ 来表达:

$$\frac{\partial z}{\partial x} = f'(u)\frac{\partial u}{\partial x} = f'(u)e^x \cos y,$$

$$\frac{\partial z}{\partial y} = f'(u)\frac{\partial u}{\partial y} = f'(u)(-e^x \sin y) = -f'(u)e^x \sin y.$$

$$\cos y \frac{\partial z}{\partial x} - \sin y \frac{\partial z}{\partial y} = f'(u)e^x,$$

原给偏微分方程化为

$$f'(u)e^x = (4f(u) + u)e^x,$$

即 $f'(u) - 4f(u) = u.$

这是 $f(u)$ 关于 u 的一阶线性微分方程,解得

$$f(u) = e^{4u}\left[\int u e^{-4u}\mathrm{d}u + c\right]$$

$$= e^{4u}\left(-\frac{1}{4}u e^{-4u} - \frac{1}{16}e^{-4u} + c\right)$$

$$= -\frac{u}{4} - \frac{1}{16} + c e^{4u}.$$

由 $f(0) = 0$,得 $c = \frac{1}{16}$,所以 $f(u) = \frac{1}{16}(e^{4u} - 4u - 1)$.

例 32 (本题为 2017 年考研(数学二) 的一个试题) 设 $f(x,y)$ 具有一阶连续导数,且

$$\mathrm{d}f(x,y) = y e^y \mathrm{d}x + x(1+y)e^y \mathrm{d}y, (f(0,0) = 0).$$

则 $f(x,y) = $ _____.

解 应填 $xy e^y$.

由全微分公式可知,由所设有

$$\frac{\partial f}{\partial x} = y e^y, \quad \frac{\partial f}{\partial y} = x(1+y)e^y.$$

由前式得

$$f(x,y) = \int y\mathrm{e}^y\mathrm{d}x + \varphi(y) = xy\mathrm{e}^y + \varphi(y),$$

其中 $\varphi(y)$ 是 y 的任意一个可微函数,将它代入 $\dfrac{\partial f}{\partial y} = x(1+y)\mathrm{e}^y$,

得

$$\frac{\partial}{\partial y}(xy\mathrm{e}^y) + \varphi'(y) = x(1+y)\mathrm{e}^y,$$

即

$$x(y+1)\mathrm{e}^y + \varphi'(y) = x(1+y)\mathrm{e}^y,$$

所以 $\varphi'(y) = 0, \varphi(y) = c$(任意常数). 从而

$$f(x,y) = xy\mathrm{e}^y + c.$$

再由 $f(0,0) = 0$,得 $c = 0$,所以 $f(x,y) = xy\mathrm{e}^y$.

注 这类题型是第一次考,十分简单,略为复杂一点见下面例 33.

例 33 (自拟模考题)设二元函数 $u = u(x,y)$ 具有 2 阶连续的偏导数,且满足

$$\frac{\partial^2 u}{\partial x^2} + \frac{\partial^2 u}{\partial y^2} = \left(\frac{\partial u}{\partial x}\right)^2 + \left(\frac{\partial u}{\partial y}\right)^2 \qquad (*)$$

并设在极坐标系中,u 仅与 r 有关,与 θ 无关.

(1)将方程($*$)变换为 u 关于 x 的 2 阶常微分方程.

(2)求(1)中所得到的 u 关于 r 的通解.

解 (1)由于 u 仅与 r 有关与 θ 无关,因此可将 u 写成 $u = u(r)$,

$$\frac{\partial u}{\partial x} = u'(r)\,\frac{\partial r}{\partial x} = u'(r)\,\frac{x}{r}, \qquad \frac{\partial u}{\partial y} = u'(r)\,\frac{y}{r}.$$

$$\frac{\partial^2 u}{\partial x^2} = \frac{\partial}{\partial x}\left[u'(r)\,\frac{x}{r}\right] = u''(r)\,\frac{x^2}{r^2} + u'(r)\,\frac{\partial}{\partial x}\left(\frac{x}{r}\right)$$

$$= u''(r)\,\frac{x^2}{r^2} + u'(r)\left(\frac{r^2-x^2}{r^3}\right),$$

$$\frac{\partial^2 u}{\partial y^2} = u''(r)\frac{y^2}{r^2} + u'(r)\left(\frac{r^2 - y^2}{r^3}\right),$$

$$\frac{\partial^2 u}{\partial x^2} + \frac{\partial^2 u}{\partial y^2} = u''(r) + u'(r) \cdot \frac{1}{r}.$$

（＊）化为

$$u''(r) + \frac{1}{r}u'(r) - (u'(r))^2 = 0.$$

（2）命 $v = u'(r)$，上述方程化为

$$v' + \frac{v}{r} = v^2.$$

这是 v 关于 r 的伯努利方程. 按照伯努利方程解法解之. 化为

$$\left(\frac{1}{v}\right)' - \frac{1}{r}\left(\frac{1}{v}\right) = -1,$$

得
$$\frac{1}{v} = e^{\int \frac{1}{r}dr}\left[-\int e^{-\int \frac{1}{r}dr} + c_1\right]$$

$$= r\left[-\int \frac{1}{r}dr + c_1\right]$$

$$= r(-\ln r + c_1),$$

$$u'(r) = v = \frac{1}{r(c_1 - \ln r)},$$

$$u(r) = \int \frac{dr}{r(c_1 - \ln r)} = -\ln|c_1 - \ln r| + c_2.$$

（注：因 $r > 0$，所以里面的 $\ln r$ 不必写成 $\ln|r|$）.

例 34 （自拟模考题）设 $f(x)$ 具有一阶连续导数，且 $f(0) = 0$，并设

$$[xy(1 + y) - f(x)y]dx + [f(x) + x^2 y]dy$$

是某二元函数 $u(x,y)$ 的全微分 $du(x,y)$，求 $f(x)$ 及 $u(x,y)$ 的表达式.

解 由全微分的公式知，

$$\frac{\partial u}{\partial x} = xy(1 + y) - f(x)y, \quad \frac{\partial u}{\partial y} = f(x) + x^2 y.$$

又因 $f(x)$ 具有一阶连续导数,所以 u 对 x,y 的二阶混合偏导数连续,从而

$$\frac{\partial^2 u}{\partial x \partial y} = x(1+y) + xy - f(x) = \frac{\partial^2 u}{\partial y \partial x} = f'(x) + 2xy,$$

得

$$f'(x) + f(x) = x.$$

再由初值条件 $f(0) = 0$,解得 $f(x) = x - 1 + \mathrm{e}^{-x}$. 代入 $\dfrac{\partial u}{\partial x}, \dfrac{\partial u}{\partial y}$ 的表达式中得

$$\frac{\partial u}{\partial x} = xy(1+y) - y(x - 1 + \mathrm{e}^{-x}) = xy^2 + y - y\mathrm{e}^{-x},$$

$$\tag{24}$$

$$\frac{\partial u}{\partial y} = x^2 y + \mathrm{e}^{-x} + x - 1. \tag{25}$$

由上面(24) 式得

$$\begin{aligned} u(x,y) &= \int (xy^2 + y - y\mathrm{e}^{-x})\mathrm{d}x + \varphi(y) \\ &= \frac{1}{2}x^2 y^2 + xy + y\mathrm{e}^{-x} + \varphi(y), \end{aligned}$$

其中 $\varphi(y)$ 为 y 的任意的具有一阶连续导数的函数,将 $u(x,y)$ 对 y 求偏导数,再用(25) 式,有

$$x^2 y + x + \mathrm{e}^{-x} + \varphi'(y) = x^2 y + \mathrm{e}^{-x} + x - 1,$$

所以 $\varphi'(y) = -1, \varphi(y) = -y + c$,所以 $u(x,y) = \dfrac{1}{2}x^2 y^2 + xy + y\mathrm{e}^{-x} - y + c$.

注 本题只用到全微分概念、表达式,以及混合偏导数若连续必相等这条定理,所以本题对数学二、三的考生都并未超纲.

例 35 (自拟模考题)设函数 $f(u)$ 有连续的一阶导数,$f(0) = 2$,且函数 $z = xf\left(\dfrac{y}{x}\right) + yf\left(\dfrac{y}{x}\right)$ 满足

$$\frac{\partial z}{\partial x} + \frac{\partial z}{\partial y} = \frac{y}{x}, \ (x \neq 0).$$

求 z 的表达式.

解 由题设 $f(u)$ 可见,引入中间变量 $u = \dfrac{y}{x}$,将所给偏微分

方程化为 $f(u)$ 对 u 的微分方程.

$$\frac{\partial z}{\partial x} = f\left(\frac{y}{x}\right) - \frac{y}{x}f'\left(\frac{y}{x}\right) - \frac{y^2}{x^2}f'\left(\frac{y}{x}\right)$$

$$= f(u) - uf'(u) - u^2 f'(u),$$

$$\frac{\partial z}{\partial y} = f'\left(\frac{y}{x}\right) + f\left(\frac{y}{x}\right) + \frac{y}{x}f'\left(\frac{y}{x}\right)$$

$$= f'(u) + f(u) + uf'(u),$$

$$\frac{\partial z}{\partial x} + \frac{\partial z}{\partial y} = 2f(u) + (1 - u^2)f'(u),$$

于是题设方程可化为

$$(1 - u^2)f'(u) + 2f(u) = u,$$

初值条件为 $f(0) = 2$. 解上述方程,得

$$f(u) = \mathrm{e}^{-\int \frac{2}{1-u^2}\mathrm{d}u}\left[\int \frac{u}{1-u^2}\mathrm{e}^{\int \frac{2}{1-u^2}\mathrm{d}u}\mathrm{d}u + c\right]$$

$$\underline{\underline{[\text{注}]}} \frac{1-u}{1+u}\left[\int \frac{u}{(1-u)^2}\mathrm{d}u + c\right]$$

$$= \frac{1-u}{1+u}\left[\ln(1-u) + \frac{1}{1-u} + c\right].$$

由初值条件 $f(0) = 2$,求出 $c = 1$,所以

$$f(u) = \frac{1-u}{1+u}\left(\ln(1-u) + \frac{1}{1-u} + 1\right)$$

$$= \frac{1-u}{1+u}\ln(1-u) + \frac{2-u}{1+u},$$

于是

$$z = (x - y)\ln\left(1 - \frac{y}{x}\right) + 2x - y.$$

注 在积分 $\int \dfrac{2}{1-u^2}\mathrm{d}u = \ln\left|\dfrac{1+u}{1-u}\right|$ 中,因初值取在 $u=0$ 处,所以应是包含 $u=0$ 在内并且连续的一个区间,即 $-1<u<1$,所以 $\ln\left|\dfrac{1+u}{1-u}\right| = \ln\dfrac{1+u}{1-u}$,其他几个积分类似.

例 36 (自拟模考题)设 $z=z(u,v)$ 具有二阶连续偏导数,且 $z=z(x-2y,x+3y)$ 满足

$$6\frac{\partial^2 z}{\partial x^2} + \frac{\partial^2 z}{\partial x \partial y} - \frac{\partial^2 z}{\partial y^2} = 3\frac{\partial z}{\partial x} - \frac{\partial z}{\partial y}.$$

求 $z=z(u,v)$ 所满足的方程,并求 $z(u,v)$ 的一般表达式.

解 由题易知,引入中间变量

$$u = x-2y, v = x+3y,$$

从而

$$\frac{\partial z}{\partial x} = \frac{\partial z}{\partial u} + \frac{\partial z}{\partial v},$$

$$\frac{\partial z}{\partial y} = -2\frac{\partial z}{\partial u} + 3\frac{\partial z}{\partial v},$$

$$\frac{\partial^2 z}{\partial x^2} = \frac{\partial^2 z}{\partial u^2} + 2\frac{\partial^2 u}{\partial u \partial v} + \frac{\partial^2 z}{\partial v^2},$$

$$\frac{\partial^2 z}{\partial y^2} = 4\frac{\partial^2 z}{\partial u^2} - 12\frac{\partial^2 z}{\partial u \partial v} + 9\frac{\partial^2 z}{\partial v^2}$$

$$\frac{\partial^2 z}{\partial x \partial y} = -2\frac{\partial^2 z}{\partial u^2} + \frac{\partial^2 z}{\partial u \partial v} + 3\frac{\partial^2 z}{\partial v^2},$$

代入原方程,得

$$\frac{\partial^2 z}{\partial u \partial v} = \frac{1}{5}\frac{\partial z}{\partial u}, \text{写成} \frac{\partial}{\partial v}\left(\frac{\partial z}{\partial u}\right) = \frac{1}{5}\left(\frac{\partial z}{\partial u}\right).$$

将 $\dfrac{\partial z}{\partial u}$ 看成一个函数,记为 $\dfrac{\partial z}{\partial u} = p$,上式成为

$$\frac{\partial}{\partial v}p = \frac{1}{5}p.$$

将 u 看成常数,上式是 p 对 v 的可分离变量的微分方程,解得 $\ln|p|$ $= \dfrac{1}{5}v + \psi(u)$,改写成

$$p = \varphi(u)\mathrm{e}^{\frac{v}{5}},$$

其中 $\varphi(u)$ 为 u 的任意一个可微的函数,于是得

$$\frac{\partial z}{\partial u} = \varphi(u)\mathrm{e}^{\frac{v}{5}},$$

$$z = \mathrm{e}^{\frac{v}{5}}\int \varphi(u)\mathrm{d}u + g(v)$$

$$= \mathrm{e}^{\frac{v}{5}}\Phi(u) + g(v),$$

其中 $\Phi(u)$ 是 u 的任意一个可微的函数,$g(v)$ 是 v 的任意一个可微的函数.

(6) **用幂级数解二阶线性齐次微分方程,或验证其幂级数是某二阶线性齐次微分方程的解**.统考至今,仅数学一考过了 3 次,2007 年那题是用幂级数求微分方程的解(见下面例 38),2002 年与 2013 年各一题都是验证性的,分别见下面例 37 与本书第五章 §3 例 6 的方法一中的介绍.验证性与求解的区别在于前者的幂级数的系数关系已知,后者要求找出这些系数关系,显然找出比验证要难一些.

例 37 (本题为 2002 年考研(数学一)的一个试题)

(1) 验证函数 $y(x) = 1 + \dfrac{x^3}{3!} + \dfrac{x^6}{6!} + \dfrac{x^9}{9!} + \cdots + \dfrac{x^{3n}}{(3n)!} + \cdots$ $(-\infty < x < +\infty)$ 满足微分方程 $y'' + y' + y = \mathrm{e}^x$;

(2) 利用(1)的结果求幂级数 $\displaystyle\sum_{n=0}^{\infty} \dfrac{x^{3n}}{(3n)!}$ 的和函数.

解 (1) 先验证该幂级数的收敛区间为 $(-\infty, +\infty)$. 为此,命 $u = x^3$,x 的幂级数成为 u 的幂级数:

$$1 + \frac{u}{3!} + \frac{u^2}{6!} + \cdots + \frac{u^n}{(3n)!} + \cdots,$$

$$\lim_{n \to \infty} \frac{\dfrac{1}{[3(n+1)]!}}{\dfrac{1}{(3n)!}} = \lim_{n \to \infty} \frac{1}{(3n+3)(3n+2)(3n+1)} = 0$$

所以在 $-\infty < u < +\infty$ 内即 $-\infty < x < +\infty$ 内所给幂级数收敛.
于是在该区间内原给幂级数可以逐项求导,由

$$y(x) = 1 + \sum_{n=1}^{\infty} \frac{x^{3n}}{(3n)!},$$

有 $$y'(x) = \sum_{n=1}^{\infty} \frac{x^{3n-1}}{(3n-1)!},$$

$$y''(x) = \sum_{n=1}^{\infty} \frac{x^{3n-2}}{(3n-2)!}$$

从而

$$y''(x) + y'(x) + y(x) = 1 + \sum_{n=1}^{\infty} \frac{x^n}{n!} = e^x,$$

说明 $y(x) = \sum_{n=0}^{\infty} \dfrac{x^{3n}}{(3n)!}$ 是微分方程 $y'' + y' + y = e^x$ 的解,并且满足条件 $y(0) = 1, y'(0) = 0$.

(2) 按常规办法,计算出微分方程的通解(线性方程的通解中包含了一切解)为

$$y = e^{-\frac{x}{2}}\left(c_1 \cos \frac{\sqrt{3}}{2}x + c_2 \sin \frac{\sqrt{3}}{2}x\right) + \frac{1}{3}e^x.$$

从中找出满足初值条件 $y(0) = 1, y'(0) = 0$ 的特解. 为此将初值条件代入通解中,得到

$$c_1 + \frac{1}{3} = 1, \quad -\frac{1}{2}c_1 + \frac{\sqrt{3}}{2}c_2 + \frac{1}{3} = 0,$$

解得唯一的一组 $c_1 = \dfrac{2}{3}, c_2 = 0$,从而得到满足微分方程 $y'' + y' +$

$y = e^x$ 及初值条件 $y(0) = 1, y'(0) = 0$ 的唯一的一个解

$$y(x) = \frac{2}{3}\mathrm{e}^{-\frac{x}{2}}\cos\frac{\sqrt{3}}{2}x + \frac{1}{3}\mathrm{e}^x.$$

另一方面,由(1)已知 $y(x) = \sum\limits_{n=0}^{\infty}\frac{x^{3n}}{(3n)!}$ 也是微分方程 $y'' + y'$ $+ y = \mathrm{e}^x$ 满足初值条件 $y(0) = 1, y'(0) = 0$ 的解. 所以

$$1 + \sum_{n=1}^{\infty}\frac{x^{3n}}{(3n)!} = \frac{2}{3}\mathrm{e}^{-\frac{x}{2}}\cos\frac{\sqrt{3}}{2}x + \frac{1}{3}\mathrm{e}^x.$$

注　一方面验算某幂级数满足某线性微分方程及相应的初值条件,另一方面求出此微分方程在该初值条件下的解,并说明这种解只有一个,这就证明了这两个解应该是同一个解.用这种办法求该幂级数的和函数.

例 38　(本题为 2007 年考研(数学一)的一个试题)设幂级数 $\sum\limits_{n=0}^{\infty}a_n x^n$ 在 $(-\infty, +\infty)$ 内收敛,其和函数 $y(x)$ 满足

$$y'' - 2xy' - 4y = 0, y(0) = 0, y'(0) = 1.$$

（Ⅰ）证明 $a_{n+2} = \dfrac{2}{n+1}a_n, n = 1, 2, \cdots$;

（Ⅱ）求 $y(x)$ 的表达式.

解　（Ⅰ）由题设幂级数 $\sum\limits_{n=0}^{\infty}a_n x^n$ 在 $(-\infty, +\infty)$ 内收敛,其和函数 $y(x)$ 满足

$$y'' - 2xy' - 4y = 0, y(0) = 0, y'(0) = 1,$$
于是立刻可知

$$a_0 = 0, a_1 = 1.$$

再将 $y(x) = \sum\limits_{n=0}^{\infty}a_n x^n$ 逐项求导,有

$$y'(x) = \sum_{n=1}^{\infty}na_n x^{n-1}, y''(x) = \sum_{n=2}^{\infty}n(n-1)a_n x^{n-1},$$
代入原给微分方程,有

$$\sum_{n=2}^{\infty} n(n-1)a_n x^{n-2} - 2\sum_{n=1}^{\infty} na_n x^n - 4\sum_{n=0}^{\infty} a_n x^n = 0,$$

即

$$\sum_{n=0}^{\infty} (n+2)(n+1)a_{n+2} x^n - 2\sum_{n=1}^{\infty} na_n x^n - 4\sum_{n=0}^{\infty} a_n x^n = 0.$$

或写成

$$2a_2 - 4a_0 + \sum_{n=1}^{\infty} \left[(n+2)(n+1)a_{n+2} - 2(n+2)a_n \right] x^n = 0,$$

比较等式两边同次幂系数,推得

$$a_2 = 2a_0 = 0, a_{n+2} = \frac{2}{n+1}a_n, (n=1,2,\cdots),$$

(Ⅰ)证毕.

（Ⅱ）由（Ⅰ）推知,$a_{2m} = 0 (m=0,1,2,\cdots)$.对于奇数下标,命 $n+2 = 2m+1$,有 $n = 2m-1$,代入已得到的 $a_{n+2} = \frac{2}{n+1}a_n$ 中,得

$$a_{2m+1} = \frac{1}{m}a_{2m-1}, \ m=1,2,\cdots$$

于是 $a_{2m+1} = \frac{1}{m!}(m=1,2,\cdots)$.又因 $a_1 = 1$,所以

$$a_{2m+1} = \frac{1}{m!}, \ m=0,1,2,\cdots.$$

所以

$$y(x) = \sum_{m=1}^{\infty} a_{2m+1} x^{2m+1} = \sum_{m=0}^{\infty} \frac{1}{m!} x^{2m+1} = x\sum_{m=0}^{\infty} \frac{1}{m!}(x^2)^m$$
$$= x e^{x^2}, \ -\infty < x < +\infty.$$

（7）**常微分方程的应用**.作为考研来说,常微分方程的应用大致有下面几个方面:几何,物理(一般限于力学和运动学)、变化率.数学三经常会考与经济有关的应用题.从 2005 年至 2017 年 13 年

间一直没有考物理方面的应用题,2015 年考了一题温度变化率方面的题.

例 39　(本题为 2011 年考研(数学二)的一个试题)设函数 $y(x)$ 具有二阶导数,且曲线 $l: y = y(x)$ 与直线 $y = x$ 相切于原点,记 α 为曲线 l 在点 (x, y) 处的切线的倾角,若 $\dfrac{\mathrm{d}\alpha}{\mathrm{d}x} = \dfrac{\mathrm{d}y}{\mathrm{d}x}$,求 $y(x)$ 的表达式.

解　由 $\dfrac{\mathrm{d}y}{\mathrm{d}x} = \dfrac{\mathrm{d}\alpha}{\mathrm{d}x}$,及 $y' = \tan\alpha$,有

$$\frac{\mathrm{d}^2 y}{\mathrm{d}x^2} = \frac{\mathrm{d}}{\mathrm{d}x}\tan\alpha = \sec^2\alpha\,\frac{\mathrm{d}\alpha}{\mathrm{d}x} = \sec^2\alpha \cdot \frac{\mathrm{d}y}{\mathrm{d}x} = (1 + y'^2)\,\frac{\mathrm{d}y}{\mathrm{d}x},$$

即

$$\frac{\mathrm{d}^2 y}{\mathrm{d}x^2} = (1 + y'^2)\,\frac{\mathrm{d}y}{\mathrm{d}x},$$

初值条件是 $y(0) = 0, y'(0) = 1$,命 $y' = p$,上述微分方程可降阶为

$$\frac{\mathrm{d}p}{\mathrm{d}x} = (1 + p^2)p.$$

分离变量,分项积分,得

$$\frac{p}{\sqrt{1 + p^2}} = c_1 \mathrm{e}^x.$$

由条件 $y'(0) = 1$,得 $c_1 = \dfrac{1}{\sqrt{2}}$,代入上式,两边平方再解出 p,并注意到 $p\,|_{x=0} = y'(0) = 1.$ 得

$$\frac{\mathrm{d}y}{\mathrm{d}x} = p = \frac{\mathrm{e}^x}{\sqrt{2 - \mathrm{e}^{2x}}} = \frac{\dfrac{\mathrm{e}^x}{\sqrt{2}}}{\sqrt{1 - \left(\dfrac{\mathrm{e}^x}{\sqrt{2}}\right)^2}},$$

再两边对 x 积分得

$$y = \arcsin \frac{e^x}{\sqrt{2}} + c_2.$$

由初值条件 $y(0) = 0$，得 $c_2 = -\dfrac{\pi}{4}$，所以 $y = \arcsin \dfrac{e^x}{\sqrt{2}} - \dfrac{\pi}{4}$.

例 40 （本题为 2012 年考研（数学一）的一个试题）已知曲线 $L : \begin{cases} x = f(t), \\ y = \cos t \end{cases} (0 \leqslant t < \dfrac{\pi}{2})$，其中函数 $f(t)$ 具有连续导数，且 $f(0) = 0, f'(t) > 0 (0 < t < \dfrac{\pi}{2})$. 若曲线 L 的切线与 x 轴的交点到切点的距离恒为 1，求函数 $f(t)$ 的表达式，并求以曲线 L 及 x 轴和 y 轴为边界的区域的面积.

解 由曲线 L 所给的方式知道，用参数式讨论较方便. 设切点为参数 t 对应的点，则曲线 L 在 t 处的切线斜率为 $k = \dfrac{y'_t}{x'_t} = -\dfrac{\sin t}{f'(t)}$，切线方程为

$$y - \cos t = -\frac{\sin t}{f'(t)}(x - f(t)).$$

令 $y = 0$ 得切线与 x 轴交点的横坐标为 $x_0 = f'(t)\dfrac{\cos t}{\sin t} + f(t)$. 由题意得

$$x_0^2 + y_0^2 = \left[f'(t)\frac{\cos t}{\sin t} \right]^2 + \cos^2 t = 1.$$

因为 $f'(t) > 0$，由上式解得

$$f'(t) = \frac{\sin^2 t}{\cos t} = \frac{1}{\cos t} - \cos t.$$

初值条件为 $f(0) = 0$. 解得

$$f(t) = \ln(\sec t + \tan t) - \sin t + 0.$$

考察曲线 L 的大致情况，当 $0 < t < \dfrac{\pi}{2}$ 时 $f(t) > 0$；$f(0) = 0$，

$\lim\limits_{t \to \frac{\pi}{2}^-} f(t) = +\infty$,由参数式

$$L: \begin{cases} x = f(t), \\ y = \cos t \end{cases} \quad 0 \leqslant t < \frac{\pi}{2}$$

给出的曲线,当 $t \to 0$,点 $(x,y) \to (0,1)$,$t \to \frac{\pi}{2}$,点 $(x,y) \to (+\infty,0)$,所以曲线 L 与 x,y 轴围成的图形的面积

$$A = \int_0^{+\infty} y(x) \mathrm{d}x = \int_0^{\frac{\pi}{2}} \cos t \cdot f'(t) \mathrm{d}t = \int_0^{\frac{\pi}{2}} \sin^2 t \mathrm{d}t = \frac{\pi}{4}.$$

例 41 (本题为 2017 年考研(数学二)的一个试题)设 $y(x)$ 是区间 $(0, \frac{3}{2})$ 内的可导函数,且 $y(1) = 0$,点 p 是曲线 $y = y(x)$ 上任意一点,l 在点 p 处的切线与 y 轴相交于点 $(0, Y_p)$,法线与 x 轴相交于点 $(X_p, 0)$. 若 $X_p = Y_p$,求 l 上的点的坐标 (x, y) 满足的方程.

解 曲线 $l: y = y(x)$ 在点 $p(x, y)$ 的切线方程为

$$Y - y = y'(X - x).$$

命 $X = 0$ 得 $Y_p = y - xy'$.

曲线 l 在点 $p(x, y)$ 的法线方程为

$$y'(Y - y) = -(X - x).$$

命 $Y = 0$ 得 $X_p = x + yy'$.

由题设知 $x + yy' = y - xy'$. 即

$$(x + y)y' = y - x.$$

这是一阶齐次微分方程,按标准方法求解. 命 $y = ux$,得 $\dfrac{\mathrm{d}y}{\mathrm{d}x} = u + x\dfrac{\mathrm{d}u}{\mathrm{d}x}$,于是上述方程成为

$$(x + ux)\left(u + x\frac{\mathrm{d}u}{\mathrm{d}x}\right) = x(u - 1),$$

化简得

$$\frac{1+u}{1+u^2}\mathrm{d}x = -\frac{1}{x}\mathrm{d}x.$$

两边积分得

$$\arctan u + \frac{1}{2}\ln(1+u^2) = -\ln|x| + c,$$

即

$$\arctan\frac{y}{x} + \frac{1}{2}\ln(x^2+y^2) = c.$$

因为曲线 l 经过点 $(1,0)$，所以 $c=0$，于是曲线 l 的方程为

$$\arctan\frac{y}{x} + \frac{1}{2}\ln(x^2+y^2) = 0,$$

也可写成 $x^2+y^2 = \mathrm{e}^{-2\arctan\frac{y}{x}}$.

例 42 （本题为 2015 年考研（数学三）的一个试题）设函数 $f(x)$ 在定义域 I 上的导数大于零. 若对于任意的 $x_0 \in I$，曲线 $y = f(x)$ 在点 $(x_0, f(x_0))$ 处的切线与直线 $x = x_0$ 及 x 轴所围成的区域的面积恒为 4，且 $f(0) = 2$，求 $f(x)$ 的表达式.

解 曲线 $y = f(x)$ 在点 $(x_0, f(x_0))$ 处的切线方程为

$$y = f'(x_0)(x - x_0) + f(x_0),$$

该切线与 x 轴的交点为 $\left(x_0 - \dfrac{f(x_0)}{f'(x_0)}, 0\right)$，根据题设条件可知

$$\frac{1}{2}\frac{|f(x_0)|}{f'(x_0)} \cdot |f(x_0)| = 4,$$

由于 $x_0 \in I$ 为任意一点，改写 x_0 为 x，上式成为

$$8f'(x) = (f(x))^2,$$

即 $y = f(x)$ 应满足微分方程

$$8y' = y^2.$$

分离变量解得

$$y = -\frac{8}{8c + x}.$$

312

初值条件为 $y|_{x=0}=2$,所以 $c=-\dfrac{1}{2}$,所以 $y=f(x)=\dfrac{8}{4-x}$,$x\in I$.

例 43 (本题为 2015 年考研(数学二)的一个试题)已知高温物体置于低温介质中,任一时刻该物体温度对时间的变化率与该时刻物体和介质的温度差成正比.现将一初始温度为 120℃ 的物体在 20℃ 恒温介质中冷却,30 分钟后该物体温度降至 30℃.若要将该物体的温度继续降至 21℃,还需冷却多少时间?

解 见本书 p.1 的例 1,设时刻 t 时物体的温度为 T,则有

$$\frac{\mathrm{d}T}{\mathrm{d}t}=-k(T-\tau),$$

其中 τ 为介质的恒温,本题中 $\tau=20$℃,物体的温度 T 随时间的增大而减少,所以系数 k 前添"一".初值条件为 $T|_{t=0}=120$℃.上式为一阶线性微分方程,解得

$$T=\tau+(120-\tau)\mathrm{e}^{-kt}=20+100\mathrm{e}^{-kt}.$$

以 $t=30$(分钟)时 $T=30$(℃)代入得 $k=\dfrac{\ln 10}{30}$,所以

$$T=20+100\mathrm{e}^{-\frac{\ln 10}{30}t}.$$

再以 $T=21$(℃)代入,得 $t=60$(分钟),即从实验开始经 60 分钟该物体可降至 21℃,即从 30℃ 降至 21℃ 还要 30 分钟.

例 44 (本题为 2016 年考研(数学三)的一个试题)设某商品的最大需求量为 1200 件,该商品的需求函数 $Q=Q(p)$,需求弹性 $\eta=\dfrac{p}{120-p}$($\eta>0$),p 为单价(万元).

(Ⅰ)求需求函数表达式;

(Ⅱ)求 $p=100$(万元)时的边际收益,并说明其经济意义.

解 (Ⅰ)由题设需求弹性

$$-\frac{p}{Q}\frac{\mathrm{d}Q}{\mathrm{d}p}=\frac{p}{120-p},$$

即

$$\frac{\mathrm{d}Q}{Q}=-\frac{\mathrm{d}p}{120-p},$$

两边积分得

$$\ln Q = \ln(120 - p) + \ln c,$$
$$Q = c(120 - p)$$

最大需求量为 1200，所以 $c = 10$，从而

$$Q = 1200 - 10p.$$

（Ⅱ）收益函数 $R = Qp = Q\left(\dfrac{1200 - Q}{10}\right) = Q\left(120 - \dfrac{Q}{10}\right)$，边

际收益 $= \dfrac{\mathrm{d}R}{\mathrm{d}Q} = 120 - \dfrac{Q}{5}$，当 $p = 100$（万元）时，$Q = 200$（件），边

际收益 $= 120 - \dfrac{200}{5} = 80$（万元）. 其经济意义为销售第 201 件商品

时所得收益为 80（万元）.

例 45　（自拟模考题）求曲线 L 的极坐标方程 $\rho = \rho(\theta)$，其中 θ 的区间长度不超过 2π. 已知 L 经过点 $A(\rho = 2, \theta = 0)$，并且 L 上从点 A 到点 $B(\rho, \theta)$ 的弧长在数值上等于该弧段与两极径 $\theta = 0$ 与 $\theta = \theta$ 所围成的扇形面积的 2 倍.

解　按题意及极坐标系中的扇形的面积公式与弧长的公式，有

$$\int_0^\theta \rho^2 \, \mathrm{d}\theta = \int_0^\theta \sqrt{\rho^2 + \rho'^2} \, \mathrm{d}\theta,$$

两边对 θ 求导数，得

$$\rho^2 = \sqrt{\rho^2 + \rho'^2},$$

两边平方，移项，得

$$\rho'^2 = \rho^4 - \rho^2 = \rho^2(\rho^2 - 1).$$

两边再开方，得

$$\frac{\mathrm{d}\rho}{\mathrm{d}\theta} = \pm \rho \sqrt{\rho^2 - 1}.$$

由于初值 $\rho(0) = 2 > 1$，所以 $\rho(\theta) > 1$，

$$\frac{\mathrm{d}\rho}{\mathrm{d}\theta} = \pm \rho^2 \sqrt{1 - \frac{1}{\rho^2}}.$$

取"＋"解之,

$$\frac{\mathrm{d}\rho}{\rho^2} = \sqrt{1 - \left(\frac{1}{\rho}\right)^2}\, \mathrm{d}\theta,$$

$$-\mathrm{d}\left(\frac{1}{\rho}\right) = \sqrt{1 + \left(\frac{1}{\rho}\right)^2}\, \mathrm{d}\theta,$$

分离变量,得

$$-\frac{\mathrm{d}\left(\frac{1}{\rho}\right)}{\sqrt{1 - \left(\frac{1}{\rho}\right)^2}} = \mathrm{d}\theta,$$

积分得

$$-\arcsin\frac{1}{\rho} = \theta + c$$

再由初值条件 $\rho(0) = 2$, 得 $c = -\frac{\pi}{6}$, 得

$$\rho\sin\left(\theta - \frac{\pi}{6}\right) = -1.$$

取"－"解之,类似地可得

$$\rho\sin\left(\theta + \frac{\pi}{6}\right) = 1.$$

化成直角坐标,可得

$$\sqrt{3}\,y + x = -2, \quad \sqrt{3}\,y + x = 2. \text{(两解)}$$

例 46 (自拟模考题)设总人数为 N(不变), t 时刻的病人数为 $x(t)$, 从 t 到 $t + \Delta t$ 时间的单位时间内病人增长数

$$\frac{x(t + \Delta t) - x(t)}{\Delta t}$$

与健康人数 $N - x(t)$ 的比值

$$\frac{x(t + \Delta t) - x(t)}{\Delta t} \bigg/ (N - x(t))$$

称为该传染病的平均传染率. 命 $\Delta t \to 0$ 得到瞬时传染率. 在不加

控制的条件下,该病的瞬时传染率设为 r,为常数与 t 无关.

(1) 请列出该病的瞬时传染率的表达式,并由初始值条件 $x(0) = x_0$ 列出微分方程及初值条件描述的该传染病传播的数学模型.

(2) 求出(1)的初值问题的解.

(3) 经过一段时间 t_1 后,发现应采取必要的措施,以阻止该病漫延,以设法减少病的传染率.这种措施对是否发病的人应一视同仁,减少的速度与总人数 N 成正比,比例常数为 a,$0 < a < r$.求此后的 $x(t)$ 应满足的微分方程、$x(t)$ 的规律以及 $\lim\limits_{x \to +\infty} x(t)$ 的值.

解 (1) 由 $\dfrac{x(t + \Delta t) - x(t)}{\Delta t(N - x(t))}$,命 $\Delta t \to 0$ 得

$$\begin{cases} \dfrac{1}{N - x} \cdot \dfrac{\mathrm{d}x}{\mathrm{d}t} = r, \\ x(0) = x_0. \end{cases} \tag{$*$}$$

其中 x_0 为初始 $t = 0$ 时发现该病所得病人数.

(2) 按分离变量法解之,容易得到

$$x(t) = N - c\mathrm{e}^{-rt}.$$

以 $x(0) = x_0$ 代入,得 $x_0 = N - c$,从而知 $c = N - x_0$,

$$x(t) = N - (N - x_0)\mathrm{e}^{-rt}, \quad 0 \leqslant t \leqslant t_1.$$

(3) 当 $t = t_1$ 时,$x_1 = N - (N - x_0)\mathrm{e}^{-rt_1}$,在 $t > t_1$ 之后,由于采取控制,方程改为

$$\begin{cases} \dfrac{\mathrm{d}x}{\mathrm{d}t} = r(N - x) - aN, \\ x(t_1) = N - (N - x_0)\mathrm{e}^{-rt_1} \xlongequal{\text{记为}} x_1. \end{cases} \tag{$**$}$$

上式也是一个变量可分离方程.解之,得

$$x(t) = \left(1 - \dfrac{a}{r}\right)N + \left[x_1 - \left(1 - \dfrac{a}{r}\right)N\right]\mathrm{e}^{-r(t - t_1)}.$$

将 $x_1 = N - (N - x_0)\mathrm{e}^{-rt_1}$ 代入上式,得

$$x(t) = N + (x_0 - N)\mathrm{e}^{-rt} - \dfrac{aN}{r}\left[1 - \mathrm{e}^{-r(t - t_0)}\right].$$

因此,得

$$x(t) = \begin{cases} N + (x_0 - N)\mathrm{e}^{-rt}, & \text{当 } 0 \leqslant t \leqslant t_1, \\ N + (x_0 - N)\mathrm{e}^{-rt} - \dfrac{aN}{r}(1 - \mathrm{e}^{-r(t-t_1)}), & \text{当 } t \geqslant t_1, \end{cases}$$

$$(* * *)$$

由(* * *)命 $t \to +\infty$,得 $\lim x(t) = N(1 - \dfrac{a}{r})$,可见(* *)中

添了一项($-aN$)十分重要. $a(0 < a < r)$ 越大,人为干预越起作

用,减少得病人数越起作用.

习题答案

第 1 章

6. $\sqrt{1 - y^2} = \arcsin x + c$ 及 $y = \pm 1$.

7. $y = (x\ln x - x + 1)^2$.

8. $y = \dfrac{3 + \cos^2 x}{3 - \cos^2 x}$.

9. $\dfrac{y}{x^2 - y^2} = c$ 及 $y = \pm x$.

10. $y = x\mathrm{e}^{cx}$.

11. $\mathrm{e}^{-\arctan\frac{y}{x}} = c\sqrt{x^2 + y^2}$.

12. $\sqrt{\dfrac{y}{x}} = 2 + \ln x$.

13. $\arcsin \dfrac{y}{x} = \dfrac{\pi}{6} + \ln x$.

14. $y = \dfrac{x^3}{4} + \dfrac{c_1}{x}$.

15. $y = \left(x + \dfrac{5}{2}\right)e^{-x^2} - \dfrac{1}{2}$.

16. $y = \left(1 - \dfrac{4}{x^2}\right)\sin x + \dfrac{4}{x}\cos x + \dfrac{4\pi}{x^2}$.

17. $y = \sqrt{(x^2 - 1) + 2\sqrt{1 - x^2}}$.

18. $\sqrt{y} = \dfrac{x^2}{2}\ln|x| + cx^2$ 及 $y = 0$.

19. $x^5 y + \dfrac{x^4}{4} = c$.

20. $\dfrac{x^2}{2} + 2xy - \dfrac{5}{2}y^2 + \dfrac{5}{2} = 0$.

21. $\sqrt{1 + x^2 + y^2} - \arctan\dfrac{y}{x} = c$.

22. $y e^x - x e^{-y} = c$.

23. $\dfrac{y^2}{x - y} + \ln|x| - \ln|y| + y = c$.

24. $x^4 y - \dfrac{1}{6}x^6 = c$.

25. $\dfrac{x^2}{y^3} - \dfrac{1}{y} = c$.

26. $\dfrac{x^3}{3} - \dfrac{y}{x} = c$.

27. $\dfrac{x^2}{y} - \dfrac{x}{y^2} = c$.

28. $2x e^y - 3y e^y = 4$.

29. $y = \dfrac{\sqrt{2(1 - x^2)}}{2}$.

30. $x = c\sin t - 5$.

31. $\theta = \dfrac{1}{2}r^2 - \dfrac{1}{2} + c e^{-r^2}$.

32. $x = e^{-y}(y^2 + c)$.

33. $y^2 = 1 + ce^{-x^2}$.

34. $y^2 = 2x^2 \ln cx$.

35. $\dfrac{y}{x} + \dfrac{1}{2}y^2 = c$.

36. $y^2 = x(\ln|x| + c)$.

37. $y = x(c - \ln|x|)$.

38. $x = \dfrac{y^3}{2} + cy$，及 $y = 0$.

39. $y = \dfrac{2x}{2c - x^2}$ 及 $y = 0$.

40. $3x^2 y + y^3 = c$.

41. $x^2 = y + c\sqrt{y}$ 及 $y = 0$.

42. $f(x) = \dfrac{1}{2}e^{-2x} + x - \dfrac{1}{2}$.

43. $f(x) = x + \dfrac{1}{2} + \dfrac{1}{2}e^{-2x}$.

44. $\varphi(x) = \dfrac{1}{2}x^2 + 1$，通解为 $xy^2 + \dfrac{1}{2}x^2 y + y = c$.

45. $y - a\arctan\dfrac{x+y}{a} = c$.

46. $y = x + e^{x^2}\left[c - \displaystyle\int e^{x^2}\,\mathrm{d}x\right]^{-1}$ （提示:原方程可写为

$$\frac{\mathrm{d}(y-x)}{\mathrm{d}x} = (y-x)(y+x)).$$

47. $y^2 = x\arcsin cx$.

48. $y = \dfrac{x^2}{2}\ln x - \dfrac{3}{4}x^2 + c_1 x + c_2$.

49. $y = x^2 + c_1\ln|x| + c_2$.

50. $y = (c_1 x + c_2)^2$.

51. $y = \sec x$.

52. $y = c_1 + c_2 \mathrm{e}^{\frac{x-y}{c_1}}$.

53. $y = \dfrac{4}{x^2}$.

54. $y = 1 - \dfrac{1}{c_1 x + c_2}$.

55. $y = -\dfrac{c_1}{2}\mathrm{e}^{-x} - \dfrac{1}{2c_1}\mathrm{e}^{x} + c_2$.

56. $y = \dfrac{\mathrm{e}}{c_1}\left(x - \dfrac{1}{c_1}\right)\mathrm{e}^{c_1 x} + c_2$ 及 $y = \dfrac{1}{2}\mathrm{e}x^2 + c$.

57. $y = -\dfrac{1}{x+1}$.

58. $y = -\dfrac{1}{x}$.

59. 40 分钟.

60. $R(t) = R_0 \mathrm{e}^{-\lambda(t-t_0)}$.

61. $m = m_0 \mathrm{e}^{-\frac{Q}{V}t}$.

62. $(x - c_1)^2 + (y - c_2)^2 = \dfrac{1}{k^2}$.

63. 提示:参见第 1 题, $y = cx^3$ 所满足的微分方程为 $y' = \dfrac{3y}{x}$.

因此所求的曲线族应满足微分方程 $y' = -\dfrac{x}{3y}$. 答 $x^2 + 3y^2 = k^2$, k 为任意常数.

64. 需 1062 秒 ≈ 17.7 分.

65. $f(x) = c_1 \ln x + c_2$.

66. 至多经过 $6\ln 3$ 年. 提示:微分方程为 $\mathrm{d}m = \left(\dfrac{m_0}{6} - \dfrac{m}{3}\right)\mathrm{d}t$.

67. $4y = (x-1)^2 + 4$.

68. $y = -6x^2 + 5x + 1$. 提示:微分方程为 $f'(x) - \dfrac{1}{x}f(x)$

$$=-\frac{1+6x^2}{x}.$$

69. 提示:微分方程为 $m\dfrac{\mathrm{d}v}{\mathrm{d}t}=mg-kv^2,v=\sqrt{\dfrac{mg}{k}}\sqrt{\dfrac{c\mathrm{e}^{2at}+1}{c\mathrm{e}^{2at}-1}}$,

其中 $a=\sqrt{\dfrac{kg}{m}},t\geqslant 0$.

$70\sim 72$ 提示:利用公式(1.34).

71. $y(x)=x\mathrm{e}^{x^2}\left[\displaystyle\int_1^x \mathrm{e}^{-t^2}\,\mathrm{d}t+y_1\mathrm{e}^{-1}\right],y_1=-\mathrm{e}\displaystyle\int_1^{+\infty}\mathrm{e}^{-t^2}\,\mathrm{d}t,$

$\displaystyle\lim_{x\to+\infty}y(x)=-\dfrac{1}{2}.$

72. $y(x)=\mathrm{e}^{-\sin x}\left[\displaystyle\int_0^x \mathrm{e}^{\sin t}\sin t\,\mathrm{d}t+c\right]$,不存在以 2π 为周期
的解.

73. $p=a-(a-p_0)\mathrm{e}^{-nx}$. 由净利润依赖于广告费的关系说
明,即使广告费无限增长,净利润也只能趋于常数 a,这就是 a 的
意义.

74. $x(t)=\dfrac{aN\mathrm{e}^{(a+bN)t}-aN}{a\mathrm{e}^{(a+bN)t}+bN}.$

第 2 章

6. $y=c\mathrm{e}^{3x/4}.$

7. $y=c_1+c_2\mathrm{e}^{4x}.$

8. $y=c_1\sin\sqrt{2}\,x+c_2\cos\sqrt{2}\,x$ 或

    $y=A\sin(\sqrt{2}\,x+\varphi).$

9. $y=(c_1+c_2x)\mathrm{e}^x.$

10. $y=A\mathrm{e}^{-2x}\sin(3x+\varphi)$ 或

     $y=\mathrm{e}^{-2x}(c_1\cos 3x+c_2\sin 3x).$

11. $x=4\mathrm{e}^x+\mathrm{e}^{4x}.$

12. $y = c_1 e^x + c_2 e^{-x} + c_3 e^{2x}$.

13. $y = c_1 e^x + c_2 \cos x + c_3 \sin x$.

14. $y = (c_1 + c_2 x)\cos x + (c_3 + c_4 x)\sin x$.

15. $y = e^{-x}[(c_1 + c_2 x)\cos x + (c_3 + c_4 x)\sin x]$.

16. $y = e^x(c_1 + c_2 x + c_3 x^2 + c_4 x^3)$.

17. $y = 2\cos x - \sin x$.

18. $y = a(1 - \cos x)$.

19. $y = 2e^{-4x} - 4e^{-x} + 2e^x$.

20. $y = c_1 \cos x + c_2 \sin x + \dfrac{1}{2}(x+1)e^{-x}$.

21. $y = c_1 e^{-x} + c_2 e^{-5x} - 2x + 4$.

22. $y = ce^{-4x} + \dfrac{x^2}{4} - \dfrac{x}{8} + \dfrac{1}{32}$.

23. $y = c_1 + c_2 e^{-4x} - \dfrac{1}{4}x$.

24. $y = (c_1 + c_2 x)e^{-x} + x^2 e^{-x}$.

25. $y = \dfrac{15}{16}e^{2x} + \dfrac{1}{16}e^{-2x} + \dfrac{1}{4}xe^{2x}$.

26. $x = -\dfrac{5}{3}\cos t - 2\sin t - \dfrac{1}{3}\cos 2t$.

27. 当 $a = 1$ 时,$x = c_1 \cos t + c_2 \sin t - \dfrac{1}{2}t\cos t$,

   当 $a \neq 1$ 时,$x = c_1 \cos t + c_2 \sin t + \dfrac{1}{1-a^2}\sin at$.

28. $y = c_1 + c_2 e^{-3x} - \dfrac{7}{10}\cos x + \dfrac{1}{10}\sin x$.

29. $y = e^{-kt}(c_1 \cos kt + c_2 \sin kt) - 2\cos kt + \sin kt$.

30. $y = c_1 e^{-x} + c_2 e^{-\frac{x}{2}} + 4 - \dfrac{1}{6}e^x$.

31. $y = c_1 + c_2 e^{-\frac{5}{2}x} + \dfrac{x}{10} - \dfrac{1}{41}\cos 2x + \dfrac{5}{164}\sin 2x$.

32. $y = c_1 \cos x + c_3 \sin x - \dfrac{1}{6} \sin 2x$.

33. $y = e^x (c_1 \cos x + c_2 \sin x) + \dfrac{e^{-x}}{8} (\cos x - \sin x)$.

34. $y = c_1 \cos 2x + c_2 \sin 2x - \dfrac{1}{8} x^2 \cos 2x + \dfrac{x}{16} \sin 2x$.

35. $y = c_1 e^x + c_2 e^{-2x} + c_2 e^{2x} + \dfrac{1}{4} x^2 + \dfrac{1}{2} x + \dfrac{11}{8}$.

36. $y = (c_1 + c_2 x) \cos x + (c_3 + c_4 x) \sin x + x$.

37. $a = 1, b = -2, c = 1, g = 3$.

38. $b = 0, c = 1, A = 2, B = 0$.

39. $b = -2, c = 1, A = 2$.

40. $\alpha = -3, \beta = 2, \gamma = -1$.

41. $y^{(4)} - 2y''' + 5y'' - 8y' + 4y = 0$.

42. $f(x) = \dfrac{x}{2} - \dfrac{1}{5x^2} - \dfrac{3}{10} x^3$, 通解 $\left(\dfrac{9}{10} x^4 - \dfrac{1}{2} x^2 - \dfrac{2}{5x} \right) y +$

$\cos y = c$.

43. 当 $x \geqslant 0$ 时 $y = \left(c_1 - \dfrac{1}{2} \right) e^x + \left(c_2 + \dfrac{1}{2} \right) e^{-x} + \dfrac{1}{2} x e^x$；当

$x < 0$ 时，$y = c_1 e^x + c_2 e^{-x} - \dfrac{1}{2} x e^{-x}$.

44. 题为证明题，无答案.

45. $\dfrac{3}{\sqrt{g}} \ln(9 + \sqrt{80})$ 秒.

46. $S = \dfrac{1}{b^2 g} \left(\dfrac{E}{P} - a \right) (e^{-b8t} - 1 + bgt)$.

47. $i = \dfrac{2}{3} (e^{-50t} - e^{-200t})$.

48. $y = \dfrac{1}{x} (c_1 \ln x + c_2), x > 0$.

49. $y = x\left[c_1 - \dfrac{1}{2}(\ln x)^2 - \ln x\right] + c_2 x^2, x > 0.$

50. $y = c_1 x^3 + c_2 x^2 + c_3 x.$

51. $y = \dfrac{1}{x}(c_1 \cos x + c_2 \sin x).$

52. $\lambda = -9, f(x) = x, y = \left(c_1 \mathrm{e}^{3x} + c_2 \mathrm{e}^{-3x} - \dfrac{x}{9}\right)\mathrm{e}^{\frac{1}{3}x^{\frac{3}{2}}}.$

53. $f(r) = c_1 + \dfrac{c_2}{r}.$

54. $f(r) = c_1 \mathrm{e}^r + c_2 \mathrm{e}^{-r} - 2 - r^2.$

55. $f(x) = \dfrac{3}{4}\mathrm{e}^x + \dfrac{1}{2}x\mathrm{e}^x + \dfrac{1}{4}\mathrm{e}^{-x}.$

56. $y = c_1 + c_2 x^2 + c_3 (x\sqrt{1-x^2} + \arcsin x).$

57. $y = c_1 x + c_2 (x^2 + 1) + 1.$

58. 题为证明题无答案.

59. $y = \mathrm{e}^x (x\ln|x| + c_1 x + c_2).$

60. $y = c_1 \cos x + c_2 \sin x - \dfrac{\cos 2x}{\cos x}.$

61. $y = c_1 \sin 2x + c_2 \cos 2x + c_3 + \dfrac{1}{2}\ln|\sin 2x|$

$\qquad - \dfrac{1}{2}\cos 2x \cdot \ln|\cos 2x - \cot 2x|.$

62. $y = (\mathrm{e}^{-x} + \mathrm{e}^{-2x})\ln(\mathrm{e}^x + 1) + c_1 \mathrm{e}^{-x} + c_2 \mathrm{e}^{-2x}.$

63. $y = c_1 \Big(1 - \dfrac{4x^3}{2 \cdot 3} + \dfrac{4^2 x^6}{2 \cdot 3 \cdot 5 \cdot 6} + \cdots$

$\qquad + \dfrac{(-1)^k 4^k x^{3k}}{2 \cdot 3 \cdot 5 \cdot 6 \cdots (3k-1)(3k)} + \cdots\Big)$

$\qquad + c_2 \Big(x - \dfrac{4x^4}{3 \cdot 4} + \dfrac{4^2 x^7}{3 \cdot 4 \cdot 6 \cdot 7} + \cdots$

$\qquad + \dfrac{(-1)^k 4^k x^{3k+1}}{3 \cdot 4 \cdot 6 \cdot 7 \cdots (3k)(3k+1)} + \cdots\Big)$

64. $y = c_1 \left(1 - \dfrac{x}{2!} + \dfrac{x^2}{4!} - \dfrac{x^3}{6!} + \cdots + (-1)^k \dfrac{x^k}{(2k)!} + \cdots \right)$

$\qquad + c_2 \left(x^{\frac{1}{2}} - \dfrac{1}{3!} x^{\frac{3}{2}} + \dfrac{1}{5!} x^{\frac{5}{2}} + \cdots \right.$

$\qquad\qquad \left. + (-1)^{k+1} \dfrac{x^{\frac{2k-1}{2}}}{(2k-1)!} + \cdots \right)$

$\qquad = c_1 \cos\sqrt{x} + c_2 \sin\sqrt{x}.$

65. $y = \dfrac{\sqrt{3}}{2} \left[1 - \dfrac{1}{9} \cdot \dfrac{x^2}{2!} - \dfrac{1}{9} \left(2^2 - \dfrac{1}{9} \right) \dfrac{x^4}{4!} \right.$

$\qquad \left. - \dfrac{1}{9} \left(2^2 - \dfrac{1}{9} \right) \left(4^2 - \dfrac{1}{9} \right) \dfrac{x^6}{6!} - \cdots \right]$

$\qquad + \dfrac{1}{6} \left[x + \left(1 - \dfrac{1}{9} \right) \dfrac{x^3}{3!} + \left(1 - \dfrac{1}{9} \right) \left(3^2 - \dfrac{1}{9} \right) \dfrac{x^5}{5!} + \cdots \right].$

66. $p > 0, q > 0.$

67. 提示:利用 58 题结论的公式.

第 3 章

6. $\begin{pmatrix} x \\ y \end{pmatrix} = c_1 \begin{pmatrix} 1 \\ 4 \end{pmatrix} \mathrm{e}^t + c_2 \begin{pmatrix} 1 \\ -2 \end{pmatrix} \mathrm{e}^{-5t}.$

7. $\begin{pmatrix} x \\ y \end{pmatrix} = c_1 \mathrm{e}^t \begin{pmatrix} -\sin t \\ \cos t \end{pmatrix} + c_2 \mathrm{e}^t \begin{pmatrix} \cos t \\ \sin t \end{pmatrix}.$

8. $\begin{pmatrix} x \\ y \end{pmatrix} = c_1 \begin{pmatrix} \cos\beta t \\ -\sin\beta t \end{pmatrix} \mathrm{e}^{at} + c_2 \begin{pmatrix} \sin\beta t \\ \cos\beta t \end{pmatrix} \mathrm{e}^{at}$ 或

$\qquad \begin{pmatrix} x \\ y \end{pmatrix} = c\,\mathrm{e}^{at} \begin{pmatrix} \cos(\varphi - \beta t) \\ \sin(\varphi - \beta t) \end{pmatrix}. c, \varphi$ 为任意常数.

9. $\begin{pmatrix} x \\ y \end{pmatrix} = c_1 \begin{pmatrix} -1 \\ 1 \end{pmatrix} \mathrm{e}^{2t} + c_2 \begin{pmatrix} 1-t \\ t \end{pmatrix} \mathrm{e}^{2t}$

$\qquad$ 或 $\begin{pmatrix} x \\ y \end{pmatrix} = c_1 \begin{pmatrix} 1 \\ -1 \end{pmatrix} \mathrm{e}^{2t} + c_2 \begin{pmatrix} t \\ -1-t \end{pmatrix} \mathrm{e}^{2t}.$

10. $\begin{bmatrix} x \\ y \\ z \end{bmatrix} = c_1 \begin{pmatrix} 1 \\ 1 \\ 1 \end{pmatrix} e^{2t} + c_2 \begin{pmatrix} 1 \\ 0 \\ -1 \end{pmatrix} e^{-t} + c_3 \begin{pmatrix} 0 \\ 1 \\ -1 \end{pmatrix} e^{-t}.$

11. $\begin{bmatrix} x \\ y \\ z \end{bmatrix} = c_1 \begin{pmatrix} 1 \\ 1 \\ 1 \end{pmatrix} e^t + c_2 e^t \begin{bmatrix} -\dfrac{1}{2}\cos\sqrt{3}\,t - \dfrac{\sqrt{3}}{2}\sin\sqrt{3}\,t \\ -\dfrac{1}{2}\cos\sqrt{3}\,t + \dfrac{\sqrt{3}}{2}\sin\sqrt{3}\,t \\ \cos\sqrt{3}\,t \end{bmatrix}$

$\qquad + c_2 e^t \begin{bmatrix} \dfrac{\sqrt{3}}{2}\cos\sqrt{3}\,t - \dfrac{1}{2}\sin\sqrt{3}\,t \\ -\dfrac{\sqrt{3}}{2}\cos\sqrt{3}\,t - \dfrac{1}{2}\sin\sqrt{3}\,t \\ \sin\sqrt{3}\,t \end{bmatrix}.$

或 $\quad \begin{bmatrix} x \\ y \\ z \end{bmatrix} = c_1 \begin{pmatrix} 1 \\ 1 \\ 1 \end{pmatrix} e^t + c_2 e^t \begin{bmatrix} \cos\sqrt{3}\,t \\ -\dfrac{1}{2}\cos\sqrt{3}\,t - \dfrac{\sqrt{3}}{2}\sin\sqrt{3}\,t \\ \dfrac{\sqrt{3}}{2}\cos\sqrt{3}\,t - \dfrac{1}{2}\sin\sqrt{3}\,t \end{bmatrix}$

$\qquad + c_2 e^t \begin{bmatrix} \sin\sqrt{3}\,t \\ \dfrac{\sqrt{3}}{2}\cos\sqrt{3}\,t - \dfrac{1}{2}\sin\sqrt{3}\,t \\ -\dfrac{\sqrt{3}}{2}\cos\sqrt{3}\,t - \dfrac{1}{2}\sin\sqrt{3}\,t \end{bmatrix}.$

12. $\begin{bmatrix} x \\ y \\ z \end{bmatrix} = c_1 \begin{pmatrix} 1 \\ 0 \\ 0 \end{pmatrix} e^{-t} + c_2 \begin{pmatrix} t \\ -1 \\ 0 \end{pmatrix} e^{-t} + c_3 \begin{pmatrix} t^2 \\ -2t \\ 2 \end{pmatrix} e^{-t}.$

13. $\begin{pmatrix} x \\ y \end{pmatrix} = c_1 \begin{pmatrix} 1 \\ 1 \end{pmatrix} e^t + c_2 \begin{pmatrix} 1 \\ 1 \end{pmatrix} e^{-t} + c_3 \begin{pmatrix} \cos t \\ -\cos t \end{pmatrix} + c_4 \begin{pmatrix} \sin t \\ -\sin t \end{pmatrix}.$

14. $x = 2c_1 e^{-4t} - c_2 e^{-7t} + \dfrac{1}{5} e^{-2t} + \dfrac{7}{40} e^t$,

$y = c_1 e^{-4t} + c_2 e^{-7t} + \dfrac{3}{10} e^{-2t} + \dfrac{1}{40} e^t$.

15. $x = c_1 \cos t + c_2 \sin t + 3$, $y = -c_1 \sin t + c_2 \cos t$.

16. $\begin{pmatrix} x \\ y \end{pmatrix} = \begin{pmatrix} -1 \\ 1 \end{pmatrix} e^{-t} + c_1 e^{2t} \begin{pmatrix} 2\sin 2t \\ \cos 2t \end{pmatrix} + c_2 e^{2t} \begin{pmatrix} -2\cos 2t \\ \sin 2t \end{pmatrix}$.

17. $x = (c_1 + c_2 t) e^{-4t} + \dfrac{4}{25} e^t - \dfrac{1}{36} e^{2t}$,

$y = -(c_1 + c_2 + c_2 t) e^{-4t} + \dfrac{1}{25} e^t + \dfrac{7}{36} e^{2t}$.

18. $x = c_2 e^t - 1 + \dfrac{1}{2} t e^t, y = c_1 e^{-2t} + \dfrac{1}{6} e^t$,

$z = c_3 e^{-t} + 2 + \dfrac{1}{4} e^t$.

20. $m\ddot{x} = -R_x, m\ddot{x} = mg - R_y$;

$x(0) = y(0) = \dot{y}(0) = 0, \dot{x}(0) = v_0$;

$x = -\dfrac{R_x}{2m} t^2 + v_0 t, y = \dfrac{1}{2}\left(g - \dfrac{R_y}{m}\right) t^2$.

21. $L \dfrac{di_1}{dt} + R(i_1 - i_2) = E$,

$2L \dfrac{di_2}{dt} + 3R i_2 + R(i_2 - i_1) = 0$,

$i_1(0) = 0, i_2(0) = 0$;

$i_1(t) = -\dfrac{(2+\sqrt{3})E}{3R} e^{-\frac{3-\sqrt{3}}{2L}Rt}$

$\qquad - \dfrac{(2-\sqrt{3})E}{3R} e^{-\frac{3+\sqrt{3}}{2L}Rt} + \dfrac{4E}{3R}$,

$i_2(t) = -\dfrac{(1+\sqrt{3})E}{6R} e^{-\frac{3-\sqrt{3}}{2L}Rt}$

$$- \frac{(1-\sqrt{3})E}{6R} e^{-\frac{3+\sqrt{3}}{2L}Rt} + \frac{E}{3R},$$

22. $U_C(t) = U_{C_0} e^{-\frac{1}{2}t} \cos \frac{\sqrt{3}}{2} t$

$$- \frac{2i_{L_0} + U_{C_0}}{\sqrt{3}} e^{-\frac{1}{2}t} \sin \frac{\sqrt{3}}{2} t,$$

$$i_L(t) = \frac{1}{2} U_{C_0} e^{-\frac{1}{2}t} \left(-\cos \frac{\sqrt{3}}{2} t + \sqrt{3} \sin \frac{\sqrt{3}}{2} t \right)$$

$$+ \frac{2i_{L_0} + U_{C_0}}{2\sqrt{3}} e^{-\frac{1}{2}t} \left(\sqrt{3} \cos \frac{\sqrt{3}}{2} t + \sin \frac{\sqrt{3}}{2} t \right).$$

23. $m_1 \ddot{x}_1 = -k[l - (x_2 - x_1)]$, $m_2 \ddot{x} = k[l - (x_2 - x_1)]$

$$x_1 = \frac{v_0}{m_1 + m_2} \left(m_1 t + \frac{m_2}{\omega} \sin \omega t \right),$$

$$x_2 = \frac{v_0}{m_1 + m_2} \left(m_1 t - \frac{m_1}{\omega} \sin \omega t \right) + l.$$

其中 $\omega = \sqrt{\dfrac{k}{m_1 m_2}(m_1 + m_2)}$，$k$ 为弹性系数.

第 4 章

5. 方程组的零解为渐近稳定.

6. 不稳定.

7. 渐近稳定.

8. 不稳定.

9. 渐近稳定.

10. 渐近稳定.

11. 不稳定.

12. 不稳定.

13. 渐近稳定.

14. $\alpha > 3/2$.

15. $\alpha > 2/3, \beta > 0, 9\beta - 6\alpha + 4 < 0$.

16. $\alpha > 0, \beta > 0, \alpha + \beta < 1$.

17. $\alpha > 0, \beta > 0, 2 - \sqrt{3} < \alpha/\beta < 2 + \sqrt{3}$.

18. 渐近稳定, 作 $V = x^2 + y^2$.

19. $\alpha = 0$ 时稳定, $\alpha < 0$ 时渐近稳定, $\alpha > 0$ 时不稳定, 作 $V = x^2 + y^2$.

20. 渐近稳定. 作 $V = (y - 3x)^2 + \dfrac{3}{2}(y + 2x)^2$.

21. 稳定而不渐近稳定, 作 $V = \dfrac{x^2}{2} + \dfrac{y^2}{2} - \dfrac{x^4}{4}, \dfrac{dV}{dt} \equiv 0$.

22. 中心.

23. 不稳定结点.

24. 不稳定焦点.

25. 鞍点.

26. 不稳定临界结点.

27. 稳定退化结点.

28. 鞍点 $(2, \dfrac{1}{2})$; 不稳定结点 $(5, -1)$.

29. 当 $\lambda < 0$ 时, 唯一的鞍点 $(0,0)$; 当 $\lambda > 0$ 时, 中心 $(0,0)$, 鞍点 $(\pm\sqrt{\lambda}, 0)$.

30. 不稳定结点 $(1,1)$; 稳定结点 $(-1, -1)$; 鞍点 $(1, -1)$ 和 $(-1, 1)$.

31. 不稳定焦点 $(0,0)$.

32. 鞍点 $(0,0)$.

33. 当 $F'(0) > -2$, 为不稳定焦点; 当 $F'(0) = -2$, 为不稳定退化结点; 当 $F'(0) < -2$, 为不稳定结点.

34. 特征方程 $\lambda^2 + b\lambda + c = 0$. 当 b, c 均大于零时, 零解为渐近

稳定.当 $b=0,c>0$ 时,或 $b>0,c=0$ 时,零解为稳定而不渐近稳定.其他情形零解为不稳定.

35. $(1)0<c<2mgl$,$(2)c>2mgl$,其中 $c=\dfrac{1}{2}ml^2\omega_0^2+mgl(1-\cos\theta_0)$〔提示:由(4.29)消去 t,并将所得到的微分方程积分,得到(4.29)的轨线方程,再讨论问题(1)和(2)〕.

38. 作环域 $D=\left\{(x,y)\mid\dfrac{1}{2}\leqslant x^2+y^2\leqslant 4\right\}$. $\dfrac{\mathrm{d}(x^2+y^2)}{\mathrm{d}t}=-2(x^2+y^2)(1-(x^2+y^2))$,在 $x^2+y^2=\dfrac{1}{2}$ 上,$\dfrac{\mathrm{d}(x^2+y^2)}{\mathrm{d}t}<0$;在 $x^2+y^2=4$ 上,$\dfrac{\mathrm{d}(x^2+y^2)}{\mathrm{d}t}>0$. 故在 D 内至少存在一个外侧不稳定、内侧稳定的极限环.

39. 作环域 $D=\{(x,y)\mid 1\leqslant x^2+y^2\leqslant 5\}$,其他与 38 题类似.

40. 渐近稳定.

41. 渐近稳定.

42. 不稳定.

43. 稳定.

44. 渐近稳定.

第 5 章

1. $9t^2+5t+2$.

2. $((e^2-1)t+e^2)e^{2t}$.

3. $-2\sin\dfrac{a}{2}\sin a\left(t+\dfrac{1}{2}\right)$.

4. $\ln\left(1+\dfrac{1}{1+t}\right)$.

5. 2.

6. $3^t 2^2$.

7. 2 阶.

8. 1 阶.

9. 不是.

10. 不是.

11. 不是.

12. 是.

13. $y_t = c\left(\dfrac{1}{3}\right)^t$, c 为任意常数.

14. $y_t = c + \dfrac{1}{2}t^2 + \dfrac{3}{2}t$, c 为任意常数.

15. $y_t = c(-2)^t + \left(\dfrac{1}{4}t - \dfrac{1}{8}\right)2^t$, c 为任意常数.

16. $y_t = \left(\dfrac{1}{2}\right)^{t-2} + t\left(\dfrac{1}{2}\right)^t$.

17. $y_t = c_1 + c_2 3^t$, c_1 与 c_2 为任意常数.

18. $y_t = (c_1 + c_2 t)2^t$, c_1 与 c_2 为任意常数.

19. $y_t = c_1 \cos\dfrac{5\pi}{6}t + c_2 \sin\dfrac{5\pi}{6}t$, c_1 与 c_2 为任意常数.

20. $y_t = \dfrac{26}{125}4^t + \dfrac{99}{125}(-1)^t + \dfrac{1}{40}t^2 - \dfrac{13}{200}t$.

21. $y_t = (c_1 + c_2 t)(-1)^t - \dfrac{1}{4}$.

22. $y_t = c_1 \cos\dfrac{\pi}{4}t + c_2 \sin\dfrac{\pi}{4}t + \left(1+\dfrac{\sqrt{2}}{2}\right)(t-1) + \left(\dfrac{5}{41} + \dfrac{3}{82}\sqrt{2}\right)3^t$.

23. 4109(万元). 提示:方程为 $y_{t+1} - 1.1y_t = 30$, 初始条件 $y_1 = 1400$. 解之, $y_t = 1700(1.1)^{t-1} - 300$. $y_{11} = 4109$(万元).

24. (1)4750.74(元); (2)113.75(元), 共 5460(元).

25. (1)503236.28(元);(2)$y_n = \left(y_1 - \dfrac{3000}{r}\right)(1+r)^{n-1} +$

$\dfrac{3000}{r}$,以 $y_1 = 503236.28$(元),$r = 0.005$ 代入,使 $y_n \geqslant 0$. 注意到

$y_1 - \dfrac{3000}{r} < 0$,计算得 $(n-1) \leqslant \lg\left(1 + \dfrac{y_1}{\dfrac{3000}{r} - y_1}\right) \Big/ \lg(1+r) \approx$

365(月),可提取 366 个月.

26. $y_t = c\left(\dfrac{k_1 - k_2}{1 - k_2}\right)^t + \dfrac{G}{1 - k_1}$,其中 c 为任意常数,可由初始

条件确定. 由 $k_1 + 1 > 2k_2$ 及 $0 < k_1 < 1$ 知 $-(1 - k_2) < k_1 - k_2$

$< 1 - k_2$, $\lim\limits_{t \to +\infty} y_t = \dfrac{G}{1 - k_1}$.

27. y_t 满足方程 $y_{t+2} - 2\beta y_{t+1} + \beta y_t = v_0$. 通解 $y_t = (\sqrt{\beta})^t \cdot$

$(c_1 \cos\theta t + c_2 \sin\theta t) + \dfrac{v_0}{1-\beta}$,其中 $\sin\theta = \sqrt{1-\beta}$,$\cos\theta = \sqrt{\beta}$,

由 y_t 可得 $u_t = \beta[(\sqrt{\beta})^{t-1} + c_1 \cos\theta(t-1) + c_2 \sin\theta(t-1)]$,

$s_t = \beta[(\sqrt{\beta})^{t-1} + c_1 \cos\theta(t-1) + c_2 \sin\theta(t-1) - (\sqrt{\beta})^{t-2} - c_1 \cos\theta(t$

$-2) - c_2 \sin\theta(t-2)]$.